精度保証付き数値計算の基礎

工学博士 大石 進一 【編著】

博士（情報科学） 荻田 武史
博士（工学） 柏木 雅英
博士（数理科学） 劉 雪峰
博士（工学） 尾崎 克久
博士（工学） 山中 脩也
博士（理学） 高安 亮紀 【共著】
博士（工学） 関根 晃太
博士（理学） 木村 拓馬
博士（理学） 市原 一裕
博士（理学） 正井 秀俊
博士（工学） 森倉 悠介
Ph.D. (Mathematics) Siegfried M. Rump

コロナ社

ま　え　が　き

数値計算は，コンピュータがなかった時代の数値による計算の工夫から始まって，フォン・ノイマンの流体計算を目指したプログラム方式の計算機の発想を一つの始まりとする，現代のコンピュータを前提とする数値計算に至る長い歴史がある。この中で，ノイマンやチューリングのような大家の指摘などによって数値計算で得られた解の近くに真の解が存在することを示すのは多くの場合難しいとの認識が形成され，このような事後誤差評価を実際に実行することなしにコンピュータによる数値計算が行われることが，現代では日常化している。

しかし，非線形問題の解の存在など数学の問題を数値計算で証明する場合には，数値計算の誤差をさらに計算し，すべての数値計算誤差を明らかにして数値解の近くに真の解が存在することを証明しなければならないことは明白である。それ以外の場面であっても，計算が大規模化したり，安全性への要求が高くなったりすることによって，数値解析の誤差を厳密に把握することが重要となる局面は，非常に多くなりつつある。編著者は数値計算の誤差を完全に把握する数値計算（「精度保証付き数値計算」と呼ぶ）が非常に重要であると考え，この分野で30年近く研究を行ってきた。本書はその成果をもとに，現在における精度保証付き数値計算の基礎となる事項を体系的にまとめたものである。

精度保証付き数値計算の最も重要な点の一つは，数値解析の誤差を厳密に把握する計算に要するコストと近似計算のコストをほぼ同程度になるようにバランスさせることであり，ここに数値解析の理論と現代コンピュータのアーキテクチャに関わる技術的な知見を総動員して研究する必要性が生じる。また，解くべきは数学の問題であるので，数学の理論も必要となる。

本書は，コンピュータによる基本演算を議論することから始める（1章，2章）。これを抽象的に始めることもできるが，現代の数値計算における基本演算の標準が浮動小数点演算であること，および技術的にはIEEE 754規格が用いられることが多いことから，それを前提として議論を開始する。ここで展開されている議論は基礎であるが，他書にはない，最新の成果に基づく記述がなされている。区間演算（1.2節）も含め，基本演算の誤差を厳密に把握しようとすることによって，基本演算に潜む数値計算の難しさや勘所が数理的に体系化されて浮き彫りになる。続いて，3章では数値計算全般で基礎となる数値線形代数の問題の精度保証理論が展開される。ここでも，連立1次方程式と固有値問題の精度保証付き数値計算法の基礎が最新の成果を踏まえて記述されている。4章で取り扱う初等関数に対する精度保証法は多様な発展があるが，基礎的な記述に留めている。5章では，数値積分について，二重指数関数公式の厳密な誤差公式を含む各種の誤差公式と精度保証の実例が示されている。6章では，非線形方程式に対する標準的な精度保証法が示されている。7章では，常微分方程式について，独自の有効な積分法が示され，標準的な手法との比較がなされる。8章では，偏微分方程式について，有界領域における楕円型作用素の固有値の厳密な下限の精度保証付き数値計算法を含む，本分野の最新成果に基づく有限要素法を用いた基礎理論が展開されている。9章では，まず，線形計画問題の精度保証法，計算幾何学問題の精度保証法が論じられる。そして，数学問題に対する計算機援用証明の例として，3次元多様体の双曲性判定の問題への応用が述べられる。続いて，GPGPUやスーパーコンピュータなどのHPC環境における精度保証法の展開の仕方，およびMATLABやOctave上での精度保証法ツールであるINTLABの紹介がされる。INTLABには，本書の6章までに示す多くのアルゴリズムが実装されている。

各章には章末問題が用意されている。解答例などについては，以下の本書のサポートWebページに順次掲載する予定である。

`http://www.oishi.info.waseda.ac.jp/vncbook`

本書は編著者の研究グループと共同研究者によって執筆されている。それは以下のとおりである。

序論　荻田武史（東京女子大学），柏木雅英（早稲田大学），劉雪峰（新潟大学）
1 章　浮動小数点演算と区間演算：尾崎克久（芝浦工業大学），荻田武史
2 章　丸め誤差解析と高精度計算：尾崎克久，荻田武史
3 章　数値線形代数における精度保証：荻田武史，尾崎克久
4 章　数学関数の精度保証：柏木雅英
5 章　数値積分の精度保証：山中脩也（明星大学）
6 章　非線形方程式の精度保証付き数値解法：高安亮紀（筑波大学）
7 章　常微分方程式の精度保証付き数値解法：柏木雅英
8 章　偏微分方程式の精度保証付き数値解法：劉雪峰，関根晃太（東洋大学）
9 章　精度保証付き数値計算の応用
　9.1 節　線形計画法の精度保証：木村拓馬（佐賀大学）
　9.2 節　計算幾何の精度保証：尾崎克久
　9.3 節　3 次元多様体の双曲性判定：市原一裕（日本大学），正井秀俊（東北大学）
　9.4 節　HPC 環境における精度保証：森倉悠介（帝京平成大学）
　9.5 節　INTLAB の紹介：Siegfried M. Rump（ハンブルク工科大学），訳：荻田武史

本研究グループの形成にあたって，文科省科研費の特別推進研究や，三度にわたる JST CREST の研究費をはじめとして，国から大きな支援をいただいていることに感謝したい。本書の執筆も研究グループで行わなければ不可能であったように，この支援が，ここまで研究を進展できたことの絶対的基盤になっている。1 章から 3 章までの執筆にあたっては，9.5 節担当のハンブルク工科大学教授の Siegfried M. Rump 氏から多くのコメントをいただいた。8 章の執筆にあたっては，東京大学名誉教授の菊地文雄氏に草稿を細かく読んでいただき，たくさんのご指摘を頂戴するなど，たいへんお世話になった。カバーと挿絵には，早稲田大学栄誉フェロー・名誉教授の藪野健氏に素敵なイラストを頂戴した。この場を借りて謝意を表したい。また，とりまとめにあたり，荻田氏と尾崎氏の編集幹事としてのご尽力に深く感謝する。最後に，出版にあたり，コロナ社の温かいご配慮に感謝したい。

本書を恩師，堀内和夫先生に捧ぐ

2018 年 4 月

編著者　大石 進一

本書で用いる表記一覧

- $\subset$：部分集合
- $\subsetneq$：真部分集合
- $\mathbb{N}$：自然数全体の集合
- $\mathbb{Z}$：整数全体の集合
- $\mathbb{R}$：実数全体の集合
- $\mathbb{C}$：複素数全体の集合
- $\mathbb{F}$：浮動小数点数全体の集合
- $\mathbb{F}_*$：正負の無限大を含む浮動小数点数全体の集合
- $\mathbb{IR}$：実区間全体の集合
- $\mathbb{IR}_*$：無限区間を含む実区間全体の集合
- $\mathbb{IC}$：複素円板領域全体の集合
- $\mathbb{IF}$：浮動小数点区間全体の集合
- $\mathbb{IF}_*$：無限区間を含む浮動小数点区間全体の集合
- O：零行列（要素がすべて 0 の行列）
- I：単位行列
- $\mathtt{u}$：単位相対丸め（IEEE 754 binary64 では，$\mathtt{u} = 2^{-53}$）
- $\mathtt{F}_{\mathtt{max}}$：浮動小数点数の最大値（binary64 では，$\mathtt{F}_{\mathtt{max}} = 2^{1024}(1 - 2^{-53})$）
- $\mathtt{F}_{\mathtt{min}}$：正規化浮動小数点数の正の最小値（binary64 では，$\mathtt{F}_{\mathtt{min}} = 2^{-1022}$）
- $\mathtt{S}_{\mathtt{min}}$：浮動小数点数の正の最小値（binary64 では，$\mathtt{S}_{\mathtt{min}} = 2^{-1074}$）

目　　　次

序　　　論

1.　浮動小数点演算と区間演算

2.　丸め誤差解析と高精度計算

3. 数値線形代数における精度保証

4. 数学関数の精度保証

5. 数値積分の精度保証

6. 非線形方程式の精度保証付き数値解法

7. 常微分方程式の精度保証付き数値解法

8.　偏微分方程式の精度保証付き数値解法

9. 精度保証付き数値計算の応用

序　　論

数値計算は，解析的に解くことが困難な問題を数値的に解く計算手法であるが，これは実数演算のような厳密な計算ではなく近似計算であり，計算途中でさまざまな誤差が発生するため，最終的に得られた結果がどれくらい正しいかは問題に依存する。数値計算によって得られた結果に対して，数学的に厳密な誤差限界を与える手法が，精度保証付き数値計算である。

ここでは，いくつかの例を交えながら，精度保証付き数値計算の有用性や必要性について述べる。

計算機援用証明

計算機を用いて数学的な定理を証明することを計算機援用証明（computer-assisted proof）と呼ぶ。精度保証付き数値計算は，従来の数値計算に数学的な厳密性を付加するものであり，計算機援用証明のための新しい強力なツールとなりうる。以下は，実際に精度保証付き数値計算によって計算機援用証明に成功した代表的な例である。

- ローレンツアトラクタの存在検証[1)†]（スメイルの第 14 番目の問題）
- ケプラー予想（球充填問題）の肯定的解決[2),3)]（約 400 年間の未解決問題）
- Double Bubble 予想の肯定的解決[4)]（100 年間以上の未解決問題）

計算機を用いた証明については賛否両論があると思われるが，それを受け入れることができるならば，解くことができる問題の幅が広がることは確かである。

区間演算

連続した数の集合は閉区間によって表現できる。区間演算は，通常の実数演算を区間による演算に置き換えたものである。すなわち，なんらかの計算を実

† 肩付き番号は章末の引用・参考文献を示す。

数演算の代わりに区間演算で実行すると，得られた結果は必ず実数演算による結果を含む区間となる。

アルキメデスが円に接する正多角形の挟み込みによって円周率 π を計算したことは有名である。これは，直径 1 の円に外接する正 N 角形の周の長さを P_N，内接する正 N 角形の周の長さを Q_N とすると，$Q_N < \pi < P_N$ であり，同じ円に外接する正 $2N$ 角形の周の長さは $P_{2N} = \dfrac{2P_N Q_N}{P_N + Q_N}$，内接する正 $2N$ 角形の周の長さは $Q_{2N} = \sqrt{P_{2N} Q_N}$ となる性質を利用する。この方法を採用して，さらに区間演算を用いて π の範囲を特定することを考えてみよう†。直径 1 の円に外接する正六角形の周の長さは $P_6 = 2\sqrt{3}$，内接する正六角形の周の長さは $Q_6 = 3$ である。10 進 6 桁の有効桁数で計算することにすると，$\sqrt{3} \in [1.73205, 1.73206]$ より $P_6 \in [3.46410, 3.46412]$ となり，$\pi \in [\underline{Q_6}, \overline{P_6}] = [3, 3.46412]$ を得る。つぎに，$P_{12} = \dfrac{2P_6 Q_6}{P_6 + Q_6} \in [3.21537, 3.21541]$，$Q_{12} = \sqrt{P_{12} Q_6} \in [3.10581, 3.10584]$ より $\pi \in [\underline{Q_{12}}, \overline{P_{12}}] = [3.10581, 3.21541]$ を得る。同様に作業を続けていくと，$\pi \in [\underline{Q_{96}}, \overline{P_{96}}] = [3.14076, 3.14313]$ を得る。よって，π の近似値として，3.14 までは正確であることが区間演算によって「証明」された。

残念ながら，実際には，実数演算を単純に区間演算で置き換えただけでは，意味のある結果を得られないことが多いことがわかっている。例えば，連立 1 次方程式に対する区間ガウスの消去法は，その典型的な例である（3 章を参照）。このような区間演算の振る舞いについて，丸め誤差解析で著名な J・H・ウィルキンソンは以下のように述べている[5)]。

> 区間演算は役に立たないわけではないが，適用可能な状況に至るまでに深刻な制限がある。一般に，代数的な計算に対して区間演算を有効な手段とするためには，その使用をできる限り後回しにすることが最良である。

すなわち，通常の数値計算によって近似解を得た後に，区間演算によってその近似解の精度を保証する，という考え方が重要である。本書では，この思想に

† もちろん，円周率の計算については，もっと効率の良い方式が知られている。ここでは，手計算でも確認できる例として採用している。

基づいた精度保証法を多く紹介する。

丸め誤差の影響

前述のように，浮動小数点演算は有限桁の計算であるため丸め誤差が発生する。実際にどのような影響があるか，いくつかの例を挙げる。

（1）Rumpの例題　一般に，数値計算では演算精度が高いほど結果の精度も高くなる傾向がある。そこで，「ある演算精度でなんらかの計算をして，つぎにそれよりも高い演算精度で同じ計算をしたときに，双方の結果が近ければ，ある程度は結果の正しさが確認できる」と考えるかもしれない。この経験則は，確かに有効な場合もあるが，残念ながらつねに正しいわけではない。1980年代に，S. M. Rumpはつぎのような例題を考案した[6)]。

$$f(x,y) = 333.75y^6 + x^2(11x^2y^2 - y^6 - 121y^4 - 2) + 5.5y^8 + \frac{x}{2y}$$

に，$a = 77617$，$b = 33096$ を代入した $f(a,b)$ の値を評価する。これをIBMのメインフレームS/370上で演算精度を変えて実行すると，以下のような結果となった[†1]。

単精度（有効桁数：10進約8桁）：　$f(a,b) \approx 1.172603\cdots$

倍精度（有効桁数：10進約17桁）：　$f(a,b) \approx 1.1726039400531\cdots$

拡張精度（有効桁数：10進約34桁）：　$f(a,b) \approx 1.172603940053178\cdots$

この結果から，それぞれの精度において，一見，途中の桁までは正しい値が得られているように思われるが，じつは真の値は $f(a,b) = -0.827386\cdots$ であり，符号も合っていない間違った結果となっている[†2]。このように，経験則では対処できない問題もある。

---

†1　現代のIEEE 754に従うコンピュータ上で試す場合は

$$(333.75 - x^2)y^6 + x^2(11x^2y^2 - 121y^4 - 2) + 5.5y^8 + \frac{x}{2y}$$

のように計算手順の修正が必要である[7)]。

†2　絶対値の大きな数字同士で打ち消し合いが起こり，最終的に $f(a,b) = \frac{a}{2b} - 2 = -\frac{54767}{66192}$ となる。

この問題に対して倍精度の区間演算を用いると，$[-5.91, 4.73] \times 10^{21}$ という結果を得る。これは，非常に区間幅が大きいため，あまり意味のある結果ではないが，少なくとも真の値を含んでいる。つまり，「区間演算は間違った答えをけっして出さない」ということが重要である。また，このように区間幅が大きい結果を得たことによって，深刻な丸め誤差が発生していることに気づくことができる。

（2） 2元連立1次方程式　連立1次方程式 $Ax = b$ の近似解を $\widehat{x}$ とすると，その残差は $r := b - A\widehat{x}$ と定義される。もし A が正則で $r = \mathbf{0}$ であれば，$\widehat{x}$ は真の解であるが，例えば，r の要素の大きさが（相対的に）小さければ，$\widehat{x}$ の精度が良いといえるであろうか。そこで，以下のような例題[8)] を考えてみよう。

$$A = \begin{pmatrix} 64919121 & 159018721 \\ 41869520.5 & 102558961 \end{pmatrix}, \quad b = \begin{pmatrix} 1 \\ 0 \end{pmatrix}$$

このとき，A は正則で真の解は

$$x = A^{-1}b = \begin{pmatrix} 205117922 \\ -83739041 \end{pmatrix}$$

である。これに対して，IEEE 754 の倍精度浮動小数点演算を用いてガウスの消去法で解を計算すると

$$\widehat{x} = \begin{pmatrix} 106018308.007133 \\ -43281793.0017831 \end{pmatrix}$$

のように1桁も合っていない結果が得られる[†1]。ところが，この $\widehat{x}$ に対して残差 r を倍精度演算を用いて計算すると，残差の近似は $\widehat{r} = (0, 0)^T$ となり，一見 $\widehat{x}$ は正しい解のように見えてしまう[†2]。すなわち，残差の計算からでは解が正しいかどうかを判定することができないことがわかる。

---

†1　演算の順序によっては計算結果が異なる場合がある。

†2　真の残差は $r = (0.616\cdots, 0.085\cdots)^T$ である。

この問題に対して倍精度の区間演算を用いてガウスの消去法で解を計算すると，$-\infty < x_i < \infty$（$i = 1, 2$）という区間としては無意味な結果が得られる。これは問題の方程式が解きづらいことを示唆している。

以上の例は，人工的に作成したものではあるが，少なくとも実際に起こりうるわけである。IEEE 754–1985 浮動小数点演算規格の制定に尽力した W・M・カハンは，以下のように述べている[9)]。

> 浮動小数点演算によって得られた結果と真値に大きな差が生じることは非常に稀であり，つねに心配するにはあまりにも稀であるが，だからといって無視できるほど稀なわけではない。

これは，じつに言い得て妙である。そして，絶対に間違ってはいけないような計算をする場合，丸め誤差を無視してはいけない。

また，精度保証付き数値計算では，丸め誤差だけでなく打ち切り誤差や離散化誤差も考慮に入れて計算する必要がある。

打ち切り誤差

例えば，$\sin x$ のテイラー展開

$$\sin x = x - \frac{x^3}{3!} + \frac{x^5}{5!} + \cdots + (-1)^{n-1}\frac{x^{2n-1}}{(2n-1)!} + R_{2n+1}(x) \tag{1}$$

$$R_{2n+1}(x) = (-1)^{n+1}\frac{\cos \xi x}{(2n+1)!}x^{2n+1} \quad (0 < \xi < 1)$$

を用いて，$\sin\dfrac{\pi}{6}$ の値を計算することを考えよう。式 (1) の右辺を第 5 項までで打ち切り（$n = 5$），剰余項 $R_{11}(x)$ を無視して

$$S(x) := x - \frac{x^3}{3!} + \frac{x^5}{5!} - \frac{x^7}{7!} + \frac{x^9}{9!}$$

とする。$x = \dfrac{\pi}{6}$ として $S\left(\dfrac{\pi}{6}\right)$ を倍精度浮動小数点演算による区間演算で丸め誤差を考慮しながら計算すると（$\dfrac{\pi}{6}$ も倍精度浮動小数点数では厳密には表現できないため，これを含む区間として x に代入する）

$$S\left(\frac{\pi}{6}\right) \in [0.5000000002027, 0.5000000002029]$$

が得られるが，打ち切り誤差のため $\sin\frac{\pi}{6}$ の真値 $\frac{1}{2}$ を含んでいない。打ち切り誤差は，剰余項 $R_{11}(x)=\frac{\cos\xi x}{11!}x^{11}$ で与えられる。ξ の値はわからないが，$-1\leqq\cos\xi x\leqq 1$ であることを利用して区間演算することによって $R_{11}\left(\frac{\pi}{6}\right)$ を包含することができるため，これを用いて区間演算を行うと

$$\sin\frac{\pi}{6}\in[0.49999999999, 0.50000000005]$$

のように数学的に厳密に $\sin\frac{\pi}{6}$ の真値を包含することが可能となる。

離散化誤差

例えば，以下の定積分

$$I=\int_{-1}^{1}f(x)dx,\quad f(x)=\frac{2}{x^2+1}$$

を計算する問題を考えよう（I の真値は π である）。これを台形公式

$$h=\frac{b-a}{n},\quad x_i=a+ih\quad(i=1,2,\cdots,n-1)$$

$$\int_a^b f(x)dx\approx\frac{h}{2}\left(f(a)+2\sum_{i=1}^{n-1}f(x_i)+f(b)\right)=:S$$

によって，倍精度浮動小数点演算を用いて $n=100$ で計算すると

$$I\approx 3.1415259869232539$$

が得られる。丸め誤差を把握するため，これを区間演算で計算すると

$$S\in[3.1415259869232365, 3.1415259869232673]$$

が得られるが，これは離散化誤差のため真の値を含んでいない（$I\notin S$）。台形公式の誤差は，ある $\xi\in[a,b]$ を用いて

$$\int_a^b f(x)dx=\frac{h}{2}\left(f(a)+2\sum_{i=1}^{n-1}f(x_i)+f(b)\right)-\frac{b-a}{12}h^2 f''(\xi)$$

と書ける。ξ の値はわからないが

$$f''(x) = \frac{4(3x^2-1)}{(x^2+1)^3}$$

に対して，x に ξ でなく区間 $[-1,1]$ を代入して区間演算することによって $f''(\xi)$ を包含することができるため，これを用いて区間演算を行うと

$$I \in [3.1404, 3.1421]$$

のように数学的に厳密に積分値を包含することが可能となる。この $f''(x)$ に対する区間演算で見られるように，区間演算は丸め誤差の把握だけでなく，関数の値域の評価にも用いられる。

また，微分方程式のような連続な系を数値計算によって解くためには離散化が必要となり，その際にも離散化誤差が発生する。極端な場合，それによって「幻影解」が現れることもある。すなわち，離散化された問題の解が，もとの問題の解に対する良い近似にならない場合がある。

例として，領域 $\Omega = (0,a) \times \left(0, \dfrac{1}{a}\right)$ $(a > 0)$ の上で，以下の Emden 方程式と呼ばれる非線形偏微分方程式の境界値問題の解を考える。

$$-\Delta u = u^2 \text{ in } \Omega, \quad u = 0 \text{ on } \partial\Omega \tag{2}$$

Breuer–Plum–McKenna は，これをスペクトル法によって離散化して解き，$a = 2.9$ の場合に**図 1** のような近似解が得られることを報告した[10)]。ところが，この問題は，Gidas–Ni–Nirenberg の理論的な解析手法によって，領域の中心について x 方向または y 方向に非対称な解が存在しないことが証明されて

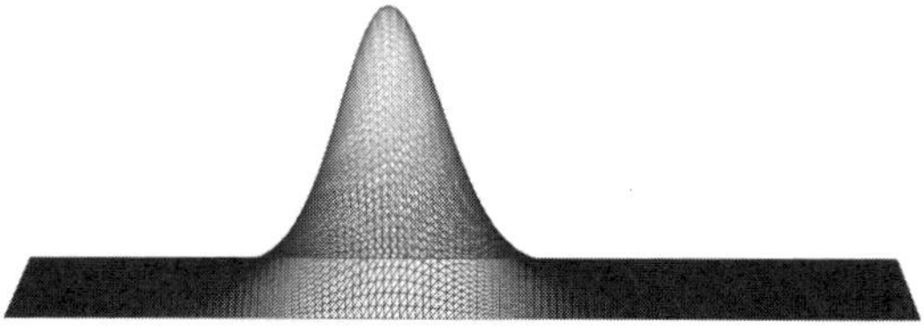

図 1　幻影解（解の頂点（一番高いところ）が領域の中心から左にずれている）

いる[11)]。つまり，図 1 のような非対称な解は問題 (2) の解の良い近似にならない幻影解である。

上記の例はきわめて珍しいものであるが，非線形微分方程式の解の存在などを厳密に検討するためには，数値解法によって得られた近似解を検証しなければならないことがわかる。

解の存在証明

不動点定理の成立を数値的に確かめることによって，方程式の解の存在保証と存在範囲の保証を行うことができる。常微分方程式の初期値問題

$$\frac{dx}{dt} = f(x(t), t), \quad x(t_0) = x_0, \quad t \in [t_0, t_1]$$

は，両辺を 0 から t まで積分して

$$x(t) = x_0 + \int_0^t f(x(t), t)dt$$

と変換できる。写像 $P : C[t_0, t_1] \to C[t_0, t_1]$ を

$$P : x(t) \mapsto x_0 + \int_0^t f(x(t), t)dt$$

とする。P が $C[t_0, t_1]$ のある集合 X を X 自身に移すならば，P のコンパクト性とシャウダーの不動点定理により，P の不動点が X に存在し，それはもとの初期値問題の解の存在を意味する。

これを小さな例題で確かめてみよう。常微分方程式の初期値問題

$$\frac{dx}{dt} = -x^2, \quad x(0) = 1, \quad t \in [0, 0.1]$$

に対して，$P : C[0, 0.1] \to C[0, 0.1]$ を

$$P : x(t) \mapsto 1 + \int_0^t (-x(t)^2)dt$$

とする。ここで，$X \subset C[0, 0.1]$ を

$$X = \{x(t) \in C[0, 0.1] \mid 0.8 \leqq x(t) \leqq 1.2\}$$

とすると

$$
\begin{aligned}
0.8 \leqq x \leqq 1.2 \quad &\Rightarrow \quad 0.64 \leqq x^2 \leqq 1.44 \\
&\Rightarrow \quad -1.44 \leqq -x^2 \leqq -0.64 \\
&\Rightarrow \quad 1 + \int_0^t (-1.44)dt \leqq 1 + \int_0^t (-x^2)dt \leqq 1 + \int_0^t (-0.64)dt \\
&\Rightarrow \quad 1 - 1.44t \leqq 1 + \int_0^t (-x^2)dt \leqq 1 - 0.64t
\end{aligned}
$$

と，簡単な計算により $P(X) \subset X$ がわかる（**図 2** を参照）。これにより，$P(X)$ に初期値問題の解が存在することが数学的に保証される。

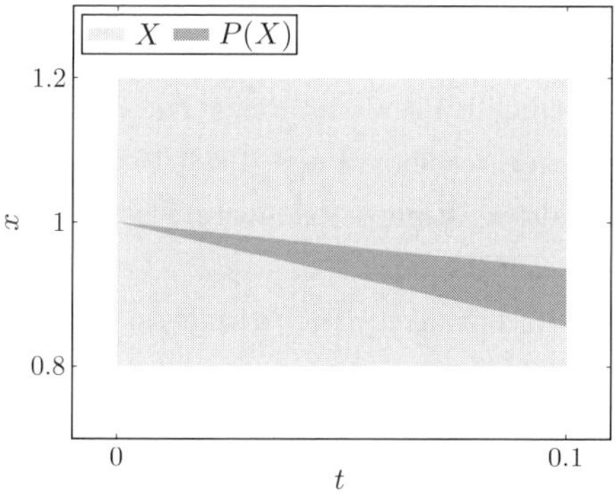

図 2　不動点定理の成立

最後に，精度保証付き数値計算やその中で活用される数学的な理論を学ぶ上で参考となる和書を列挙しておく。

(1)　大石 進一：精度保証付き数値計算, コロナ社, 1999.

(2)　大石 進一：非線形解析入門, コロナ社, 1997.

(3)　中尾 充宏, 山本 野人：精度保証付き数値計算—コンピュータによる無限への挑戦, 日本評論社, 1998.

(4)　中尾 充宏, 渡部 善隆：実例で学ぶ精度保証付き数値計算—理論と実装, 臨時別冊・数理科学 2011 年 10 月（SGC ライブラリ **85**）, サイエンス社, 2011.

引用・参考文献

1) W. Tucker: The Lorenz attractor exists, C. R. Acad. Sci. Paris Sér. I Math., **328** (1999), 1197–1202.

2) T. C. Hales: A proof of the Kepler conjecture, Ann. Math., **162** (2005), 1065–1185.

3) T. C. Hales et al.: A formal proof of the Kepler conjecture, Forum of Mathematics, Pi, **5** (2017), e2, 29 pages.

4) J. Hass, M. Hutchings, R. Schlafly: The double bubble conjecture, Electron. Res. Announc. Amer. Math. Soc., **1** (1995), 98–102.

5) J. H. Wilkinson: Modern error analysis, SIAM Review, **13** (1971), 548–568.

6) S. M. Rump: Algorithms for verified inclusions: theory and practice, In R. E. Moore (ed.), Reliability in Computing: The Role of Interval Methods in Scientific Computing, Academic Press, 1988, 109–126.

7) E. Loh, G. W. Walster: Rump's example revisited, Reliable Computing, **8** (2002), 245–248.

8) U. W. Kulisch, W. L. Miranker: The Arithmetic of the Digital Computer: A New Approach, SIAM Review, **28** (1986), 1–40.

9) W. M. Kahan: The Regrettable Failure of Automated Error Analysis, A Mini-Course prepared for the conference at MIT on Computers and Mathematics, 1989.

10) B. Breuer, M. Plum, P. J. McKenna: Inclusions and existence proofs for solutions of a nonlinear boundary value problem by spectral numerical methods, In G. Alefeld, X. Chen (eds.), Topics in Numerical Analysis, Springer, 2001, 61–77.

11) B. Gidas, W.-M. Ni, L. Nirenberg: Symmetry and related properties via the maximum principle, Commun. Math. Phys., **68** (1979), 209–243.

1 浮動小数点演算と区間演算

精度保証付き数値計算には，まず数値計算の理解が必須である。現代の数値計算では，IEEE 754 規格が定める浮動小数点数とその演算が広く使用されている。本章では，IEEE 754 規格による浮動小数点数とその演算を概観し，精度保証付き数値計算の基礎である区間演算について紹介する。

1.1 浮動小数点演算

本書では，IEEE 754–2008 規格[1)]が定める 2 進数の浮動小数点数が数値計算に使用されるとする。浮動小数点数には binary32（単精度），binary64（倍精度），binary128（四倍精度）などがある。binary のあとの数値は，その浮動小数点数の表現に必要なビットの総数を意味する。浮動小数点数には正規化数（normal number），非正規化数（subnormal number），零，正の無限大に対応する `Inf`，負の無限大に対応する `-Inf` があり，その他として非数 `NaN`（not a number）がある[†]。$\mathbb{F}$ をある固定された精度における正規化数の集合，非正規化数の集合および零の和集合とする（$\mathbb{F} \subsetneq \mathbb{R}$）。このとき，$\mathbb{F} = -\mathbb{F}$ である。また，$\mathbb{F}_* = \mathbb{F} \cup \{\, \texttt{Inf}, -\texttt{Inf} \,\}$ とする。

† 以前の IEEE 754–1985 では，binary32 は single precision，binary64 は double precision と呼ばれていた。単精度，倍精度という和訳は，その当時からの名残である。また，subnormal number は denormalized number と呼ばれていた。

1.1.1 浮動小数点数

まず，浮動小数点数のフォーマットの説明と，適切な範囲内にある実数 $a \in \mathbb{R}$ を浮動小数点数 $b \in \mathbb{F}$ に対応させる場合の相対誤差評価

$$\frac{|b-a|}{|a|} \leqq \delta \quad (a \neq 0)$$

について紹介する準備を行う。正規化数または非正規化数である浮動小数点数 $a \in \mathbb{F}$ は

$$a = s \cdot f \cdot 2^e, \quad s = \pm 1, \quad f = \sum_{i=0}^{p-1} \frac{d_i}{2^i}, \quad d_i \in \{0,\ 1\} \tag{1.1}$$

と表現される。s を符号部，f を仮数部，e を指数部と呼ぶ。p は精度（仮数部の桁数）を表し，その値は使用するフォーマットにより異なる。binary32 では $p = 24$，binary64 では $p = 53$ である。$e \in \mathbb{Z}$ は $\mathtt{E_{min}} \leqq e \leqq \mathtt{E_{max}}$ であり，具体的に binary32 では $(\mathtt{E_{min}}, \mathtt{E_{max}}) = (-126, 127)$，binary64 では $(\mathtt{E_{min}}, \mathtt{E_{max}}) = (-1022, 1023)$ である。本書では指数部の厳密な保存法に関するバイアス表現や浮動小数点数全体のビット表現などの説明は省略する。正規化数では必ず $d_0 = 1$ となり，非正規化数では $d_0 = 0$ かつ $e = \mathtt{E_{min}}$ となる。ここでは，0，`Inf`，$-$`Inf`，`NaN` についての表記方法の説明は省略する。

実数 $a \in \mathbb{R}$ に対する Unit in the First Place（`ufp`）を表す関数 $\mathtt{ufp}(a)$ を，以下のように導入する。

$$\mathtt{ufp}(a) := \begin{cases} 2^{\lfloor \log_2 |a| \rfloor} & (a \neq 0) \\ 0 & (a = 0) \end{cases} \tag{1.2}$$

$\mathtt{ufp}(a)$ は，実数 a を 2 進展開した際の先頭ビットの位を意味する。例として，$\mathtt{ufp}(3.5) = \mathtt{ufp}(\underline{2^1} + 2^0 + 2^{-1}) = 2$，$\mathtt{ufp}(0.625) = \mathtt{ufp}(\underline{2^{-1}} + 2^{-8}) = 2^{-1}$ である。式 (1.2) より，$a \neq 0$ ならば，$\mathtt{ufp}(a) = 2^k$ を満たす $k \in \mathbb{Z}$ が存在し

$$\mathtt{ufp}(a) \leqq |a| < 2\mathtt{ufp}(a)$$

が成り立つ。

$\mathtt{u} = 2^{-p}$ を単位相対丸めとする。これは丸め誤差解析において重要な役割を担う。具体的には，binary32 では $\mathtt{u} = 2^{-24}$，binary64 では $\mathtt{u} = 2^{-53}$ となる†。正規化数である浮動小数点数の正の最小値 $\mathtt{F_{min}}$ は，式 (1.1) において $s=1$，$d_0=1$，$d_i=0$ $(1 \leqq i \leqq p-1)$，$e=\mathtt{E_{min}}$ とおくことにより得られる $(\mathtt{F_{min}} = 2^{\mathtt{E_{min}}})$。すなわち，binary32 では $\mathtt{F_{min}} = 2^{-126}$ であり，binary64 では $\mathtt{F_{min}} = 2^{-1022}$ である。つぎに，$\mathbb{F}$ に属する正の最小数を $\mathtt{S_{min}}$ とする。$\mathtt{S_{min}}$ は式 (1.1) において $s=1$，$d_i=0$ $(0 \leqq i \leqq p-2)$，$d_{p-1}=1$，$e=\mathtt{E_{min}}$ とすることにより得られる $(\mathtt{S_{min}} = 2\mathtt{u}\cdot\mathtt{F_{min}})$。具体的に binary32 では $\mathtt{S_{min}} = 2^{-149}$，binary64 では $\mathtt{S_{min}} = 2^{-1074}$ となる。浮動小数点数の最大数 $\mathtt{F_{max}}$ は，式 (1.1) において $s=1$，$d_i=1$ $(0 \leqq i \leqq p-1)$，$e=\mathtt{E_{max}}$ とおくことで得られる $(\mathtt{F_{max}} = 2^{\mathtt{E_{max}}+1}(1-\mathtt{u}))$。binary32 では，$\mathtt{F_{max}} = 2^{128}(1-2^{-24}) \approx 3.40\times 10^{38}$，binary64 では $\mathtt{F_{max}} = 2^{1024}(1-2^{-53}) \approx 1.79\times 10^{308}$ である。

ある実数が $\mathbb{F}$ の元かどうかを判断するための定理を以下に紹介する。$r \in \mathbb{R}$ に対して $r\mathbb{Z}$ と記載した場合，r の整数倍の集合を意味する。

定理 1.1　$a \in \mathbb{R}$ について，$a \in \mathbb{F}$ であるための必要十分条件は

$$a \in 2\mathtt{u}\cdot\mathtt{ufp}(a)\mathbb{Z}, \quad |a| \leqq \mathtt{F_{max}}, \quad a \in \mathtt{S_{min}}\mathbb{Z} \tag{1.3}$$

がすべて成立することである。

この定理に対する厳密な証明は与えないが，式 (1.3) にある三つの式は順に「仮数部の範囲に情報が収まる」「絶対値が大きすぎない」「正の最小の浮動小数点数の整数倍」という自然な条件であり，特に三つ目の式は，$a \neq 0$ の絶対値が非常に小さいとき（$|a| < \mathtt{F_{min}}$ のとき）に必要な条件となる。ここで，$2\mathtt{u}\cdot\mathtt{ufp}(a)$ については，$a \in \mathbb{F}$ に対する Unit in the Last Place（ulp）としてよく知られている。これらの関係を**図 1.1** に示す。ufp と ulp の本質的な違いは，ulp は

† これとは別に，計算機イプシロン ϵ_{M} と呼ばれる単位があり，1 と 1 より大きい最小の浮動小数点数との差を意味する。2 進 p 桁では $\epsilon_{\mathrm{M}} = 2^{1-p} = 2\mathtt{u}$ であり，binary32 では $\epsilon_{\mathrm{M}} = 2^{-23}$，binary64 では $\epsilon_{\mathrm{M}} = 2^{-52}$ となる。

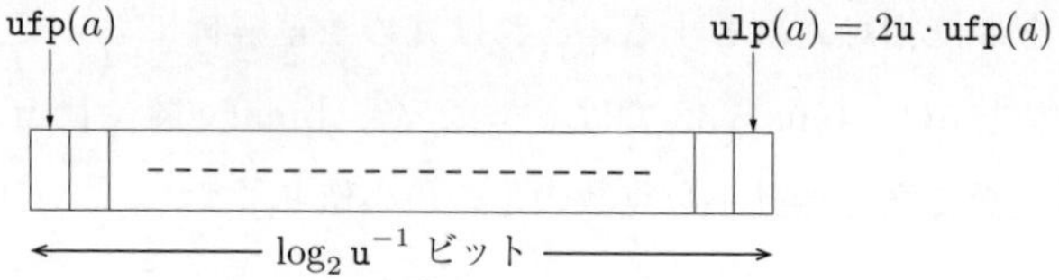

図 1.1　浮動小数点数に対する ufp と ulp

$a \in \mathbb{R}$ に対しては定義できないことである。

また，実数 a が $a \in \mathbb{F}$ であるための十分条件を以下に与える。

定理 1.2　$|a| \leqq \mathtt{F_{max}}$，$a \in \mathtt{S_{min}}\mathbb{Z}$ を満たす $a \in \mathbb{R}$ について，$|a| \leqq \sigma = 2^k$，$k \in \mathbb{Z}$ かつ $a \in \mathtt{u}\sigma\mathbb{Z}$ を満たす $\sigma \in \mathbb{R}$ が存在するならば，$a \in \mathbb{F}$ である。

数値計算で扱う数値は浮動小数点数である必要があるが，実数のすべてが浮動小数点数で表現できるわけではない。そこで，与えられた実数を最も近い浮動小数点数に丸める写像 $\mathtt{RN} : \mathbb{R} \to \mathbb{F}_*$ を以下のように定義する。

$$
\mathtt{RN}(a) := \begin{cases} b \in \mathbb{F} \text{ s.t. } |b - a| = \min\limits_{f \in \mathbb{F}} |f - a| & (|a| < \mathtt{R_{sup}}) \\ \mathtt{Inf} & (a \geqq \mathtt{R_{sup}}) \\ -\mathtt{Inf} & (a \leqq -\mathtt{R_{sup}}) \end{cases}
$$

$$
\mathtt{R_{sup}} \quad := \mathtt{F_{max}} + \mathtt{u} \cdot \mathtt{ufp}(\mathtt{F_{max}})
$$

ただし, a が隣接する二つの浮動小数点の中点であり, 最近点が二つある場合には, 偶数丸め方式を採用する。これは仮数部の最終ビット d_{p-1} が 0 になるように結果を丸める方式である。偶数丸めの例として, $\mathtt{RN}(1+\mathtt{u}) = 1$, $\mathtt{RN}(1+3\mathtt{u}) = 1+4\mathtt{u}$ となる。$\mathtt{RN}(a)$ が $\mathtt{Inf}$ や $-\mathtt{Inf}$ になることをオーバーフロー（overflow）と呼ぶ。$\mathtt{R_{sup}}$ は，$\mathtt{RN}(a)$ がオーバーフローを起こさない $|a|$ の上限であり，$|a|$ が $\mathtt{R_{sup}}$ 以上になったとき，オーバーフローが発生する。

ここで, ある実数を浮動小数点数に丸めた際の誤差に関する不等式を紹介する。

定理 1.3 $\mathtt{F_{min}} \leqq |a| < \mathtt{R_{sup}}$ を満たす $a \in \mathbb{R}$ について

$$|a - \mathtt{RN}(a)| \leqq \mathtt{u} \cdot \mathtt{ufp}(a) \tag{1.4}$$

が成立する。

証明 浮動小数点数が保持するビットは $\mathtt{ufp}(a)$ から始まり，$2\mathtt{u} \cdot \mathtt{ufp}(a)$ までとなる。よって，最近点に丸める場合は最終ビットの半分が最大の誤差となる。等号は a が隣接する浮動小数点数の中点となるときに成立する。実際に $a = 1 + \mathtt{u}$ とおけば，等号の成立例を確認できる。 □

また，以下の関係もよく使用される[2)]。

定理 1.4 $\mathtt{F_{min}} \leqq |a| < \mathtt{R_{sup}}$ を満たす $a \in \mathbb{R}$ について

$$\mathtt{RN}(a) = a(1 + \delta), \quad |\delta| \leqq \frac{\mathtt{u}}{1 + \mathtt{u}} \tag{1.5}$$

が成立する。

証明 $|a|$ について，3 パターンの場合分けを行う。(i) $|a| = (1 + u)\mathtt{ufp}(a)$ の場合，$\mathtt{RN}(a)$ は $\pm\mathtt{ufp}(a)$ のいずれかであるため，$|\delta| = \dfrac{\mathtt{u}}{1 + \mathtt{u}}$ である。(ii) $|a| < (1 + u)\mathtt{ufp}(a)$ の場合，$\mathtt{RN}(a)$ は同じく $\pm\mathtt{ufp}(a)$ であることから導ける。(iii) $|a| > (1 + u)\mathtt{ufp}(a)$ の場合，$\mathtt{RN}(a) - a = \delta a$，式 (1.4) から $|\delta a| \leqq \mathtt{u} \cdot \mathtt{ufp}(a)$ である。よって，$|\delta| \leqq \mathtt{u}\dfrac{\mathtt{ufp}(a)}{|a|} < \mathtt{u}\dfrac{\mathtt{ufp}(a)}{(1 + \mathtt{u})\mathtt{ufp}(a)} = \dfrac{\mathtt{u}}{1 + \mathtt{u}}$ となる。 □

ある実数とその実数を丸めて得られる浮動小数点数について，つぎの定理もよく使用される。

定理 1.5 $\mathtt{F_{min}} \leqq |a| < \mathtt{R_{sup}}$ を満たす $a \in \mathbb{R}$ について

$$a = \mathtt{RN}(a)(1 + \delta), \quad |\delta| \leqq \mathtt{u} \tag{1.6}$$

が成立する。

証明　$|a-\mathtt{RN}(a)| = |\delta\mathtt{RN}(a)|$ であり，定理 1.3 より $|\delta\mathtt{RN}(a)| \leqq \mathtt{u}\cdot\mathtt{ufp}(a)$。ここで，$\mathtt{ufp}(a) \leqq |\mathtt{RN}(a)|$ より，$|\delta| \leqq \mathtt{u}$ を得る。例として，$a = 1+\mathtt{u}$ のときに等号が成立する。 □

式 (1.4)〜(1.6) は等号が成立する例が存在するため，これ以上小さな上限はないことから最適な評価であるが，アンダーフロー（underflow）が考慮されていない。アンダーフローとは，$|\mathtt{RN}(a)| < \mathtt{F}_{\mathtt{min}}$ または $|a| < \mathtt{F}_{\mathtt{min}}$ のときのことをいう。$|a| \leqq \mathtt{u}\cdot\mathtt{F}_{\mathtt{min}} = \dfrac{\mathtt{S}_{\mathtt{min}}}{2}$ のとき，$\mathtt{RN}(a) = 0$ となる。よって，式 (1.4) においては不等式が成立せず，式 (1.5) と式 (1.6) では等式となる δ が範囲内に存在しないため，議論を拡張する必要がある。アンダーフローが発生する場合は，最終ビット $\mathtt{S}_{\mathtt{min}}$ 以降で誤差を考慮するため，以下の定理がただちに導出される。

定理 1.6　$|a| \leqq 2\mathtt{F}_{\mathtt{min}}$ を満たす $a \in \mathbb{R}$ に対して

$$a = \mathtt{RN}(a) + \eta, \quad |\eta| \leqq \frac{\mathtt{S}_{\mathtt{min}}}{2} \tag{1.7}$$

が成立する。

定理 1.3, 1.4 に対して定理 1.6 をそれぞれ組み合わせると，以下の定理を得る。

定理 1.7　$|\mathtt{RN}(a)| < \mathtt{R}_{\mathtt{sup}}$ を満たす $a \in \mathbb{R}$ について

$$|a-\mathtt{RN}(a)| \leqq \mathtt{u}\cdot\mathtt{ufp}(a) + \eta, \quad \mathtt{RN}(a) = a(1+\delta)+\eta \tag{1.8}$$

が成立する。ここで $|\eta| \leqq \dfrac{\mathtt{S}_{\mathtt{min}}}{2}$，$|\delta| \leqq \dfrac{\mathtt{u}}{1+\mathtt{u}}$，$\delta\cdot\eta = 0$ である。

1.1.2　浮動小数点演算

浮動小数点演算とは，浮動小数点数における演算の結果を浮動小数点数で表すものである。$\mathtt{fl}(\cdot)$ は括弧内のすべての 2 項演算を浮動小数点演算で評価することを意味する。例えば，$a, b, c \in \mathbb{F}$ に対して $\mathtt{fl}(\mathtt{fl}(a+b)+c)$ は，表記の簡略化のため，$\mathtt{fl}((a+b)+c)$ と記載しても同じ意味とする。一般に $a, b \in \mathbb{F} \Rightarrow a+b \in \mathbb{F}$

は成立しないため，$a+b$ と $\mathtt{fl}(a+b)$ の差（丸め誤差）を考える。IEEE 754 規格による四則演算，平方根の計算は，実数演算，すなわち無限精度で計算した後に最も近い浮動小数点数に丸めた結果を返すことが定められている。

非正規化数と加算（減算についても同様）に関する性質をつぎに紹介する。

定理 1.8 $x, y \in \mathbb{F}$ について，$|\mathtt{fl}(x+y)| < 2\mathtt{F}_{\mathtt{min}}$ ならば，$\mathtt{fl}(x+y) = x+y$ が成立する。また，x と y がともに非正規化数のとき，$\mathtt{fl}(x+y) = x+y$ が成立する。

証明 $\mathtt{ufp}(\mathtt{fl}(x+y)) \leqq \mathtt{F}_{\mathtt{min}}$ であるため，$\mathtt{fl}(x+y)$ の最終ビットは $\mathtt{S}_{\mathtt{min}}$ に対応する。$\mathtt{fl}(x+y)$ は $x+y$ を最近点に丸めた結果であるため，$\mathtt{fl}(x+y) - \frac{\mathtt{S}_{\mathtt{min}}}{2} \leqq x+y \leqq \mathtt{fl}(x+y) + \frac{\mathtt{S}_{\mathtt{min}}}{2}$ が成り立つ。よって，$x+y \in \mathtt{S}_{\mathtt{min}}\mathbb{Z}$ かつ $|x+y| < 2\mathtt{F}_{\mathtt{min}}$ であり，定理 1.2 から $x+y \in \mathbb{F}$ である。つぎに，x と y がともに非正規化数という仮定があれば，$|x|, |y| < \mathtt{F}_{\mathtt{min}}$ である。よって，$x+y \in \mathtt{S}_{\mathtt{min}}\mathbb{Z}$ かつ $x+y \leqq |x|+|y| < 2\mathtt{F}_{\mathtt{min}} = \mathtt{S}_{\mathtt{min}}\mathtt{u}^{-1}$ であるため，定理 1.2 より $x+y$ は厳密に浮動小数点数である。 □

定理 1.8 により，加算に関してはアンダーフローについて考慮する必要がないため，実数を浮動小数点数に丸める定理 1.3～1.5 がそのまま利用でき，つぎの定理を得る。

定理 1.9 $a, b \in \mathbb{F}$ について

$$\mathtt{fl}(a \pm b) = (a \pm b)(1+\delta_1), \quad |\delta_1| \leqq \frac{\mathtt{u}}{1+\mathtt{u}}$$

$$(a \pm b) = \mathtt{fl}(a \pm b)\,(1+\delta_2), \quad |\delta_2| \leqq \mathtt{u} \tag{1.9}$$

$$\mathtt{fl}(a \pm b) = a \pm b + \delta_3, \quad |\delta_3| \leqq \mathtt{u} \cdot \mathtt{ufp}(a \pm b) \tag{1.10}$$

が成り立つ。ただし，オーバーフローが発生する場合を除く。

つぎに，浮動小数点数の乗算に対する誤差評価式を紹介する。これは定理 1.3 とアンダーフローを考慮すれば，ただちに導かれる。

定理 1.10　$a, b \in \mathbb{F}$ について

$$\mathtt{fl}(a \cdot b) = a \cdot b + \delta + \eta,\ |\delta| \leqq \mathtt{u} \cdot \mathtt{ufp}(a \cdot b),\ |\eta| \leqq \frac{\mathtt{S_{min}}}{2},\ \delta \cdot \eta = 0$$

が成り立つ。ただし，オーバーフローが発生する場合を除く。

定理 1.10 では，$\mathtt{fl}(a \cdot b)$ においてアンダーフローが発生する場合には $\delta = 0$，発生しない場合には $\eta = 0$ としてよい。

つぎに，浮動小数点数の減算において誤差が発生しない状況の一例を紹介する。

定理 1.11　$x, y \in \mathbb{F}$ について，$\dfrac{y}{2} \leqq x \leqq 2y$ ならば $x - y = \mathtt{fl}(x - y)$ である。

証明　$x = y = 0$ の場合は明らかである。つぎに，$x \geqq y > 0$ を仮定しても一般性を失わない。$\mathtt{ufp}(x) \geqq \mathtt{ufp}(y)$ となるため，$x, y \in 2\mathtt{u} \cdot \mathtt{ufp}(y)\mathbb{Z}$ である。$x \leqq 2y$ より $2\mathtt{ufp}(y) > y \geqq x - y \in 2\mathtt{u} \cdot \mathtt{ufp}(y)\mathbb{Z}$ を得る。よって，定理 1.2 より，$x - y \in \mathbb{F}$ である。□

つぎに，加算に関する誤差評価に用いられる定理を紹介していく。

また，定理 1.9 の結果は以下のように拡張できる。

定理 1.12　$a, b \in \mathbb{F}$ について

$$|\mathtt{fl}(a + b) - (a + b)| \leqq \min(|a|, |b|, \mathtt{u} \cdot \mathtt{ufp}(a + b))$$

が成立する。ただし，オーバーフローが発生する場合を除く。

証明　定理 1.9 の結果より，$|\mathtt{fl}(a + b) - (a + b)| \leqq \min(|a|, |b|)$ をここで示せばよい。$\mathtt{fl}(\cdot)$ は最近点への丸めであるから，任意の $f \in \mathbb{F}$ に対して $|\mathtt{fl}(a + b) - (a + b)| \leqq |f - (a + b)|$ が成立し，$f = a$ と $f = b$ とすれば証明終わりである。□

定理 1.13 $a, b \in \mathbb{F}$ $(a \neq 0)$ について，$\mathtt{fl}(a+b) \in \mathtt{u} \cdot \mathtt{ufp}(a)\mathbb{Z}$ である。ただし，オーバーフローが発生する場合を除く。

証明 $b = 0$ のときは自明である。以下，$b \neq 0$ の場合を考える。定理 1.1 より，$a \in 2\mathtt{u} \cdot \mathtt{ufp}(a)\mathbb{Z} \subset \mathtt{u} \cdot \mathtt{ufp}(a)\mathbb{Z}$ となる。$ab > 0$ のとき，$|\mathtt{fl}(a+b)| \geqq |a|$ より，$\mathtt{fl}(a+b) \in \mathtt{u} \cdot \mathtt{ufp}(a)\mathbb{Z}$ である。よって，$ab < 0$ を考えればよいが，$|a-b| = |b-a|$ であり，さらに a と b の関係は入れ替えることができるため，$a > b > 0$ において $\mathtt{fl}(a-b)$ を考えればよい。ここで $2\mathtt{ufp}(b) \geqq \mathtt{ufp}(a)$ ならば，$b \in 2\mathtt{u} \cdot \mathtt{ufp}(b)\mathbb{Z} \subset \mathtt{u} \cdot \mathtt{ufp}(a)\mathbb{Z}$ であるから命題は成立する。最後に，$2\mathtt{ufp}(b) < \mathtt{ufp}(a)$ のときを考える。仮定より得られる $4\mathtt{ufp}(b) \leqq \mathtt{ufp}(a)$ と $\frac{1}{2}b < \mathtt{ufp}(b)$ から $2b < \mathtt{ufp}(a)$ を得る。$-b > -\frac{\mathtt{ufp}(a)}{2}$ と変形したものの両辺に a を加えれば，$a - b > a - \frac{\mathtt{ufp}(a)}{2} \geqq \frac{\mathtt{ufp}(a)}{2}$ となる。$a-b$ はある 2 のべき乗数よりも大きく，かりに $a-b$ が下向きに浮動小数点数に丸められても，その 2 のべき乗数より小さくなることはない。よって，$\mathtt{fl}(a-b) \geqq \frac{\mathtt{ufp}(a)}{2}$ であり，$\mathtt{fl}(a-b) \in \mathtt{u} \cdot \mathtt{ufp}(a)\mathbb{Z}$ が導かれる。 □

1.2 区 間 演 算

区間演算は精度保証付き数値計算において重要な役割を担うため，ここで解説を行う。区間演算の起源は諸説あるが，1950 年代に須永照夫によって体系的な研究がなされ，その後，R. E. Moore らの貢献によって広く知られるようになり，現在も研究が進められている。区間解析の専門書として文献 3), 4) がある。

1.2.1 区 間

$\mathbb{R}$ 上の有界閉区間（実区間）全体の集合を $\mathbb{IR}$ とする。以降，単に「区間」と書いた場合は，$\mathbb{IR}$ の元を意味することとする。本書では，区間を $\boldsymbol{a}$ のように太字を用いて表す。区間は，$\underline{a}, \overline{a} \in \mathbb{R}$，$\underline{a} \leqq \overline{a}$ を用いて

$$\boldsymbol{a} = [\underline{a}, \overline{a}] := \{\, x \in \mathbb{R} \mid \underline{a} \leqq x \leqq \overline{a} \,\}$$

と表すことができる。これを下端・上端型表現（infimum-supremum form）と呼ぶ。区間 $\boldsymbol{a}$ の中心を $\mathrm{mid}(\boldsymbol{a})$，半径を $\mathrm{rad}(\boldsymbol{a})$ と表記する。

$$\mathrm{mid}(\boldsymbol{a}) = \frac{1}{2}(\underline{a} + \overline{a}), \quad \mathrm{rad}(\boldsymbol{a}) = \frac{1}{2}(\overline{a} - \underline{a})$$

区間 $\boldsymbol{a}$ は区間の中心と半径で表現することもできる。具体的には，$c, r \in \mathbb{R}$，$r \geqq 0$ に対して

$$\boldsymbol{a} = \langle c, r \rangle := \{\, x \in \mathbb{R} \mid |x - c| \leqq r \,\} = \{\, x \in \mathbb{R} \mid c - r \leqq x \leqq c + r \,\}$$

と表す。これを中心・半径型表現（midpoint-radius form）と呼ぶ。中心・半径型から下端・上端型への変換も可能であることは容易にわかるであろう。

無限区間（端点が ∞ や $-\infty$）を許容するために

$$\mathbb{IR}_\infty := \{\, [x, \infty) \mid x \in \mathbb{R} \,\} \cup \{\, (-\infty, x] \mid x \in \mathbb{R} \,\} \cup \{(-\infty, \infty)\}$$

として，$\mathbb{IR}$ を拡張した集合を

$$\mathbb{IR}_* := \mathbb{IR} \cup \mathbb{IR}_\infty$$

と定義する。便宜上，端点が ∞ や $-\infty$ である場合も含めて「区間」と呼ぶことにする。このようにしておくと，無限区間を含む区間演算を取り扱うことが可能となる。ただし，$\boldsymbol{a} \in \mathbb{IR}_\infty$ については，$\boldsymbol{a} = (-\infty, \infty)$ の場合を除いて中心・半径型表現は存在しない。その場合でも，半径を ∞ にすることを許せば，任意の $c \in \mathbb{R}$ を用いて $\boldsymbol{a} \subset \langle c, \infty \rangle = (-\infty, \infty)$ という包含は可能である。

区間 $\boldsymbol{a} \in \mathbb{IR}_*$ の絶対値 $|\boldsymbol{a}|$ は

$$|\boldsymbol{a}| = \begin{cases} [\min_{a \in \boldsymbol{a}} |a|, \max_{a \in \boldsymbol{a}} |a|] & (\boldsymbol{a} \in \mathbb{IR}) \\ [\min_{a \in \boldsymbol{a}} |a|, \infty) & (\boldsymbol{a} \in \mathbb{IR}_\infty) \end{cases} \tag{1.11}$$

を意味し，$\boldsymbol{a}$ における絶対値の上限を

$$\mathrm{mag}(\boldsymbol{a}) := \sup_{a \in \boldsymbol{a}} |a| \geqq 0$$

と表記する。特に，中心・半径型表現 $\boldsymbol{a} = \langle a_c, a_r \rangle$ の場合は

$$\mathrm{mag}(\boldsymbol{a}) = |a_c| + a_r \geqq 0 \tag{1.12}$$

となる。

$\mathbb{R}$ 上の有界閉集合 X に対して，X を包含する最小の閉区間を

$$\mathrm{hull}(X) := [\min_{x \in X} x, \max_{x \in X} x] \in \mathbb{IR}$$

と表す。X が有界でない場合も含めて，$\mathrm{hull}(X) \in \mathbb{IR}_*$ となるように拡張できる。

区間や区間演算は，行列やベクトルにも拡張できる。行列やベクトルに対する不等式は，すべての要素に対して不等式が成立していることとする。例えば，$A = (a_{ij})$，$B = (b_{ij}) \in \mathbb{R}^{m \times n}$ について，$A \leqq B$ はすべての (i, j) に対して $a_{ij} \leqq b_{ij}$ であることを意味する。区間行列は，$\underline{A}, \overline{A} \in \mathbb{R}^{m \times n}$，$\underline{A} \leqq \overline{A}$ に対して

$$\boldsymbol{A} = [\underline{A}, \overline{A}] := \left\{ A \in \mathbb{R}^{m \times n} \;\middle|\; \underline{A} \leqq A \leqq \overline{A} \right\}$$

のように下端・上端型表現で表すことができるものとする。このような区間行列の集合を $\mathbb{IR}^{m \times n}$ と表記する。区間ベクトルについても，同様に定義する。これらは，行列やベクトルの要素が区間に拡張されたものと見なすこともできる。

区間行列や区間ベクトルについても，中心 $\mathrm{mid}(\cdot)$ や半径 $\mathrm{rad}(\cdot)$ を定義する。例えば，区間行列 $\boldsymbol{A} = [\underline{A}, \overline{A}] \in \mathbb{IR}^{m \times n}$ に対して

$$\mathrm{mid}(\boldsymbol{A}) := \frac{1}{2}(\underline{A} + \overline{A}) \in \mathbb{R}^{m \times n}, \quad \mathrm{rad}(\boldsymbol{A}) := \frac{1}{2}(\overline{A} - \underline{A}) \in \mathbb{R}^{m \times n}$$

とする。つまり，要素ごとに中心や半径を計算して得られる行列となる。絶対値 $|\boldsymbol{A}|$ や絶対値の最大 $\mathrm{mag}(\boldsymbol{A})$ についても，それぞれ要素ごとに式 (1.11) や式 (1.12) を適用した行列となる。また，$A_c, A_r \in \mathbb{R}^{m \times n}$（$A_r \geqq O$）に対して，中心・半径型表現の区間行列を

$$\boldsymbol{A} = \langle A_c, A_r \rangle := \left\{ A \in \mathbb{R}^{m \times n} \;\middle|\; A_c - A_r \leqq A \leqq A_c + A_r \right\}$$

と表す。

ここまでは，実数上の区間である実区間について述べてきたが，実区間の概念を複素数へ拡張する場合は，おもに2通りの方法が考えられる。一つは，複素数の実部と虚部をそれぞれ実区間で表す方法である。そのような区間を矩形複素区間と呼ぶ。もう一つは，複素円板領域を用いる方法である。これらはそれぞれ一長一短あるが，ここでは応用上の重要性を考えて，後者について述べる。

複素円板領域は，実区間の場合の中心・半径型と同様に表現することができる。すなわち，$c \in \mathbb{C}$，$r \in \mathbb{R}$（$r \geqq 0$）に対して

$$\langle c, r \rangle := \{\, z \in \mathbb{C} \mid |z - c| \leqq r \,\} \tag{1.13}$$

は，複素平面上における中心 c，半径 r の円板領域を表す。

$\mathbb{IC}$ をすべての複素円板領域の集合とする。$\boldsymbol{a} \in \mathbb{IC}$ の絶対値の最大 $\mathrm{mag}(\boldsymbol{a})$ については，実区間における式 (1.12) と同様に定義する。また，複素円板領域を要素とする n 次元ベクトル全体の集合は $\mathbb{IC}^n$，複素円板領域を要素とする $m \times n$ 行列全体の集合は $\mathbb{IC}^{m \times n}$ のように表す。これらは，実区間の場合と同様に，式 (1.13) をベクトルや行列に拡張したものとして自然に定義できる。

1.2.2　区　間　演　算

(1)　実区間の場合　　$\boldsymbol{a}, \boldsymbol{b} \in \mathbb{IR}$ に対する四則演算を

$$\boldsymbol{a} \circ \boldsymbol{b} := \{a \circ b \in \mathbb{R} \mid a \in \boldsymbol{a},\ b \in \boldsymbol{b}\}, \quad \circ \in \{+, -, \times, /\}$$

と定義する。特別な場合を除いて，$\boldsymbol{a} \circ \boldsymbol{b} \in \mathbb{IR}$ である。具体的には，下端・上端型表現では $\boldsymbol{a} = [\underline{a}, \overline{a}]$，$\boldsymbol{b} = [\underline{b}, \overline{b}]$ に対して

$$\boldsymbol{a} + \boldsymbol{b} = [\underline{a} + \underline{b}, \overline{a} + \overline{b}] \tag{1.14}$$

$$\boldsymbol{a} - \boldsymbol{b} = [\underline{a} - \overline{b}, \overline{a} - \underline{b}] \tag{1.15}$$

$$\boldsymbol{a} \times \boldsymbol{b} = [\min(\underline{a}\underline{b}, \underline{a}\overline{b}, \overline{a}\underline{b}, \overline{a}\overline{b}), \max(\underline{a}\underline{b}, \underline{a}\overline{b}, \overline{a}\underline{b}, \overline{a}\overline{b})] \tag{1.16}$$

$$\frac{\boldsymbol{a}}{\boldsymbol{b}} = \boldsymbol{a} \times \left[\frac{1}{\overline{b}}, \frac{1}{\underline{b}}\right] \quad (0 \notin \boldsymbol{b}) \tag{1.17}$$

のように計算することができる。

中心・半径型表現では $\boldsymbol{a} = \langle a_c, a_r \rangle$，$\boldsymbol{b} = \langle b_c, b_r \rangle$ に対して

$$\boldsymbol{a} + \boldsymbol{b} = \langle a_c + b_c, a_r + b_r \rangle \tag{1.18}$$

$$\boldsymbol{a} - \boldsymbol{b} = \langle a_c - b_c, a_r + b_r \rangle \tag{1.19}$$

$$\boldsymbol{a} \times \boldsymbol{b} = \langle a_c b_c + \delta_1, \delta_2 \rangle \tag{1.20}$$

$$\delta_1 := \operatorname{sgn}(a_c b_c) \min(a_r |b_c|, |a_c| b_r, a_r b_r)$$

$$\delta_2 := \max(a_r(|b_c| + b_r), (|a_c| + a_r) b_r, a_r |b_c| + |a_c| b_r)$$

$$\frac{\boldsymbol{a}}{\boldsymbol{b}} = \boldsymbol{a} \times \left\langle \frac{b_c}{d}, \frac{b_r}{d} \right\rangle, \quad d := b_c^2 - b_r^2 \quad (0 \notin \boldsymbol{b}) \tag{1.21}$$

となる。ただし，$\operatorname{sgn}(x)$ は変数 $x \in \mathbb{R}$ の符号を返す関数である。

式 (1.18), (1.19), (1.21) については自明である。式 (1.20) については証明の一部を詳細に解説しておく。$\langle a_c, a_r \rangle \cdot \langle b_c, b_r \rangle = [\underline{c}, \overline{c}]$ とし，$a_c, b_c \geqq 0$ を仮定する。このとき，$\overline{c} = (a_c + a_r)(b_c + b_r) = a_c b_c + a_r b_c + a_c b_r + a_r b_r$ である。

$$\alpha_1 = (a_c + a_r)(b_c - b_r) = a_c b_c + a_r b_c - a_c b_r - a_r b_r$$

$$\alpha_2 = (a_c - a_r)(b_c + b_r) = a_c b_c - a_r b_c + a_c b_r - a_r b_r$$

$$\alpha_3 = (a_c - a_r)(b_c - b_r) = a_c b_c - a_r b_c - a_c b_r + a_r b_r$$

とすると，$\underline{c} = \min(\alpha_1, \alpha_2, \alpha_3)$ を得る。

$$\alpha_4 = a_c b_c - a_r b_c - a_c b_r - a_r b_r$$

とすると

$$\alpha_1 = \alpha_4 + 2 a_r b_c, \quad \alpha_2 = \alpha_4 + 2 a_c b_r, \quad \alpha_3 = \alpha_4 + 2 a_r b_r$$

であるから，$\underline{c} = \alpha_4 + 2 \min(a_r b_c, a_c b_r, a_r b_r)$ となる。よって，中心を $\dfrac{\underline{c} + \overline{c}}{2}$ により計算し，半径は $\dfrac{\overline{c} - \underline{c}}{2}$ により得る。以下，$a_c, b_c < 0$ や $a_c b_c < 0$ などと場合分けを行い，すべてをまとめると，式 (1.20) が得られる。

式 (1.16) や式 (1.20) によって区間の積を計算する際には，最大・最小の比較が必要である。これを避けるため，中心・半径型表現による包含

$$\boldsymbol{a} \times \boldsymbol{b} \subset \langle a_c b_c, |b_c| a_r + |a_c| b_r + a_r b_r \rangle \tag{1.22}$$

もよく利用される。一般に，式 (1.16), (1.20) と比べて区間幅が拡大してしまうが，拡大率は最大で 1.5 倍までということが知られている[5)]。

区間 $\boldsymbol{a}, \boldsymbol{b}, \boldsymbol{c} \in \mathbb{IR}$ について，分配法則 $\boldsymbol{a}(\boldsymbol{b}+\boldsymbol{c}) = \boldsymbol{ab}+\boldsymbol{ac}$ は一般に成立しない。例として，$\boldsymbol{a} = [-1, 1]$，$\boldsymbol{b} = [1, 2]$，$\boldsymbol{c} = [-2, 1]$ とすると

$$\boldsymbol{a}(\boldsymbol{b}+\boldsymbol{c}) = \boldsymbol{a} \times [-1, 3] = [-3, 3]$$

であり

$$\boldsymbol{ab}+\boldsymbol{ac} = [-2, 2] + [-2, 2] = [-4, 4]$$

となることから，分配法則が成立しないことがわかる。ただし，一般に

$$\boldsymbol{a}(\boldsymbol{b}+\boldsymbol{c}) \subset \boldsymbol{ab}+\boldsymbol{ac} \tag{1.23}$$

が成立する（これを，劣分配法則と呼ぶ）。

実関数 $f(x)$ の定義域が区間 $\boldsymbol{x} \in \mathbb{IR}$ であるとき，値域を

$$f(\boldsymbol{x}) := \{\, f(x) \in \mathbb{R} \mid x \in \boldsymbol{x} \,\}$$

と表す。ここで，$f(x)$ が区間 $\boldsymbol{x}$ において連続でない場合，$f(\boldsymbol{x}) \in \mathbb{IR}$ とは限らず，$f(\boldsymbol{x})$ は一般に $\mathbb{R}$ の部分集合となる。このような $f(\boldsymbol{x})$ を得ることは一般に困難であるが，区間演算を用いることによって，$f(\boldsymbol{x}) \subset \boldsymbol{y} \in \mathbb{IR}$ のような区間 $\boldsymbol{y}$ を求めることは比較的容易にできる場合がある。

$f(x)$ として与えられた数式の表現に対して，そのまま $\boldsymbol{x}$ を代入して区間演算で評価することを区間拡張と呼び，$f_{[\,]}(\boldsymbol{x})$ と表すことにする。$f(x)$ が区間 $\boldsymbol{x}$ において連続であれば

$$f(\boldsymbol{x}) \subset f_{[\,]}(\boldsymbol{x})$$

となる。例えば

$$f(x) = x^2 + 3x + 2$$

について，$f_{[\,]}(\boldsymbol{x}) = \boldsymbol{x} \cdot \boldsymbol{x} + 3\boldsymbol{x} + 2$ として，$\boldsymbol{x} = [-1, 1]$ を代入し，区間演算を行うと

$$f(\boldsymbol{x}) \subset f_{[\,]}(\boldsymbol{x}) = [-1, 1] \cdot [-1, 1] + 3 \cdot [-1, 1] + 2 = [-2, 6] \qquad (1.24)$$

となる†。数式が数学的に等しくても，その表現が異なると，区間拡張により出力される区間が異なる場合があることに注意する。これは，前述の $f(x)$ を因数分解して $f_{[\,]}(\boldsymbol{x}) = (\boldsymbol{x} + 1)(\boldsymbol{x} + 2)$ とすれば

$$f(\boldsymbol{x}) \subset f_{[\,]}(\boldsymbol{x}) = ([-1, 1] + 1)([-1, 1] + 2) = [0, 6] \qquad (1.25)$$

となることからわかる。

ここで，式 (1.24) と式 (1.25) の違い，また式 (1.23) の成立から，一般に因数分解された式に区間を代入するほうが，より狭い区間が得られると読者を誘導してしまうかもしれないが，それは間違いである。例えば，つぎの式

$$\boldsymbol{x}(\boldsymbol{x} - 1)(\boldsymbol{x} + 1), \quad \boldsymbol{x}^3 - \boldsymbol{x}$$

に $\boldsymbol{x} = [-1, 1]$ を代入して区間演算を行うと，結果はそれぞれ $[-4, 4], [-2, 2]$ となる。このように，因数分解を利用したほうが過大評価となる例もある。また，極端な例として，$g(x) = 0$ について，$g_{[\,]}(\boldsymbol{x}) = \boldsymbol{x} - \boldsymbol{x}$ として，$\boldsymbol{x} = [1, 2]$ を代入すると

$$g(\boldsymbol{x}) \subset g_{[\,]}(\boldsymbol{x}) = [1, 2] - [1, 2] = [-1, 1]$$

となり，$g_{[\,]}(\boldsymbol{x}) = 0$ とはならない。こういったことが起こるのは，区間拡張では，変数の依存関係を考慮せずに，同じ変数でも別のものと考えて区間演算を

† 区間演算の場合，$f(x) = x^2 + 3x + 2$ という表現とは違うことに注意しよう。この場合は $x^2 \geqq 0$ であるため，これを考慮した区間演算を考えることができる。

することによって結果の区間が広がってしまうためである。一般に，通常の区間演算では，変数の依存関係を考慮しない限り，加減算において区間の半径が小さくなることはない。これは，中心・半径型の加減算の式 (1.18), (1.19) からもわかる。このような区間演算による区間の拡大を抑制する方法として，平均値形式やアフィン演算が知られているが，本章では取り上げない。

より複雑な関数 $f(x)$ に対する区間演算を考える場合，指数関数，対数関数，三角関数などの数学関数に対する区間演算が必要であり，詳細は 4 章で述べられている。逆にいえば，$f(x)$ を構成するすべての演算や関数について区間演算が定義されていれば，$f(x)$ に対する区間演算も可能になる。

(2)　複素円板領域の場合　　区間演算の複素数への拡張について述べる。実区間の場合と同様に，$\boldsymbol{a} = \langle a_c, a_r \rangle$, $\boldsymbol{b} = \langle b_c, b_r \rangle \in \mathbb{IC}$ に対する四則演算について考える。これは円板演算（circular arithmetic）によって行う。加減算については，実区間における中心・半径型の加減算 (1.18), (1.19) と同様である。乗除算については，以下のようにする。

$$\boldsymbol{a} \times \boldsymbol{b} = \langle a_c b_c (1+\delta), (|a_c| b_r + a_r |b_c|)(1+\delta) \rangle,$$

$$\delta = \frac{a_r b_r}{|a_c b_c| + |a_c| b_r + a_r |b_c|}$$

$$\frac{\boldsymbol{a}}{\boldsymbol{b}} = \boldsymbol{a} \times \left\langle \frac{\overline{b_c}}{d}, \frac{b_r}{d} \right\rangle, \quad d := |b_c|^2 - b_r^2 \quad (0 \notin \boldsymbol{b})$$

ただし，$\overline{b_c}$ は b_c の複素共役を意味する。

上記以外の 2 項演算や単項演算についても円板演算が定義されていれば，それらの組合せから構成される複素関数 $f(z)$ について，実関数の区間拡張と同様に，$f(z)$ を円板演算で拡張した $f_{\langle\ \rangle}(\boldsymbol{z})$ を定義することが可能となり

$$f(\boldsymbol{z}) \subset f_{\langle\ \rangle}(\boldsymbol{z}) \in \mathbb{IC} \quad (\boldsymbol{z} \in \mathbb{IC})$$

となる。また，このとき，$\boldsymbol{w} = f_{\langle\ \rangle}(\boldsymbol{z})$ とすると

$$\max_{z \in \boldsymbol{z}} |f(z)| \leqq \mathrm{mag}(\boldsymbol{w}) \tag{1.26}$$

が成立する。

1.2.3 機械区間演算

まず，浮動小数点演算における丸めモードについて説明する。$\mathtt{fl}_{\nabla}(\cdot)$ は括弧内の演算を下向きの丸めモードにより計算することを意味する（実数演算による結果以下の最大の浮動小数点数に丸める）。また，$\mathtt{fl}_{\Delta}(\cdot)$ は括弧内の演算を上向きの丸めモードで計算することを意味する（実数演算による結果以上の最小の浮動小数点数に丸める）。すなわち，$a, b \in \mathbb{F}$ に対して，$\circ \in \{+, -, \times, /\}$ として

$$
\mathtt{fl}_{\nabla}(a \circ b) = \begin{cases} \max\{x \in \mathbb{F} \mid x \leqq a \circ b\} & (a \circ b \geqq -\mathtt{F_{max}}) \\ -\mathtt{Inf} & (a \circ b < -\mathtt{F_{max}}) \end{cases}
$$

$$
\mathtt{fl}_{\Delta}(a \circ b) = \begin{cases} \min\{x \in \mathbb{F} \mid x \geqq a \circ b\} & (a \circ b \leqq \mathtt{F_{max}}) \\ \mathtt{Inf} & (a \circ b > \mathtt{F_{max}}) \end{cases}
$$

であり

$$
\mathtt{fl}_{\nabla}(a \circ b) \leqq a \circ b \leqq \mathtt{fl}_{\Delta}(a \circ b) \tag{1.27}
$$

が成立する。IEEE 754 規格では，これらの方向丸めを実装することが要請されている。

例えば，C 言語では国際規格 C99（ISO/IEC 9899:1999）において丸めモードを変更する関数が規格化されているため，利用するコンパイラがこの関数をサポートしている場合は，それを利用すればよい。必要なヘッダファイルは `fenv.h` であり，関数

```
int fesetround(int mode)
```

によって丸めモードの変更が可能である。入力引数 `mode` については，**表 1.1** に示すマクロを利用できる。

上記以外に，コンパイラ独自の丸めモードを変更する関数やアセンブラを用いる方法もある。コンパイラによっては，正しく実装されていなかったり，最

表 1.1　IEEE 754 規格における丸めモード

mode	丸めの向き
FE_TONEAREST	最近点への丸め
FE_UPWARD	上への丸め
FE_DOWNWARD	下への丸め
FE_TOWARDZERO	原点方向への丸め

適化オプションによって丸めモードの変更が一部無効になってしまう場合があるため，注意が必要である。

区間演算は，正確な実数演算が使用可能であれば実装できる。ただし，$a, b \in \mathbb{F}$ に対して，$\mathtt{fl}(a+b) = a+b$ がいつでも成り立つとは限らないため，浮動小数点演算では厳密な実装ができない。例えば

$$[\underline{a}, \overline{a}] + [\underline{b}, \overline{b}] := [\mathtt{fl}(\underline{a} + \underline{b}), \mathtt{fl}(\overline{a} + \overline{b})]$$

と実装すれば，これは誤りである。

そこで，浮動小数点数を用いて表現される区間である機械区間，また，それらに対する区間演算の結果を包含する機械区間演算を紹介する。機械区間とは，浮動小数点数を用いて表現される区間である。具体的には，$\underline{a}, \overline{a} \in \mathbb{F}$（$\underline{a} \leqq \overline{a}$）に対して，下端・上端型の機械区間を

$$[\underline{a}, \overline{a}] := \{\, x \in \mathbb{R} \mid \underline{a} \leqq x \leqq \overline{a} \,\}$$

と表す。$\mathbb{IF}_{\mathrm{infsup}}$ を下端・上端型の機械区間の集合とする。また，$a_c, a_r \in \mathbb{F}$（$a_r \geqq 0$）に対して，中心・半径型の機械区間を

$$\langle a_c, a_r \rangle := \{\, x \in \mathbb{R} \mid a_c - a_r \leqq x \leqq a_c + a_r \,\}$$

と表す。$\mathbb{IF}_{\mathrm{midrad}}$ を中心・半径型の機械区間の集合とする。また

$$\mathbb{IF} = \mathbb{IF}_{\mathrm{infsup}} \cup \mathbb{IF}_{\mathrm{midrad}}$$

を機械区間全体の集合とする。

ここで，$\mathbb{IF}_{\mathrm{infsup}}$ と $\mathbb{IF}_{\mathrm{midrad}}$ は集合としては異なることに注意してほしい。例を挙げれば，$\boldsymbol{a} = [1 - \mathrm{u}^2, 1 + \mathrm{u}^2] = \langle 1, \mathrm{u}^2 \rangle$ については，$\boldsymbol{a} \notin \mathbb{IF}_{\mathrm{infsup}}$ である

が $\boldsymbol{a} \in \mathbb{IF}_{\mathrm{midrad}}$ であり，また，$\boldsymbol{a} = [1, 1+2\mathrm{u}] = \langle 1+\mathrm{u}, \mathrm{u} \rangle$ については，$\boldsymbol{a} \in \mathbb{IF}_{\mathrm{infsup}}$ であるが $\boldsymbol{a} \notin \mathbb{IF}_{\mathrm{midrad}}$ である。

無限区間について，便宜上，機械区間では以下のような表記を用いる。

$$
\begin{aligned}
&[x, \mathtt{Inf}],\ x \in \mathbb{F} &&\Leftrightarrow\ [x, \infty),\ x \in \mathbb{F}\\
&[-\mathtt{Inf}, x],\ x \in \mathbb{F} &&\Leftrightarrow\ (-\infty, x],\ x \in \mathbb{F}\\
&[-\mathtt{Inf}, \mathtt{Inf}] &&\Leftrightarrow\ (-\infty, \infty)
\end{aligned}
$$

通常の区間と同様に，無限区間を許容するために

$$\mathbb{IF}_\infty := \{\,[x, \mathtt{Inf}] \mid x \in \mathbb{F}\,\} \cup \{\,[-\mathtt{Inf}, x] \mid x \in \mathbb{F}\,\} \cup \{[-\mathtt{Inf}, \mathtt{Inf}]\}$$

として，$\mathbb{IF}$ を拡張した集合を

$$\mathbb{IF}_* := \mathbb{IF} \cup \mathbb{IF}_\infty$$

と定義する。

注意 1：実区間の場合と同様に，$\boldsymbol{a} \in \mathbb{IF}_\infty$ については，$\boldsymbol{a} = (-\infty, \infty)$ の場合を除いて中心・半径型では表現できないため，任意の $c \in \mathbb{F}_*$ について $\boldsymbol{a} \subset \langle c, \mathtt{Inf} \rangle = (-\infty, \infty)$ という包含を用いることにする。ここで，$c = \mathtt{Inf}, -\mathtt{Inf}$ の場合でも，$\langle c, \mathtt{Inf} \rangle = (-\infty, \infty)$ を意味することに注意する。$c = \mathtt{NaN}$ の場合は無効な区間とする。

ここでは，区間演算の結果を数値計算により包含する機械区間演算について紹介する。下端・上端型の機械区間 $\boldsymbol{a}, \boldsymbol{b} \in \mathbb{IF}_{\mathrm{infsup}}$ に対する機械区間演算は

$$\boldsymbol{a} + \boldsymbol{b} \subset [\mathtt{fl}_\nabla(\underline{a} + \underline{b}), \mathtt{fl}_\Delta(\overline{a} + \overline{b})] \tag{1.28}$$

$$\boldsymbol{a} - \boldsymbol{b} \subset [\mathtt{fl}_\nabla(\underline{a} - \overline{b}), \mathtt{fl}_\Delta(\overline{a} - \underline{b})] \tag{1.29}$$

$$\boldsymbol{a} \times \boldsymbol{b} \subset [\mathtt{fl}_\nabla(\min(\underline{a}\underline{b}, \underline{a}\overline{b}, \overline{a}\underline{b}, \overline{a}\overline{b})), \mathtt{fl}_\Delta(\max(\underline{a}\underline{b}, \underline{a}\overline{b}, \overline{a}\underline{b}, \overline{a}\overline{b}))] \tag{1.30}$$

$$\frac{\boldsymbol{a}}{\boldsymbol{b}} \subset \left[\mathtt{fl}_\nabla\left(\min\left(\frac{\underline{a}}{\underline{b}}, \frac{\underline{a}}{\overline{b}}, \frac{\overline{a}}{\underline{b}}, \frac{\overline{a}}{\overline{b}}\right)\right), \mathtt{fl}_\Delta\left(\max\left(\frac{\underline{a}}{\underline{b}}, \frac{\underline{a}}{\overline{b}}, \frac{\overline{a}}{\underline{b}}, \frac{\overline{a}}{\overline{b}}\right)\right)\right] \quad (0 \notin \boldsymbol{b}) \tag{1.31}$$

となる†。このようにして，浮動小数点演算を用いながらも区間の包含が達成される結果を求めることが可能である。ただし，$\boldsymbol{a}$ または $\boldsymbol{b}$ が無限区間である場合，例外処理が必要となるため，1.2.4 項を参照されたい（実際に例外処理が必要となるのは，乗算 $\boldsymbol{a}\times\boldsymbol{b}$ の場合のみである）。また，$0\in\boldsymbol{b}$ のときは，$\dfrac{\boldsymbol{a}}{\boldsymbol{b}}=[\mathtt{NaN},\mathtt{NaN}]$ などとして，無効な区間を表すようにする。

ここで，下端・上端型の $[\underline{a},\overline{a}]\in\mathbb{IF}_{\mathrm{infsup}}$ を中心・半径型の $\langle c,r\rangle\in\mathbb{IF}_{\mathrm{midrad}}$ に変換したいとする。$[\underline{a},\overline{a}]$ の中心は $\dfrac{\underline{a}+\overline{a}}{2}$，半径は $\dfrac{\overline{a}-\underline{a}}{2}$ であるが，$\dfrac{\underline{a}+\overline{a}}{2}\notin\mathbb{F}$ あるいは $\dfrac{\overline{a}-\underline{a}}{2}\notin\mathbb{F}$ である可能性がある。よって，一般には下端・上端型の機械区間は中心・半径型の機械区間に厳密には変換できないが，区間の拡大を少々許した以下のような変換が知られている。

定理 1.14　機械区間 $\boldsymbol{a}=[\underline{a},\overline{a}]\in\mathbb{IF}_{\mathrm{infsup}}\cup\mathbb{IF}_{\infty}\backslash\{[-\mathtt{Inf},\mathtt{Inf}]\}$ について

$$c=\mathtt{fl}_{\triangle}\left(\frac{\overline{a}+\underline{a}}{2}\right),\quad r=\mathtt{fl}_{\triangle}(c-\underline{a})$$

とすれば，$\boldsymbol{a}\subset\langle c,r\rangle\in\mathbb{IF}_{\mathrm{midrad}}\cup\{[-\mathtt{Inf},\mathtt{Inf}]\}$ となる。

証明　まず，$\boldsymbol{a}\in\mathbb{IF}_{\mathrm{infsup}}$ の場合は，$c+r\geqq\overline{a}$，$c-r\leqq\underline{a}$ を示せばよい。式 (1.27) を利用すれば

$$\begin{aligned}c+r&=\mathtt{fl}_{\triangle}\left(\frac{\overline{a}+\underline{a}}{2}\right)+\mathtt{fl}_{\triangle}(c-\underline{a})\geqq\frac{\overline{a}+\underline{a}}{2}+c-\underline{a}\\&\geqq\frac{\overline{a}+\underline{a}}{2}+\frac{\overline{a}+\underline{a}}{2}-\underline{a}=\overline{a}\end{aligned}$$

となる。$c-r\leqq\underline{a}$ も同様に示せる。$\boldsymbol{a}\in\{\,[x,\mathtt{Inf}]\mid x\in\mathbb{F}\,\}$ の場合は，$c=\mathtt{Inf}$，$r=\mathtt{Inf}$ となるが，注意 1 から $\boldsymbol{a}\subset\langle\mathtt{Inf},\mathtt{Inf}\rangle=(-\infty,\infty)$ となる。$\boldsymbol{a}\in\{\,[-\mathtt{Inf},x]\mid x\in\mathbb{F}\,\}$ の場合も同様である。　□

$\boldsymbol{a}=[-\mathtt{Inf},\mathtt{Inf}]$ の場合は，任意の $c\in\mathbb{F}_{*}$ について $\boldsymbol{a}=\langle c,\mathtt{Inf}\rangle=[-\mathtt{Inf},\mathtt{Inf}]$ とすればよい。

---

† 除算については，式 (1.17) のように計算することもできるが，浮動小数点演算における丸めの操作を減らすため，式 (1.31) のように計算するほうがよい。

定理 1.14 において，2 進数以外の浮動小数点演算を用いると，$c \notin [\underline{a}, \overline{a}]$ となる場合がある（$[\underline{a}, \overline{a}] \subset \langle c, r \rangle$ は成り立つ）。そこで，中心の計算を

$$c = \mathtt{fl}_{\triangle}\left(\left(\frac{\overline{a} - \underline{a}}{2}\right) + \underline{a}\right) \tag{1.32}$$

とする方法も知られており，これを用いると，2 進数以外の浮動小数点演算の場合でも，$c \in [\underline{a}, \overline{a}]$ となる。大石[6)] は式 (1.32) を区間行列に拡張したものを提案して，高速な区間行列積の開発に貢献した。区間行列積については，3.2.1 項を参照されたい。

1.2.4　無限区間における例外処理

無限区間を含むような区間演算では注意が必要である。加減算と除算については，それぞれ式 (1.28), (1.29), (1.31) のままでよいが（読者自身で確認されたい），乗算については，$0 \times$ `Inf` のような計算をすると `NaN`（非数）が発生してしまうため，これを避ける必要がある。

具体的には，$\boldsymbol{a} = [\underline{a}, \overline{a}]$, $\boldsymbol{b} = [\underline{b}, \overline{b}] \in \mathbb{IF}_*$ について，機械区間演算による $\boldsymbol{a} \times \boldsymbol{b}$ は以下のルールに従うことにする。

- $\underline{a} = \overline{a} = 0$ の場合，$\underline{b} = -\mathtt{Inf}$ または $\overline{b} = \mathtt{Inf}$ ならば $[-\mathtt{Inf}, \mathtt{Inf}]$，そうでなければ $[0, 0]$ を返す。
- $\underline{b} = \overline{b} = 0$ の場合，$\underline{a} = -\mathtt{Inf}$ または $\overline{a} = \mathtt{Inf}$ ならば $[-\mathtt{Inf}, \mathtt{Inf}]$，そうでなければ $[0, 0]$ を返す。
- 上記以外の場合，式 (1.30) に従う。

章　末　問　題

【1】 $1 + 3\mathrm{u}$, $1 + 5\mathrm{u}$, $1 + 7\mathrm{u}$ がある。これらを浮動小数点数に丸めたものを求めよ。ただし，最近点への丸め（偶数丸め）が適用されるものとする。

【2】 2 進 p 桁の浮動小数点数において，1, 2, 4, 8 の両隣の浮動小数点数をそれぞれ求めよ。ただし，$\mathrm{u} = 2^{-p}$ を用いること。

【3】 $a, b, c \in \mathbb{F}$ がある。$\mathtt{fl}((a + b) + c) = \mathtt{fl}(a + (b + c))$ とならない a, b, c の例

を一つ挙げよ。

【4】 $0 \leqq a, b, c \in \mathbb{F}$ がある。$a > b$ であっても $\mathtt{fl}(a \cdot c) > \mathtt{fl}(b \cdot c)$ が成立しない例を挙げよ。

【5】 定理 1.10 において $\delta = 0$，$\eta = \frac{1}{2}\mathtt{S_{min}}$ となる $a, b \in \mathbb{F}$ を一つ求めよ。

【6】 $\boldsymbol{a}, \boldsymbol{b}, \boldsymbol{c} \in \mathbb{IR}$ がある。$\boldsymbol{b} \subsetneq \boldsymbol{c}$ であっても $\boldsymbol{ab} \subsetneq \boldsymbol{ac}$ とならない例を挙げよ。

【7】 $\boldsymbol{a} \in \mathbb{IR}$ が点区間（半径が 0 の区間）でなければ，$\boldsymbol{a} \cdot \boldsymbol{b} = [1, 1]$ となる区間 $\boldsymbol{b}$ は存在しないことを示せ。

【8】 式 (1.23) の劣分配法則 $\boldsymbol{a}(\boldsymbol{b} + \boldsymbol{c}) \subset \boldsymbol{ab} + \boldsymbol{ac}$ を証明せよ。

【9】 定理 1.14 で $[\underline{a}, \overline{a}] \subsetneq \langle c, r \rangle$ となる例を挙げよ。

引用・参考文献

1) ANSI/IEEE Std 754–2008 (Revision of ANSI/IEEE Std 754–1985): IEEE Standard for Floating Point Arithmetic, IEEE, 2008.

2) C.-P. Jeannerod, S. M. Rump: On relative errors of floating-point operations: optimal bounds and applications, Math. Comp., **87** (2018), 803–819.

3) A. Neumaier: Interval Methods for Systems of Equations, Cambridge University Press, 2008.

4) R. E. Moore, R. B. Kearfott, M. J. Cloud: Introduction to Interval Analysis, Cambridge University Press, 2009.

5) S. M. Rump: Fast and parallel interval arithmetic, BIT Numerical Mathematics, **39**:3 (1999), 539–560.

6) 大石 進一：精度保証付き数値計算, コロナ社, 1999.

2 丸め誤差解析と高精度計算

本章では，数値線形代数に関する精度保証法に有用な丸め誤差解析や高精度計算に有用なエラーフリー変換について解説する。本章の細部は初学者にとっては難解であるため，定理の結果だけを辞書的に利用し，証明の細部は興味のある読者のみが追うことをお勧めする。

2.1 丸め誤差解析

ここでは，成分がすべて浮動小数点数であるベクトルの総和，内積に関する丸め誤差解析，後退誤差解析について紹介する。ここで紹介する結果は，数値線形代数の問題に対する精度保証付き数値計算の基礎となる。

2.1.1 総和に対する誤差解析

$p \in \mathbb{F}^n$ に対して，$\displaystyle\sum_{i=1}^{n} p_i$ を浮動小数点演算を用いて計算する。この計算では最大で $n-1$ 回の誤差が入る可能性があり，その最大の影響を調べる。すなわち，絶対誤差の上限についての誤差評価を解説していく。総和を考える際には，一般に計算の順序を考える必要がある。例えば，C 言語で double 型の配列 a の要素の総和を計算するために

```
for (r = 0.0, i = 0; i < n; i++) r += a[i];
```

とコードを作成し，コンパイルを行ったとする。しかし，近年のコンパイラでは

```
(...(((a[0] + a[1]) + a[2]) + a[3]) + ...)
```

のようにインデックスの小さい順に計算をするコードが生成されている保証はない†。よって，任意の計算順序に対して成立する誤差評価を与えることが汎用性に繋がる。ここで，任意の順序による浮動小数点演算の結果を表す表記 $\texttt{float}(\cdot)$ を導入する。$\texttt{float}(a+b+c+d)$ は

$$\texttt{fl}(((a+b)+c)+d),\quad \texttt{fl}(((a+c)+b)+d),\quad \texttt{fl}(((a+c)+d)+b)$$

$$\texttt{fl}((a+b)+(c+d)),\quad \texttt{fl}((a+c)+(b+d)),\quad \texttt{fl}((a+d)+(b+c))$$

などのどれでもよいことを意味する。

ある式に対する演算の過程は 2 分木によって整理できるため，以後の証明には 2 分木の構造を利用した帰納法をよく用いる。**図 2.1** は

$$((p_1+p_7)+(p_6+p_2))+((p_3+p_5)+(p_4+p_8))$$

という演算順序に対する 2 分木である。まずは，2 分木の葉について証明を行う。つぎに，あるノードに対する左側の子と右側の子に対し，それぞれにある誤差評価が成立したと仮定し，そのノードでの誤差評価が成立するかを検証し，帰納的に証明する。I_1 は左の子に関して，いままで計算してきた p_i の情報を保持し，I_2 は右の子に関して，いままで計算してきた p_i の情報を保持している。

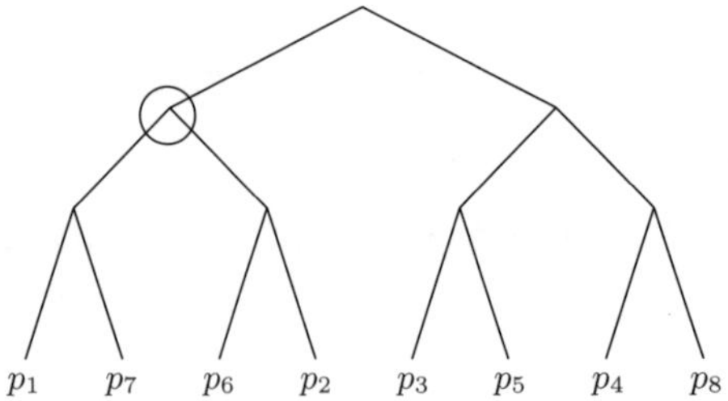

図 2.1　2 分木を利用した演算順序

† 「浮動小数点演算の結果の精度に影響する最適化をしない」というコンパイルオプションを使用した場合は別である。

図 2.1 の丸印のノードに対しては，$I_1 = \{1, 7\}$，$I_2 = \{6, 2\}$ である。I_1 の要素の個数を n_1，I_2 の要素の個数を n_2 とする。$I_1 \cap I_2 = \phi$ であるため，$I_1 \cup I_2$ の要素の個数は $n_1 + n_2$ である。$s_1 = \displaystyle\sum_{i \in I_1} p_i$，$s_2 = \displaystyle\sum_{i \in I_2} p_i$ とする。$\widehat{s}_1$，$\widehat{s}_2$ はそれぞれ s_1，s_2 を求める際の演算のすべてを浮動小数点演算で求めたものとする。$s = s_1 + s_2$，$\widehat{s} = \mathtt{fl}(\widehat{s}_1 + \widehat{s}_2)$，$S_1 = \displaystyle\sum_{i \in I_1} |p_i|$，$S_2 = \displaystyle\sum_{i \in I_2} |p_i|$，$S = S_1 + S_2$ とする。$\widehat{S}_1$ は $\displaystyle\sum_{i \in I_1} |p_i|$ を，$\widehat{S}_2$ は $\displaystyle\sum_{i \in I_2} |p_i|$ をすべて浮動小数点演算で評価したものとし，$\widehat{S} = \mathtt{fl}\left(\widehat{S}_1 + \widehat{S}_2\right)$ とする。

定理 2.1　$p \in \mathbb{F}^n$ に対する $\displaystyle\sum_{i=1}^{n} p_i$ を考える。任意の計算順序によって得られた計算値 $\mathtt{float}\left(\displaystyle\sum_{i=1}^{n} p_i\right)$ に対して，誤差の上限を表す以下の不等式が成立する。

$$\left|\mathtt{float}\left(\sum_{i=1}^{n} p_i\right) - \sum_{i=1}^{n} p_i\right| \leqq (n-1)\mathtt{u}' \sum_{i=1}^{n} |p_i| \tag{2.1}$$

$$\leqq (n-1)\mathtt{u} \sum_{i=1}^{n} |p_i| \tag{2.2}$$

ただし，$\mathtt{u}' := \dfrac{\mathtt{u}}{1+\mathtt{u}}$ である。

証明　まず，式 (2.1) を示す。2 分木の葉に関しては計算がないため，自明に不等式が成立する。あるノードについて左の子（$j = 1$）と右の子（$j = 2$）について

$$\left|\mathtt{float}\left(\sum_{i \in I_j} p_i\right) - \sum_{i \in I_j} p_i\right| = |\widehat{s}_j - s_j| \leqq (n_j - 1)\mathtt{u}' S_j \quad (j \in \{1, 2\})$$

が成立すると仮定する。$\mathtt{fl}(\widehat{s}_1 + \widehat{s}_2) - (\widehat{s}_1 + \widehat{s}_2) = \delta$ とおけば

$$\begin{aligned}
|\widehat{s} - s| &= |\widehat{s} - (\widehat{s}_1 + \widehat{s}_2) + \widehat{s}_1 - s_1 + \widehat{s}_2 - s_2| \\
&\leqq |\widehat{s} - (\widehat{s}_1 + \widehat{s}_2)| + |\widehat{s}_1 - s_1| + |\widehat{s}_2 - s_2| \\
&\leqq |\delta| + \mathtt{u}'((n_1 - 1)S_1 + (n_2 - 1)S_2)
\end{aligned}$$

である。目標は

$$|\widehat{s}-s| \leqq (n_1+n_2-1)\mathtt{u}'(S_1+S_2) = (n_1+n_2-1)\mathtt{u}'S$$

を示すことであり，もし $|\delta| \leqq \mathtt{u}'\overline{s}$，$\overline{s} = n_2S_1+n_1S_2$ であれば証明完成である。$|\widehat{s}_1-s_1| = e_1$，$|\widehat{s}_2-s_2| = e_2$ とおく。

これから場合分けを行う。まず，$S_2 \leqq \mathtt{u}'S_1$ のとき $S_2 \leqq S_1$ である。よって定理 1.12 より

$$\begin{aligned}|\delta| &\leqq |\widehat{s}_2| \leqq |e_2|+|s_2| \leqq |e_2|+S_2\\ &\leqq \mathtt{u}'((n_2-1)S_2+S_1) \leqq \mathtt{u}'n_2S_1 \leqq \mathtt{u}'\overline{s}\end{aligned}$$

となる。$S_1 \leqq \mathtt{u}'S_2$ のときも，上記の証明における S_1 と S_2 の役割を交換すれば証明できる。

最後に $\mathtt{u}'S_1 < S_2$ かつ $\mathtt{u}'S_2 < S_1$ の場合を考える。定理 1.9 より $|\delta| \leqq \mathtt{u}'|\widehat{s}_1+\widehat{s}_2|$ である。$|\widehat{s}_1+\widehat{s}_2| \leqq |e_1|+|s_1|+|e_2|+|s_2| \leqq |e_1|+S_1+|e_2|+S_2$ であり

$$|e_1| \leqq (n_1-1)\mathtt{u}'S_1 \leqq (n_1-1)S_2, \quad |e_2| \leqq (n_2-1)\mathtt{u}'S_2 \leqq (n_2-1)S_1$$

であるから $|\widehat{s}_1+\widehat{s}_2| \leqq \overline{s}$ となり，式 (2.1) は証明終わりである。式 (2.2) は，$\mathtt{u}' < \mathtt{u}$ よりただちに示される。　□

歴史的には，定理 2.1 に現れるような $k\mathtt{u}$（$k \in \mathbb{N}$）の代わりに

$$\gamma_k := \frac{k\mathtt{u}}{1-k\mathtt{u}} \quad (k\mathtt{u} < 1)$$

という定数が使用されていた。ここで，$k \geqq \mathtt{u}^{-1}$ のときは，γ_k を用いた評価は利用できないことに注意しよう。$k\mathtt{u}$ という簡潔な係数を使用できるのは，S. M. Rump や C.-P. Jeannerod らの研究成果の賜物である[1)]。

定理 2.2　$p \in \mathbb{F}^n$ に対して

$$\left|\mathtt{float}\left(\sum_{i=1}^n p_i\right) - \sum_{i=1}^n p_i\right| \leqq (n-1)\mathtt{u}\cdot\mathtt{ufp}\left(\mathtt{float}\left(\sum_{i=1}^n |p_i|\right)\right) \tag{2.3}$$

が成立する。ただし，float(·) 内の計算順序は，不等式の左辺と右辺で同じでなければならない。

証明 2分木における葉は，要素が一つゆえに自明に不等式が成立する。あるノードにおける左の子と右の子にそれぞれ式 (2.3) が成立する，すなわち

$$\left|\mathtt{float}\left(\sum_{i\in I_j} p_i\right) - \sum_{i\in I_j} p_i\right| \leqq (n_j - 1)\mathtt{u}\cdot\mathtt{ufp}\left(\mathtt{float}\left(\sum_{i\in I_j} |p_i|\right)\right) \quad (j\in\{1,2\})$$

と仮定する。この仮定と定理 1.9 より

$$\begin{aligned}
|\widehat{s} - s| &= |\widehat{s} - (\widehat{s}_1 + \widehat{s}_2) + \widehat{s}_1 - s_1 + \widehat{s}_2 - s_2| \\
&\leqq |\widehat{s} - (\widehat{s}_1 + \widehat{s}_2)| + |\widehat{s}_1 - s_1| + |\widehat{s}_2 - s_2| \\
&\leqq \mathtt{u}\cdot\mathtt{ufp}(\widehat{s}) + (n_1 - 1)\mathtt{u}\cdot\mathtt{ufp}(\widehat{S}_1) + (n_2 - 1)\mathtt{u}\cdot\mathtt{ufp}(\widehat{S}_2) \\
&\leqq \mathtt{u}\cdot\mathtt{ufp}(\widehat{S}) + (n_1 + n_2 - 2)\mathtt{u}\cdot\mathtt{ufp}(\widehat{S}) \\
&= (n_1 + n_2 - 1)\mathtt{u}\cdot\mathtt{ufp}(\widehat{S})
\end{aligned}$$

となり，帰納法により命題は証明された。 □

式 (2.3) は $(n-1)\mathtt{u} \leqq 1$ のとき，u と ufp(·) はともに 2 のべき乗数であるため

$$\left|\mathtt{float}\left(\sum_{i=1}^{n} p_i\right) - \sum_{i=1}^{n} p_i\right| \leqq \mathtt{float}\left((n-1)\mathtt{u}\cdot\mathtt{ufp}\left(\mathtt{float}\left(\sum_{i=1}^{n} |p_i|\right)\right)\right)$$

と誤差の上限をすべて浮動小数点演算で評価できる。ここで，$(n-1)\mathtt{u}$ と $\mathtt{ufp}\left(\mathtt{float}\left(\sum_{i=1}^{n} |p_i|\right)\right)$ の浮動小数点演算による積で誤差は発生しないかと，疑問に思う読者もいるかもしれない。この積において誤差が発生するならば $\mathtt{ufp}\left(\mathtt{float}\left(\sum_{i=1}^{n} |p_i|\right)\right)$ は十分小さく，総和は非正規化数の範囲内で計算されたことを意味する。よって，定理 1.8 より総和の計算には誤差が発生しないために問題はない。

2.1.2 内積に対する誤差解析

これから，ベクトルの内積に関する誤差評価を紹介する。

定理 2.3　$x, y \in \mathbb{F}^n$ に対して

$$\left|\mathtt{float}\left(x^T y\right) - x^T y\right| \leqq n\mathtt{u}|x^T||y| \tag{2.4}$$

が成立する。ただし，アンダーフローが発生する場合を除く。

証明　$p_i = x_i y_i$, $\widehat{p}_i = \mathtt{fl}(x_i y_i)$, $\widehat{s}_n = \mathtt{float}\left(\sum_{i=1}^{n} \widehat{p}_i\right)$ とする。内積における誤差を掛け算 n 回の誤差と $n-1$ 回の足し算の誤差に分離する。さらに，総和については定理 2.1 を用い，また積については定理 1.9 を用いることにより

$$\begin{aligned}
\left|\mathtt{float}\left(x^T y\right) - x^T y\right| &= \left|\widehat{s}_n - \sum_{i=1}^{n} p_i\right| = \left|\widehat{s}_n - \sum_{i=1}^{n} \widehat{p}_i + \sum_{i=1}^{n} \widehat{p}_i - \sum_{i=1}^{n} p_i\right| \\
&\leqq \left|\widehat{s}_n - \sum_{i=1}^{n} \widehat{p}_i\right| + \left|\sum_{i=1}^{n} \widehat{p}_i - \sum_{i=1}^{n} p_i\right| \\
&\leqq (n-1)\mathtt{u}' \cdot \sum_{i=1}^{n} |\widehat{p}_i| + \mathtt{u}' \sum_{i=1}^{n} |p_i| \\
&\leqq (n-1)\mathtt{u}' \cdot (1+\mathtt{u}') \sum_{i=1}^{n} |p_i| + \mathtt{u}' \sum_{i=1}^{n} |p_i| \\
&\leqq n\mathtt{u} \sum_{i=1}^{n} |p_i| = n\mathtt{u}|x^T||y|
\end{aligned}$$

を得る。□

アンダーフローが発生した場合は $\mathtt{S_{min}}$ の定数倍を考慮すればよい。定理 2.3 において，アンダーフローが発生するのは $\mathtt{fl}(x_i y_i)$ $(i = 1, 2, \cdots, n)$ であるため，これを考慮すると，定理 1.10 より

$$\left|\mathtt{float}\left(x^T y\right) - x^T y\right| \leqq n\mathtt{u}|x^T||y| + \frac{n}{2}\mathtt{S_{min}}$$

となる。

定理 2.4　$x, y \in \mathbb{F}^n$ に対して，$(n-1)\mathtt{u} \leqq 1$ のとき以下の不等式が成立する。

$$\left|\mathtt{float}\left(x^T y\right) - x^T y\right| \leqq (n+2)\mathtt{u}\cdot\mathtt{ufp}\left(\mathtt{float}\left(|x^T||y|\right)\right) \qquad (2.5)$$

ただし，$\mathtt{float}(\cdot)$ 内の計算順序は不等式の両辺で同じでなければならない。また，アンダーフローが発生する場合を除く。

証明 $p_i = x_i y_i, \widehat{p}_i = \mathtt{fl}(x_i y_i), \widehat{s}_n = \mathtt{float}\left(\sum_{i=1}^n \widehat{p}_i\right), \widehat{S}_n = \mathtt{float}\left(\sum_{i=1}^n |\widehat{p}_i|\right)$ とする。定理 2.2 と p の長さに関する仮定より

$$\left|\widehat{S}_n - \sum_{i=1}^n |\widehat{p}_i|\right| \leqq (n-1)\mathtt{u}\cdot\mathtt{ufp}(\widehat{S}_n) \leqq \mathtt{ufp}(\widehat{S}_n) \qquad (2.6)$$

が成立する。内積における誤差を掛け算 n 回の誤差と $n-1$ 回の足し算の誤差に分離し，総和については定理 2.2 を用いて

$$\begin{aligned}\left|\mathtt{float}\left(x^T y\right) - x^T y\right| &= \left|\widehat{s}_n - \sum_{i=1}^n p_i\right| = \left|\widehat{s}_n - \sum_{i=1}^n \widehat{p}_i + \sum_{i=1}^n \widehat{p}_i - \sum_{i=1}^n p_i\right| \\ &\leqq \left|\widehat{s}_n - \sum_{i=1}^n \widehat{p}_i\right| + \left|\sum_{i=1}^n \widehat{p}_i - \sum_{i=1}^n p_i\right| \\ &\leqq (n-1)\mathtt{u}\cdot\mathtt{ufp}(\widehat{S}_n) + \sum_{i=1}^n |\widehat{p}_i - p_i| \qquad (2.7)\end{aligned}$$

を得る。ここで，定理 1.10 より $|\widehat{p}_i - p_i| \leqq \mathtt{u}|\widehat{p}_i|$ である。よって，式 (2.6) より

$$\sum_{i=1}^n |\widehat{p} - p_i| \leqq \mathtt{u}\sum_{i=1}^n |\widehat{p}_i| \leqq \mathtt{u}(\widehat{S}_n + \mathtt{ufp}(\widehat{S}_n)) \leqq 3\mathtt{u}\cdot\mathtt{ufp}(\widehat{S}_n)$$

となり，これを式 (2.7) に代入すれば証明終わりである。 □

2.1.3 後退誤差解析

実用的な精度保証付き数値計算法を開発する際，後退誤差解析による手法は非常に有用である。関数 $f:\mathbb{R}\to\mathbb{R}$ において，$x\in\mathbb{R}$ に対し，$f(x)$ の真値および近似値をそれぞれ $y, \widehat{y}$ としたとき，$|y-\widehat{y}|$ を前進誤差と呼ぶ。2.1.1 項および 2.1.2 項でのベクトルの総和や内積における丸め誤差解析は，前進誤差を評価するものであった。これに対して，$\widehat{y}$ を「$f(x+\Delta x)$ を厳密に計算したときの値」と見なすと，$\widehat{y} = f(x+\Delta x)$ であり，このとき，Δx を後退誤差と呼

ぶ†。このような Δx は，一般には一意に定まらないが

$$\omega(\widehat{y}) := \min\{\epsilon \in \mathbb{R} \mid \widehat{y} = f(x + \Delta x),\ |\Delta x| \leqq \epsilon |x|\}$$

のような $\omega(\widehat{y})$ を評価するのが後退誤差解析である。前進誤差と後退誤差の関係を図 **22** に示す。

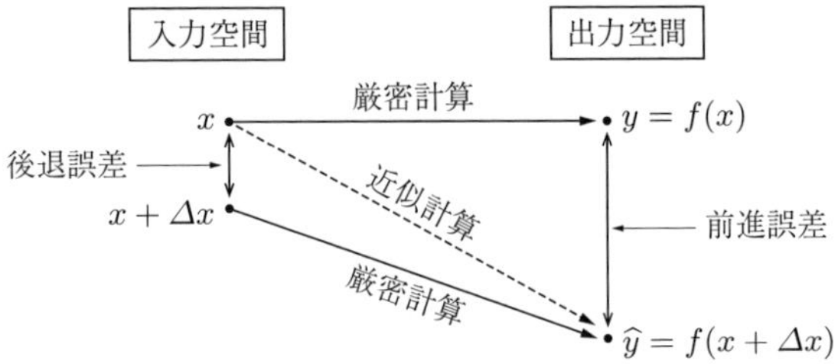

図 2.2　前進誤差と後退誤差

例えば，$p = (p_1, \cdots, p_n) \in \mathbb{F}^n$ について，浮動小数点演算による総和の近似値 $\widehat{s} = \mathtt{float}\left(\sum_{i=1}^{n} p_i\right)$ を，$\widehat{s} = \sum_{i=1}^{n}(p_i + \Delta p_i)$ のように $p_i + \Delta p_i$ $(i = 1, \cdots, n)$ の厳密な総和と考える。このとき

$$\omega(\widehat{s}) = \min\left\{\epsilon \in \mathbb{R} \;\middle|\; \widehat{s} = \sum_{i=1}^{n}(p_i + \Delta p_i),\ |\Delta p_i| \leqq \epsilon |p_i| \right\}$$

について，定理 1.9 の式 (1.9) より $\omega(\widehat{s}) \leqq \gamma_{n-1} = \dfrac{(n-1)\mathrm{u}}{1-(n-1)\mathrm{u}}$ が成り立つ（確認してみよう）。

精度保証付き数値計算で求めたいのは前進誤差であるが，その計算の過程で後退誤差を評価することが有用となる場合がある（詳細は 3 章で説明する）。

以下は，三角方程式や LU 分解などにおける後退誤差解析をする上で重要となる補題[2)] である。

補題 21　$a_i, b_i \in \mathbb{F}$ $(i = 1, 2, \cdots, n)$ について，浮動小数点演算で

---

† 一般的に，おおよそ |(前進誤差)| $\lesssim$ (条件数) × |(後退誤差)| のような関係がある。

$$y = \left(a_n - \sum_{i=1}^{n-1} a_i b_i \right) / b_n$$

を計算したときに得られる値を $\widehat{y}$ とする。アンダーフローが起きないと仮定すると，計算順序にかかわらず

$$b_n \widehat{y}(1 + \theta_n^{(n)}) = a_n - \sum_{i=1}^{n-1} a_i b_i (1 + \theta_n^{(i)})$$

が成り立つ。ここで，すべての i について $|\theta_n^{(i)}| \leqq n\mathtt{u}$ である（除算がない場合，すなわち，$b_n = 1$ のときは，$|\theta_n^{(i)}| \leqq (n-1)\mathtt{u}$ となる）。

証明 文献 2) の Lemma 4.1 を参照されたい。 □

注意 1：従来は，文献 3) の Lemma 8.4（p. 142）にあるように，$n\mathtt{u}$ ではなく γ_n が用いられていた。証明は γ_n を用いた評価のほうがはるかに簡単である。

2.2 エラーフリー変換

IEEE 754 規格が定める浮動小数点演算の結果を二つの浮動小数点数の和で表す方法，また，一つの浮動小数点数を二つの浮動小数点数の和に分解するエラーフリー変換は，高精度計算に非常に有用である。ここでは，エラーフリー変換のアルゴリズムとその高精度計算への応用について取り扱う。本節では，MATLAB の関数のような入力と出力の形式で関数を記述する。

2.2.1 和と差に関するエラーフリー変換

$a, b \in \mathbb{F}$ に対する $\mathtt{fl}(a+b)$ は丸め誤差のために真値 $a+b$ と一致するとは限らないことを，先に紹介した。$x = \mathtt{fl}(a+b)$ とすると，$y = a + b - x$ となる $y \in \mathbb{F}$ を浮動小数点演算で求めるアルゴリズムを定理とともに紹介する。Dekker は $|a| \geqq |b|$ が成立するとき，$a + b = x + y$ と変換するアルゴリズムを提案した[4)]。これにより，浮動小数点演算による和の結果において，丸め誤差により失う情報を保持できる。

定理 2.5　$a,b \in \mathbb{F}$ について，$|a| \geqq |b|$ のとき，以下の関数 `FastTwoSum` を実行すれば，オーバーフローが発生する場合を除いて

$$a+b=x+y,\quad |y| \leqq \mathtt{u}\cdot\mathtt{ufp}(a+b) \tag{2.8}$$

が成立する。

function　$[x,y] = \mathtt{FastTwoSum}(a,b)$
　$x = \mathtt{fl}(a+b)$;
　$y = \mathtt{fl}(b-(x-a))$;
end

証明　まず，$|a| \geqq |b|$ の仮定のもとで，$\mathtt{fl}(x-a)=x-a$ となることを示す。a の符号を正としても一般性を失わない。a と b が同符号であるときは，$\frac{1}{2}a \leqq x \leqq 2a$ が成立するため，定理 1.11 により $\mathtt{fl}(x-a)=x-a$ である。$\mathtt{fl}(a+b)=a+b$ が成立する場合は自明なため，a と b が異符号であり，$\mathtt{fl}(a+b) \neq a+b$ の場合を考える。これは $\mathtt{fl}(a-|b|) \neq a-|b|$ と同じため，定理 1.11 の対偶により，$a < \frac{1}{2}|b|$ または $a > 2|b|$ を得るが，前者は $|a| \geqq |b|$ という仮定にそぐわない。よって，$a > 2|b|$ から $\mathtt{fl}(a+b)=\mathtt{fl}(a-|b|) \geqq \frac{1}{2}a$ となり，$\mathtt{fl}(a+b) \leqq 2a$ を考えれば，定理 1.11 より $\mathtt{fl}(x-a)=x-a$ が成立する。

つぎに，$\mathtt{fl}(b-(x-a))=b-(x-a)$ となることを示す。$\frac{1}{2}\mathtt{u}|a| \geqq |b|$ ならば，$x=\mathtt{fl}(a+b)=a$ であるため，$\mathtt{fl}(b-(x-a))=b-(x-a)$ は満たされる。$\frac{1}{2}\mathtt{u}|a| < |b|$ ならば，式 (1.10) より

$$\begin{aligned}|\mathtt{fl}(a+b)-(a+b)| &\leqq \mathtt{u}\cdot\mathtt{ufp}(a+b)\\ &\leqq \mathtt{u}\cdot\mathtt{ufp}(2\mathtt{u}^{-1}b+b)=2\mathtt{u}\mathtt{fp}(b)\end{aligned} \tag{2.9}$$

である。$a \in 2\mathtt{u}\cdot\mathtt{ufp}(a)\mathbb{Z}$，$b \in 2\mathtt{u}\cdot\mathtt{ufp}(b)\mathbb{Z}$ であり，$|a| \geqq |b|$ であることから $a \in 2\mathtt{u}\cdot\mathtt{ufp}(b)\mathbb{Z}$ となる。よって，$x=\mathtt{fl}(a+b) \in 2\mathtt{u}\cdot\mathtt{ufp}(b)\mathbb{Z}$ であり，$\mathtt{fl}(b-(x-a)) \in 2\mathtt{u}\cdot\mathtt{ufp}(b)\mathbb{Z}$ を得る。以上と式 (2.9) から定理 1.2 より $\mathtt{fl}(b-(x-a))=b-(x-a)$ である。式 (2.9) の $|\mathtt{fl}(a+b)-(a+b)|$ を $|y|$ に置き換えて，$|y| \leqq \mathtt{u}\cdot\mathtt{ufp}(a+b)$ も導出できた。　□

例えば $a=1$，$b=2^{100}$ に対して `FastTwoSum` を実行すると $x=2^{100}$，$y=0$ となり，$a+b=x+y$ が成立しないことがわかる。ただし，必ずしも $|a| \geqq |b|$

でなくともよく，$a \in 2\mathtt{u} \cdot \mathtt{ufp}(b)\mathbb{Z}$ であれば $a+b=x+y$ が成立することが知られている。

入力される浮動小数点数 a, b の大小関係になにも仮定をおかない方法として，以下の Knuth によるアルゴリズムがある[5)]。

定理 2.6　$a, b \in \mathbb{F}$ について，以下の関数 TwoSum を実行したとき，オーバーフローが起きる場合を除けば，式 (2.8) が成立する。

```
function [x, y] = TwoSum(a, b)
  x = fl(a + b);
  t = fl(x − a);
  y = fl((a − (x − t)) + (b − t));
end
```

オーバーフローが起きる場合を除けば，$[x, y] = \mathtt{TwoSum}(a, b)$ の結果は，以下のアルゴリズムの結果と等価である。

```
if |a| ≧ |b|
  [x, y] = FastTwoSum(a, b);
else
  [x, y] = FastTwoSum(b, a);
end
```

ただし，上記の計算法よりも，分岐処理のない定理 2.6 のアルゴリズムが計算速度の点で有利になる場合がある。

2.2.2 浮動小数点数の積

本項では浮動小数点演算においてアンダーフローが起こらないことを仮定する。積に対するエラーフリー変換を実現するアルゴリズム[4)] を紹介する。

定理 2.7　$a, b \in \mathbb{F}$ について，以下の関数 TwoProd により，$a \cdot b = x + y$ が成立する。ただし，アンダーフローが発生する場合を除く。

function $[x, y] = \texttt{TwoProd}(a, b)$
　$[a_h, a_\ell] = \texttt{Split}(a)$;
　$[b_h, b_\ell] = \texttt{Split}(b)$;
　$x = \texttt{fl}(a \cdot b)$;
　$y = \texttt{fl}(a_\ell \cdot b_\ell - (((x - a_h \cdot b_h) - a_\ell \cdot b_h) - a_h \cdot b_\ell))$;
end

上記の $\texttt{TwoProd}(a, b)$ に使用されている関数 Split を具体的に紹介する[4)]。

定理 2.8　$a \in \mathbb{F}$ について，以下の関数 Split により $a = x + y$ が成立する。

function $[x, y] = \texttt{Split}(a)$
　$c = \texttt{fl}(\texttt{factor} \cdot a)$;　% $\texttt{factor} = 2^{\lceil(-\log_2 \mathrm{u})/2\rceil} + 1$
　$x = \texttt{fl}(c - (c - a))$;
　$y = \texttt{fl}(a - x)$;
end

$a, b, c \in \mathbb{F}$ に対する $a \cdot b + c$ の計算において，通常の浮動小数点演算では $a \cdot b$ の評価に誤差が発生し，その結果と c の和にも誤差が発生する可能性がある。最大で 2 回の誤差が発生する $a \cdot b + c$ の評価を実数演算で計算し，その結果を浮動小数点数に丸めた結果を出力できる FMA（fused multiply-add）という機能があり，近年の CPU や GPGPU などで利用できることが多い。IEEE 754–2008 規格には，この FMA が仕様として定められている。FMA を用いて $a \cdot b + c$ を計算する表記を $\texttt{FMA}(a, b, c)$ とする。

FMA が利用できる環境において，`TwoProd` と同じ結果を得るアルゴリズムを紹介する。

定理 2.9 $a, b \in \mathbb{F}$ について，以下の関数 `TwoProdFMA` により，$a \cdot b = x + y$ が成立する。

function $[x, y] = \texttt{TwoProdFMA}(a, b)$

$x = \texttt{fl}(a \cdot b)$;

$y = \texttt{FMA}(a, b, -x)$;

end

定理 2.9 において x は $a \cdot b$ の計算値であり，$a \cdot b - x$ を実数計算した後に最も近い浮動小数点数に丸めることは，$\texttt{fl}(a \cdot b) - a \cdot b$ を計算していることになる。すなわち，FMA が利用できる環境であれば，`TwoProd` を `TwoProdFMA` によって置き換えることができる。

2.3 ベクトルの総和や内積の高精度計算

ここでは，ベクトルの総和や内積の高精度な計算結果を浮動小数点演算のみで得るための手法を紹介する。

2.3.1 高精度演算を実現するアルゴリズム

問題によっては，通常の演算精度（binary32 や binary64）では，高精度な結果が得られない場合がある。そのような場合の解決策として，通常の演算精度をうまく利用しながら，演算精度を高める方法がある。

まず，$p \in \mathbb{F}^n$ に対して $\sum_{i=1}^{n} p_i = \sum_{i=1}^{n} p'_i$ $(p' \in \mathbb{F}^n)$ と変換する手法[6)] を紹介する。すなわち，これはベクトルの総和についてのエラーフリー変換である。定理中の関数 `VecSum` のイメージを図 **2.3** に示す。

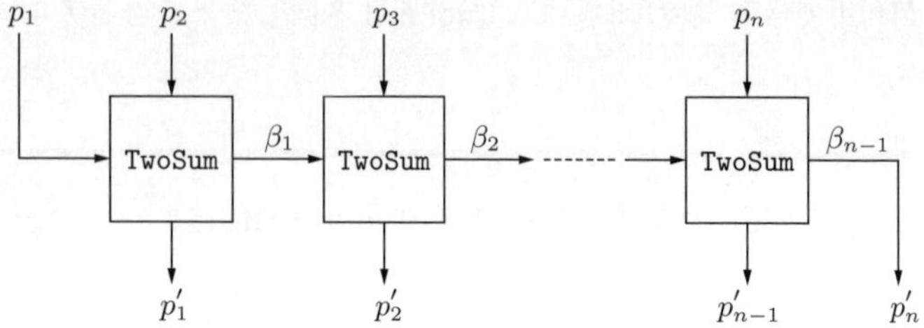

図 2.3 関数 VecSum のイメージ

定理 2.10 $p \in \mathbb{F}^n$ について，以下の関数 VecSum を実行すると

$$\sum_{i=1}^{n} p_i = \sum_{i=1}^{n} p_i', \quad \sum_{i=1}^{n-1} |p_i'| \leqq \gamma_{n-1} \sum_{i=1}^{n} |p_i|$$

が成立する。

function $p' = \mathtt{VecSum}(p)$
  $[\beta_1, p_1'] = \mathtt{TwoSum}(p_1, p_2);$
  for $i = 2 : n-1$
    $[\beta_i, p_i'] = \mathtt{TwoSum}(\beta_{i-1}, p_{i+1});$
  end
  $p_n' = \beta_{n-1};$
end

証明 $\displaystyle\sum_{i=1}^{n} p_i = \sum_{i=1}^{n} p_i'$ は定理 2.6 からただちに導出される。定理 2.6 より，$|p_i'| \leqq \mathbf{u} \cdot \mathtt{ufp}(\beta_i)$ $(i = 1, 2, \cdots, n-1)$ であるから

$$\sum_{i=1}^{n-1} |p_i'| \leqq \sum_{i=1}^{n-1} \mathbf{u} \cdot \mathtt{ufp}(\beta_i) \leqq \sum_{i=1}^{n-1} \mathbf{u}|\beta_i| \leqq (n-1)\mathbf{u} \max_k(|\beta_k|)$$

である。$\beta_{k-1} = \mathtt{fl}\left(\displaystyle\sum_{i=1}^{k} p_i\right)$ であるから[†]，定理 2.1 から得られる

† $\mathtt{fl}\left(\displaystyle\sum_{i=1}^{k} p_i\right)$ は $\mathtt{fl}(\cdots \mathtt{fl}(\mathtt{fl}(p_1 + p_2) + p_3) + \cdots)$ と，インデックスの小さい順に浮動小数点演算で評価する意味とする。

$$|\beta_{k-1}| \leqq (1+(k-1)\mathtt{u})\sum_{i=1}^{k}|p_i|$$

を用いて

$$(n-1)\mathtt{u}\max_k(|\beta_k|) \leqq (n-1)\mathtt{u}(1+(k-1)\mathtt{u})\sum_{i=1}^{k}|p_i|$$
$$\leqq \gamma_{n-1}\sum_{i=1}^{n}|p_i|$$

となり，証明された（$(n-1)\mathtt{u}(1+(k-1)\mathtt{u}) \leqq \gamma_{n-1}$ を確かめよう）。 □

関数 VecSum を実行すると，$p'_n = \mathtt{fl}\left(\sum_{i=1}^{n} p_i\right)$ である。通常の浮動小数点演算で総和を計算したとき，誤差によって失われてしまう情報を p'_i $(1 \leqq i \leqq n-1)$ により保存している。よって，p と p' は「ベクトルの総和」として情報は等価である。また，p'_i（$1 \leqq i \leqq n-1$）を再利用することにより，高精度計算アルゴリズムの開発が可能となる。

つぎに，$p \in \mathbb{F}^n$ に対して，ある $K \in \mathbb{N}$（$K \geqq 2$）を定めて，総和の数値計算結果 $c \in \mathbb{F}$ を得る手法[6] を以下に示す。

定理 2.11 $p \in \mathbb{F}^n$ に対して，以下のアルゴリズムを $K=2$ として実行したとき

$$\left|c-\sum_{i=1}^{n}p_i\right| \leqq \mathtt{u}\left|\sum_{i=1}^{n}p_i\right| + \gamma_{n-1}^2\sum_{i=1}^{n}|p_i| \tag{2.10}$$

が成立する。また，$K \geqq 3$ のとき，$4(n-1)\mathtt{u} \leqq 1$ ならば

$$\left|c-\sum_{i=1}^{n}p_i\right| \leqq (\mathtt{u}+3\gamma_{n-1}^2)\left|\sum_{i=1}^{n}p_i\right| + \gamma_{2n-2}^K\sum_{i=1}^{n}|p_i| \tag{2.11}$$

が成立する。

function $c = \mathtt{SumK}(p, K)$

$p^{(0)} = p;$

for $k = 1 : K-1$

$p^{(k)} = \mathtt{VecSum}(p^{(k-1)});$

end

$s = \mathtt{fl}\left(p_n^{(K-1)} + \left(\sum_{i=1}^{n-1} p_i^{(K-1)}\right)\right);$

end

証明　式 (2.11) の証明は長くなるため，式 (2.10) のみ証明を与える。まず

$$[\beta_1, p'_1] = \mathtt{TwoSum}(p_1, p_2),\ [\beta_i, p'_i] = \mathtt{TwoSum}(\beta_{i-1}, p_{i+1}) \quad (2 \leqq i \leqq n-1)$$

とする（$p'_n = \beta_{n-1}$ とすると，$p^{(1)} = p'$ である）。$\tau = \mathtt{fl}\left(\sum_{i=1}^{n-1} p'_i\right)$ とすると，定理 2.1 より

$$\delta_1 := \tau - \sum_{i=1}^{n-1} p'_i, \quad |\delta_1| \leqq (n-2)\mathtt{u}\sum_{i=1}^{n-1} |p'_i| \tag{2.12}$$

となる。また定理 1.9 より

$$\delta_2 := \mathtt{fl}(\beta_{n-1} + \tau) - (\beta_{n-1} + \tau), \quad |\delta_2| \leqq \mathtt{u}|\beta_{n-1} + \tau|$$

である。$c = \mathtt{fl}(\beta_{n-1} + \tau)$ から

$$\begin{aligned}\left|c - \sum_{i=1}^{n} p_i\right| &= \left|\mathtt{fl}(\beta_{n-1} + \tau) - \sum_{i=1}^{n} p_i\right| = \left|\beta_{n-1} + \tau + \delta_2 - \sum_{i=1}^{n} p_i\right| \\ &= \left|\beta_{n-1} + \sum_{i=1}^{n-1} p'_i + \delta_1 + \delta_2 - \sum_{i=1}^{n} p_i\right| \leqq |\delta_1| + |\delta_2|\end{aligned}$$

を得る。さらに，$|\delta_2| \leqq \mathtt{u}|\beta_{n-1}+\tau| = \mathtt{u}\left|\beta_{n-1} + \sum_{i=1}^{n-1} p'_i + \delta_1\right| \leqq \mathtt{u}\left|\sum_{i=1}^{n} p_i\right| + \mathtt{u}|\delta_1|$ であるから，式 (2.12) と定理 2.10 より

$$\begin{aligned}|\delta_1| + |\delta_2| &\leqq \mathtt{u}\left|\sum_{i=1}^{n} p_i\right| + (1+\mathtt{u})|\delta_1| \\ &\leqq \mathtt{u}\left|\sum_{i=1}^{n} p_i\right| + (1+\mathtt{u})(n-2)\mathtt{u}\sum_{i=1}^{n-1} |p'_i| \\ &\leqq \mathtt{u}\left|\sum_{i=1}^{n} p_i\right| + \gamma_{n-1}^2 \sum_{i=1}^{n} |p_i|\end{aligned}$$

となる（$(1+\mathtt{u})(n-2)\mathtt{u} \leqq \gamma_{n-1}$ を確かめよう）。 □

通常の浮動小数点演算でベクトルの総和を計算した場合の定理 2.1 に対して，式 (2.10) では $\sum_{i=1}^{n} |p_i|$ の係数が $\mathtt{u}^2$ のオーダで小さくなること，また，式 (2.11) において $\sum_{i=1}^{n} |p_i|$ の係数が $\mathtt{u}^K$ のオーダで小さくなることが，このアルゴリズムの特徴を表している。

つぎに，$x, y \in \mathbb{F}^n$ に対して，内積 $x^T y$ の近似を高精度に求めるアルゴリズム[6)] を紹介する。

定理 2.12　$x, y \in \mathbb{F}^n$ について，以下の関数 Dot2 を実行すると

$$|c - x^T y| \leqq \mathtt{u}|x^T y| + \gamma_n^2 |x^T||y|$$

という誤差評価が成立する。ただし，アンダーフローが発生する場合を除く。

```
function  c = Dot2(x, y)
  [p, s] = TwoProd(x_1, y_1);
  for  i = 2 : n
    [h, r] = TwoProd(x_i, y_i);
    [p, q] = TwoSum(p, h);
    s = fl(s + (r + q));
  end
  c = p + s;
end
```

これ以降，証明は長くなるため省略する。詳細は文献 6) を参照されたい。

定理 2.13　$x, y \in \mathbb{F}^n$ について，$K \geqq 3$ に対して以下の関数 DotK を実行すると

$$|c - x^T y| \leqq (\mathrm{u} + 2\gamma_{4n-2}^2)|x^T y| + \gamma_{4n-2}^K |x^T||y|$$

という誤差評価が成立する。ただし，アンダーフローが発生する場合を除く。

function $c = \mathtt{DotK}(x, y, K)$
　$[p, r_1] = \mathtt{TwoProd}(x_1, y_1);$
　for $i = 2 : n$
　　$[h, r_i] = \mathtt{TwoProd}(x_i, y_i);$
　　$[p, r_{n+i-1}] = \mathtt{TwoSum}(p, h);$
　end
　$r_{2n} = p;$
　$c = \mathtt{SumK}(r, K-1);$
end

さらに，文献 6) のアルゴリズム Dot2Err のように，高精度計算の結果とともに，その誤差の上限を浮動小数点数として出力するアルゴリズムも構築できる。

2.3.2 計算結果が高精度になるアルゴリズム

前項で，内積計算において高精度演算を実現するアルゴリズム DotK を紹介したが，DotK を用いたとしても，計算結果が高精度になるとは限らない。そこで，前項で述べたものとは別のアプローチによって，計算結果が必ず高精度になるアルゴリズムを紹介する。

まず，$a \in \mathbb{F}$ に対して，2 のべき乗数である $\sigma \in \mathbb{F}$（$\sigma \geqq |a|$）を用いて，二つの浮動小数点数の和に変換するアルゴリズム[7]を以下に記す。

定理 2.14　$a, \sigma \in \mathbb{F}$（$\sigma = 2^k \geqq |a|$, $k \in \mathbb{Z}$）について，以下の関数 ExtractScalar を実行すると $a = x + y$, $x \in \mathrm{u}\sigma\mathbb{Z}$, $|y| \leqq \mathrm{u}\sigma$ を満たす。ただし，オーバーフローが発生する場合を除く。

function $[x, y] = \texttt{ExtractScalar}(a, \sigma)$

$x = \texttt{fl}((a + \sigma) - \sigma)$;

$y = \texttt{fl}(a - x)$;

end

証明 定理 2.5 において，$a = \sigma$，$b = a$ とおけばよい。よって，ただちに $a = x + y$ と $|y| \leqq \mathrm{u}\sigma$ が導かれる。また，定理 1.13 から，$\texttt{fl}(\sigma + a) \in \mathrm{u}\sigma\mathbb{Z}$ より $x \in \mathrm{u}\sigma\mathbb{Z}$ が導かれる。 □

また，証明は紹介しないが，定理 2.14 において

$$\sigma \geqq 2^M a,\ M \in \mathbb{N}\ \Rightarrow\ |x| \leqq 2^{-M}\sigma \tag{2.13}$$

が成り立つ。

つぎに，高精度な総和の計算法の基礎となるアルゴリズム[7] を紹介する。定理中の関数 ExtractVector のイメージを**図 2.4** に示す。

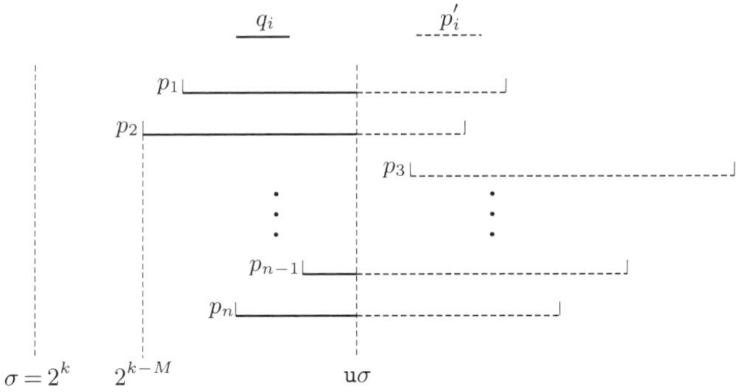

図 **2.4** 関数 ExtractVector のイメージ
（太線 q_i の総和が τ_n となる）

定理 2.15 $p \in \mathbb{F}^n$ について，$\sigma = 2^k \in \mathbb{F}$（$k \in \mathbb{Z}$）が

$$\sigma \geqq 2^{\lceil \log_2 n \rceil} \cdot 2^{\lceil \log_2 \max_{1 \leqq i \leqq n} |p_i| \rceil}$$

を満たすとする。つぎの関数 ExtractVector を実行したときに

$$\sum_{i=1}^{n} p_i = \tau_n + \sum_{i=1}^{n} p'_i \tag{2.14}$$

が成立する。ただし，オーバーフローが発生する場合を除く。

function $[\tau_n, p'] = \texttt{ExtractVector}(p, \sigma)$
　$\tau_0 = 0;$
　for $i = 1 : n$
　　$[q_i, p'_i] = \texttt{ExtractScalar}(p_i, \sigma);$
　　$\tau_i = \texttt{fl}(\tau_{i-1} + q_i)\,;$
　end
end

証明　定理 2.14 より $p_i = q_i + p'_i$ であるため，τ_i の計算において丸め誤差が発生しなければ式 (2.14) が成り立つ。すなわち，$\tau_i = \texttt{fl}(\tau_{i-1} + q_i) = \tau_{i-1} + q_i$ $(i = 1, 2, \cdots, n)$ を示す。

すべての $1 \leqq i \leqq n$ について，定理 2.14 と式 (2.13) により

$$q_i \in \mathrm{u}\sigma\mathbb{Z}, \quad |q_i| \leqq M^{-1}\sigma, \quad M := 2^{\lceil \log_2 n \rceil}$$

であることから，帰納的に

$$\tau_{i-1} + q_i \in \mathrm{u}\sigma\mathbb{Z}, \quad |\tau_{i-1} + q_i| \leqq |\tau_{i-1}| + |q_i| \leqq i \cdot M^{-1}\sigma \leqq \sigma$$

であることが示される。よって，定理 1.2 より $\tau_{i-1} + q_i \in \mathbb{F}$ であるため，$\tau_i = \tau_{i-1} + q_i$ である。□

定理 2.16　$p \in \mathbb{F}^n$ について，以下のアルゴリズムを実行すると

$$\sum_{i=1}^{n} p_i = \tau_1 + \tau_2 + \sum_{i=1}^{n} q_i \quad (\tau_1, \tau_2 \in \mathbb{F},\ q \in \mathbb{F}^n)$$

が成立する。ただし，オーバーフローが発生する場合を除く。

function $[\tau_1, \tau_2, q, \sigma] = \texttt{Transform}(p)$
  $q = p;\ \mu = \max_{1 \leqq i \leqq n} |p_i|;$
  if $\mu == 0,\ \tau_1 = \tau_2 = \sigma = 0;$ **return**; **end**
  $M = \texttt{NextPowerTwo}(n+2);\ \sigma' = M \cdot \texttt{NextPowerTwo}(\mu);$
  $t' = 0;$
  repeat
    $t = t';\ \sigma = \sigma';$
    $[\tau, q] = \texttt{ExtractVector}(q, \sigma);$
    $t' = \texttt{fl}(t + \tau);$
    if $t' == 0,\ [\tau_1, \tau_2, q, \sigma] = \texttt{Transform}(q);$ **return**; **end**
    $\sigma' = \texttt{fl}((M \cdot \mathtt{u}) \cdot \sigma);$
  until $|t'| \geqq \texttt{fl}((M \cdot (M \cdot \mathtt{u})) \cdot \sigma)$ **or** $\sigma \leqq \dfrac{1}{2}\mathtt{u}^{-1}\mathtt{S}_{\mathtt{min}}$
  $[\tau_1, \tau_2] = \texttt{FastTwoSum}(t, \tau);$
end

上記にある $0 \neq a \in \mathbb{F}$ に対する $\texttt{NextPowerTwo}(a)$ は，$|a|$ 以上である最小の 2 のべき乗数，すなわち $2^{\lceil \log_2 |a| \rceil}$ を返す関数とする†。τ_1 については，$T = |\tau_2| + \sum_{i=1}^{n} |q_i|$ に対して $|\tau_1| \gg T$ となるため，$s = \tau_1 + \tau_2 + \sum_{i=1}^{n} q_i$ を計算してもほとんど桁落ちが発生しない性質（$\texttt{ufp}(\tau_1) \approx \texttt{ufp}(s)$）を持つ。

つぎに，「結果の精度」を保証する総和の計算法[7]を紹介する。

定理 2.17　$p \in \mathbb{F}^n$ について，つぎのアルゴリズムを実行すると

$$\begin{cases} \displaystyle\sum_{i=1}^{n} p_i \in \mathbb{F} \quad \Longrightarrow \quad \sum_{i=1}^{n} p_i = c \\ \displaystyle\sum_{i=1}^{n} p_i \notin \mathbb{F} \quad \Longrightarrow \quad \left| \sum_{i=1}^{n} p_i - c \right| \leqq 2\mathtt{u} \cdot \texttt{ufp}(c) \end{cases} \tag{2.15}$$

† MATLAB の関数 $\texttt{nextpow2}(a)$ は，指数の部分 $\lceil \log_2 |a| \rceil$ を返す。

を満たす。ただし，オーバーフローが発生する場合を除く。

$$\begin{aligned}
&\textbf{function} \quad c = \texttt{AccSum}(p) \\
&\quad [\tau_1, \tau_2, p'] = \texttt{Transform}(p); \\
&\quad c = \texttt{fl}\left(\tau_1 + \left(\tau_2 + \left(\sum_{i=1}^{n} p'_i\right)\right)\right); \\
&\textbf{end}
\end{aligned}$$

式 (2.15) から，定理 2.17 による結果は忠実丸め（faithful rounding）といわれる。また

$$\left|\sum_{i=1}^{n} p_i - c\right| \leqq \mathtt{u} \cdot \mathtt{ufp}(c) \tag{2.16}$$

となる $c \in \mathbb{F}$ を出力するアルゴリズムも提案されている[8)]。式 (2.10) や式 (2.11) の結果は，$\left|\sum_{i=1}^{n} p_i\right|$ の値が小さく，$\sum_{i=1}^{n} |p_i|$ の値が大きければ，相対誤差は大きくなるが，式 (2.15) と式 (2.16) では問題に依存しないことがわかる。

章　末　問　題

【1】 読者が使用しているコンパイラにおいて，「浮動小数点演算の結果の精度に影響する最適化をしない」というコンパイルオプションを調べよ。

【2】 MATLAB にはベクトルの総和を計算する関数 sum が用意されている。ベクトル $p = (1, \mathtt{u}, \mathtt{u}, \cdots, \mathtt{u}) \in \mathbb{F}^n$ に対して $\mathtt{sum}(p)$ が 1 とならない n を探せ（執筆時点で最新の MATLAB2017a までは検証済みであるが，以後のバージョンにおいて答えがあるかどうかは不明）。

【3】 $a, b, c \in \mathbb{F}$ とする。$\mathtt{fl}(a \cdot (b + c))$ に対して誤差解析を行え。

【4】 多項式におけるホーナー法に対する誤差解析を行え。

【5】 定理 2.7 で紹介した TwoProd は，アンダーフローが発生する場合には，$a \cdot b = x + y$ とはならないことを確認せよ。

【6】 $p \in \mathbb{F}^3$ がある。$\mathtt{fl}((p_1 + p_2) + p_3)$ の精度は悪いが，$\mathtt{SumK}(p, 2)$ の精度は良い p を探せ。また，$\mathtt{SumK}(p, 2)$ でも精度が悪い例を探せ。

【7】 SumK を C 言語などで実装せよ。また，TwoSum を if 文を使用した FastTwoSum で置き換えた場合の計算時間の変化を調べよ。

【8】 FMA を用いた場合の内積の誤差解析について考えよ。

引用・参考文献

1) C.-P. Jeannerod, S. M. Rump: Improved error bounds for inner products in floating-point arithmetic, SIAM J. Matrix Anal. Appl., **34**:2 (2013), 338–344.

2) S. M. Rump, C.-P. Jeannerod: Improved backward error bounds for LU and Cholesky factorizations, SIAM J. Matrix Anal. Appl., **35**:2 (2014), 684–698.

3) N. J. Higham: Accuracy and Stability of Numerical Algorithms, 2nd ed., SIAM, PA, 2002.

4) T. J. Dekker: A floating-point technique for extending the available precision, Numer. Math., **18** (1971), 224–242.

5) D. E. Knuth: Art of Computer Programming, Vol. 2: Seminumerical Algorithms, Addison-Wesley Professional, 1997.

6) T. Ogita, S. M. Rump, S. Oishi: Accurate sum and dot product, SIAM J. Sci. Comput., **26**:6 (2005), 1955–1988.

7) S. M. Rump, T. Ogita, S. Oishi: Accurate floating-point summation part I: faithful rounding, SIAM J. Sci. Comput., **31**:1 (2008), 189–224.

8) S. M. Rump, T. Ogita, S. Oishi: Accurate floating-point summation part II: sign, K-fold faithful and rounding to nearest, SIAM J. Sci. Comput., **31**:2 (2008), 1269–1302.

3 数値線形代数における精度保証

連立1次方程式や固有値問題など線形代数に現れる諸問題について，数値計算によって効率良く解く手法（数値解法）を開発したり，それらの手法の性質を解析したりする学問を数値線形代数と呼ぶ。ここでは，その中でも特に科学技術計算の基礎かつ重要である「連立1次方程式」および「固有値問題」に対する精度保証付き数値計算法を中心に述べる。

3.1 準　　　備

行列 $A = (a_{ij})$，$B = (b_{ij}) \in \mathbb{R}^{m\times n}$ に対し，$A \leqq B$ はすべての (i,j) 要素に対して $a_{ij} \leqq b_{ij}$ が成立していることを意味する。また，行列の絶対値 $|A| = (|a_{ij}|) \in \mathbb{R}^{m\times n}$ は，要素ごとに絶対値をとった行列を表し，$A \geqq O$（あるいは $A > O$）は，A の要素が非負（あるいは正）であることを意味する。ベクトルに対しても，同様の記号を用いる。また，I は単位行列，e は要素がすべて1のベクトルを表す。

3.1.1 ベクトルノルムと行列ノルム

ベクトル $v = (v_1, v_2, \cdots, v_n)^T \in \mathbb{C}^n$ の1ノルム，2ノルムおよび ∞ ノルムを，それぞれ

$$\|v\|_1 := \sum_{i=1}^{n} |v_i|, \quad \|v\|_2 := \sqrt{\sum_{i=1}^{n} |v_i|^2}, \quad \|v\|_\infty := \max_{1\leqq i\leqq n} |v_i|$$

と定義する。特に，2 ノルムはユークリッドノルムと呼ばれる。

行列 $A = (a_{ij}) \in \mathbb{C}^{n \times n}$ の固有値を λ_i（$1 \leqq i \leqq n$）として

$$\lambda_{\max} := \max_{1 \leqq i \leqq n} |\lambda_i|, \quad \lambda_{\min} := \min_{1 \leqq i \leqq n} |\lambda_i|$$

と表す。また，$\lambda_{\max}$ は A のスペクトル半径と呼ばれ，$\rho(A)$ と表すことがある。上記のベクトルノルムから誘導される行列ノルム $\|A\| := \sup_{v \neq \mathbf{0}} \dfrac{\|Av\|}{\|v\|}$ は，それぞれ

$$\|A\|_1 = \max_{1 \leqq j \leqq n} \sum_{i=1}^{n} |a_{ij}| \qquad \text{（最大列和ノルム）}$$

$$\|A\|_2 = \sqrt{\rho(A^* A)} \qquad \text{（スペクトルノルム）}$$

$$\|A\|_\infty = \max_{1 \leqq i \leqq n} \sum_{j=1}^{n} |a_{ij}| \qquad \text{（最大行和ノルム）}$$

となる。ただし，A^* は A の共役転置行列を意味する。このような行列ノルムは，$\rho(A) \leqq \|A\|$ を満たす。さらに

$$\|A\|_{\mathrm{F}} = \left(\sum_{i,j=1}^{n} |a_{ij}|^2 \right)^{\frac{1}{2}}$$

をフロベニウスノルムと呼ぶ。有用な行列ノルムの関係として

$$\|A\|_2 \leqq \sqrt{\|A\|_1 \|A\|_\infty} \tag{3.1}$$

$$\|A\|_2 \leqq \|A\|_{\mathrm{F}} \tag{3.2}$$

がある。また，A の条件数は

$$\kappa(A) = \|A\| \cdot \|A^{-1}\|$$

のように表される。これは数値計算において問題の解きにくさの指標となる。特に A が実対称行列の場合，$\kappa_2(A) = \|A\|_2 \cdot \|A^{-1}\|_2 = \dfrac{\lambda_{\max}}{\lambda_{\min}}$，すなわち，$A$ の絶対値最大・最小固有値の比となる。

3.1.2 特別な行列

以下では，本章で取り扱う特別な行列について説明する。まず，$A = (a_{ij}) \in \mathbb{R}^{n\times n}$ に対し，比較行列 $\mathcal{M}(A) = (m_{ij}) \in \mathbb{R}^{n\times n}$ を以下のように定義する。

$$m_{ij} = \begin{cases} |a_{ij}| & (i = j) \\ -|a_{ij}| & (i \neq j) \end{cases}$$

以下，すべて $A = (a_{ij}) \in \mathbb{R}^{n\times n}$ とする。

定義 3.1　(狭義優対角行列)　すべての $i \in \{1, 2, \cdots, n\}$ に対して

$$|a_{ii}| > \sum_{j\neq i} |a_{ij}|$$

であるとき，A を狭義優対角行列と呼ぶ。

定義 3.2　(単調行列)　A が正則かつ $A^{-1} \geqq O$ であるとき，単調行列と呼ぶ。

定義 3.3　(M 行列)　A が単調行列で，$a_{ii} > 0$ かつ $a_{ij} \leqq 0$ $(i \neq j)$ ならば，M 行列と呼ぶ。

定義 3.4　(H 行列)　$\mathcal{M}(A)$ が M 行列であるとき，A を H 行列と呼ぶ。

補題 3.1　A が H 行列であることの必要十分条件は，$\mathcal{M}(A)v > \mathbf{0}$ を満たすベクトル $v > \mathbf{0}$ が存在することである。

証明　まず，A が H 行列であるとする。このとき，$\mathcal{M}(A)$ は M 行列であり，任意の $u > \mathbf{0}$ に対して $v := \mathcal{M}(A)^{-1}u$ とすれば，$\mathcal{M}(A)v > \mathbf{0}$ である。つぎに，ある $v > \mathbf{0}$ に対して $\mathcal{M}(A)v > \mathbf{0}$ とする。$D_v := \mathrm{diag}(v_i)$ とすると，$B := \mathcal{M}(A)D_v = D + E$ は狭義優対角行列になる。ただし，$D = \mathrm{diag}(d_i)$，$E = (e_{ij})$ はそれぞれ B の対角部分および非対角部分であり，$d_i > 0$ および $e_{ij} \leqq 0$ である。ここで

$$B^{-1} = (D + E)^{-1} = (I + D^{-1}E)^{-1}D^{-1}$$

であり，$G := -D^{-1}E \geqq O$ かつ $\rho(G) \leqq \|G\|_\infty < 1$ であることから

$$(I + D^{-1}E)^{-1} = (I - G)^{-1} = I + G + G^2 + \cdots \geqq O$$

は収束する。よって $B^{-1} \geqq O$ であることから，$\mathcal{M}(A)^{-1} = D_v B^{-1} \geqq O$ である。したがって，$\mathcal{M}(A)$ は M 行列であり，A は H 行列である。 □

補題 3.2 A が H 行列ならば，$|A^{-1}| \leqq \mathcal{M}(A)^{-1}$ である。

証明 $I = |A \cdot A^{-1}| \geqq \mathcal{M}(A)|A^{-1}|$ かつ $\mathcal{M}(A)^{-1} \geqq O$ より，両辺に $\mathcal{M}(A)^{-1}$ を掛けると $\mathcal{M}(A)^{-1} \geqq |A^{-1}|$ を得る。 □

定義 3.5 (正定値行列) 任意の $v \in \mathbb{R}^n$（$v \neq \mathbf{0}$）に対し，$v^T Av > 0$ であるとき A を正定値行列と呼ぶ。

実対称（あるいはエルミート）正定値行列の固有値はすべて正である。

3.2 区 間 行 列 積

数値線形代数における精度保証では行列積の区間演算が重要となるため，$\boldsymbol{A} \in \mathbb{IR}^{m \times n}$ と $\boldsymbol{B} \in \mathbb{IR}^{n \times p}$ の積を区間包囲する，すなわち $\boldsymbol{A} \cdot \boldsymbol{B} \subset \boldsymbol{C}$ となる $\boldsymbol{C} \in \mathbb{IR}^{m \times p}$ を求める計算法について述べる。

区間演算を要素ごとに用いる素朴な方式

$$\boldsymbol{C}_{ij} = \sum_{k=1}^{n} \boldsymbol{A}_{ik} \boldsymbol{B}_{kj} \quad (1 \leqq i \leqq m,\ 1 \leqq j \leqq p) \tag{3.3}$$

では，プログラムの最適化の観点から計算機の性能を引き出すことが困難であるため，以下では，BLAS（Basic Linear Algebra Subprograms）などの既存の高速かつ信頼性の高い数値計算ライブラリを用いることが可能な点行列同士の積をベースとした手法を紹介する。

3.2.1 高速な区間行列積

以下の定理は，素朴な方式 (3.3) よりも結果の区間幅が拡大されるが，高速な区間行列積の実現にたいへん有用である[†]。

定理 3.1　$\boldsymbol{A} \in \mathbb{IR}^{m\times n}$，$\boldsymbol{B} \in \mathbb{IR}^{n\times p}$ に対して，$A_m := \mathrm{mid}(\boldsymbol{A})$，$A_r := \mathrm{rad}(\boldsymbol{A})$，$B_m := \mathrm{mid}(\boldsymbol{B})$，$B_r := \mathrm{rad}(\boldsymbol{B})$ とする。このとき

$$\boldsymbol{A}\cdot\boldsymbol{B} \subset \langle A_m B_m, T\rangle, \quad T := |A_m|B_r + A_r(|B_m| + B_r)$$

が成立する。

証明　式 (1.22) を用いれば証明できる。□

実際には，機械区間演算を考えるため，以下では $A_m, A_r \in \mathbb{IF}^{m\times n}$，$B_m, B_r \in \mathbb{IF}^{n\times p}$ である場合を考える。$\boldsymbol{A}$ が下端・上端型で保存されている場合は，定理 1.14 で紹介した方法を使用して $\boldsymbol{A}$ を包含する中心・半径型の区間に変換してから計算を行う。定理 3.1 において

$$\boldsymbol{A}\cdot\boldsymbol{B} \subset \langle A_m B_m, T\rangle = [A_m B_m - T, A_m B_m + T] \tag{3.4}$$

であるから

$$\overline{T} := \mathtt{fl}_{\triangle}(|A_m|B_r + A_r(|B_m| + B_r)) \tag{3.5}$$

とすれば，$T \leqq \overline{T}$ であるため

$$\boldsymbol{A}\cdot\boldsymbol{B} \subset [\mathtt{fl}_{\nabla}(A_m B_m - \overline{T}), \mathtt{fl}_{\triangle}(A_m B_m + \overline{T})] \tag{3.6}$$

となる。この方法では，行列積が

$$\mathtt{fl}_{\triangle}(|A_m|B_r), \quad \mathtt{fl}_{\triangle}(A_r(|B_m| + B_r)), \quad \mathtt{fl}_{\nabla}(A_m B_m), \quad \mathtt{fl}_{\triangle}(A_m B_m)$$

[†] 区間行列積においては，式 (1.20) のようにすることはできず，(点行列積をベースにするという意味で) 効率的かつ等号 ($\boldsymbol{A}\cdot\boldsymbol{B} = \boldsymbol{C}$) が成立するような方法は知られていない。

と 4 回必要であることがわかる。

要素が区間でない行列を点行列と呼ぶことにすると，点行列同士の積や点行列と区間行列の積については，区間行列積の特別な場合と見なすことができる。まず，点行列 $A \in \mathbb{F}^{m\times n}$，$B \in \mathbb{F}^{n\times p}$ の積 AB を包含する場合は，式 (3.4) において $T := O$ とすればよいため

$$AB \in [\mathtt{fl}_{\bigtriangledown}(AB), \mathtt{fl}_{\bigtriangleup}(AB)] \tag{3.7}$$

とできる。つぎに，点行列 $A \in \mathbb{F}^{m\times n}$ と区間行列 $\boldsymbol{B} \in \mathbb{IF}^{n\times p}$ の積 $A \cdot \boldsymbol{B}$ については，$A_r := O$ であることから

$$A \cdot \boldsymbol{B} = \langle A_m B_m, T\rangle = [A_m B_m - T, A_m B_m + T], \quad T := |A| B_r$$

となり（等号成立に注意）

$$A \cdot \boldsymbol{B} \subset [\mathtt{fl}_{\bigtriangledown}\bigl(AB_m - \overline{T}\bigr), \mathtt{fl}_{\bigtriangleup}\bigl(AB_m + \overline{T}\bigr)], \quad \overline{T} := \mathtt{fl}_{\bigtriangleup}(|A| B_r)$$

とできる。区間行列 $\boldsymbol{A} \in \mathbb{IF}^{m\times n}$ と点行列 $B \in \mathbb{F}^{n\times p}$ の積 $\boldsymbol{A} \cdot B$ の場合も同様である。

3.2.2 区間行列積のさらなる高速化

得られる区間幅の過大評価を許して，より高速に区間包囲を得る手法もいくつか提案されている。以下では，それらを簡単に紹介する。

定理 2.3 を用いれば，アンダーフローが発生する場合を除いて，$A_m B_m$ は中心・半径型の区間

$$A_m B_m \in \langle C_m, n\mathtt{u}|A_m||B_m|\rangle, \quad C_m := \mathtt{fl}(A_m B_m) \in \mathbb{F}^{m\times p}$$

で包含されることから

$$\begin{aligned} \boldsymbol{A} \cdot \boldsymbol{B} &\subset \langle C_m, |A_m|(n\mathtt{u}|B_m| + B_r) + A_r(|B_m| + B_r)\rangle \\ &\subset \langle C_m, \mathtt{fl}_{\bigtriangleup}(|A_m|(n\mathtt{u}|B_m| + B_r) + A_r(|B_m| + B_r))\rangle \end{aligned} \tag{3.8}$$

と $\boldsymbol{A}\cdot\boldsymbol{B}$ の包含を得る。この方法に必要な行列積の回数は，中心 C_m の計算に 1 回，半径の計算に 2 回と合計で 3 回であることがわかる。

ここで，すべての成分が非負である二つの行列に対する積の上限を，行列・ベクトル積のみを用いて計算する方法がある。

定理 3.2　非負行列 $A=(a_{ij})\in\mathbb{R}^{m\times n}$，$B=(b_{ij})\in\mathbb{R}^{n\times p}$ について，$s,t\in\mathbb{R}^n$ をそれぞれ

$$s_j=\max_{1\leqq i\leqq m}a_{ij}\quad(j=1,2,\cdots,n)\qquad\text{（}A\text{ の }j\text{ 列目の最大値）}$$

$$t_i=\max_{1\leqq j\leqq p}b_{ij}\quad(i=1,2,\cdots,n)\qquad\text{（}B\text{ の }i\text{ 行目の最大値）}$$

とするとき

$$AB\leqq\min(\mathtt{fl}_\Delta\big(e_m(s^TB)\big),\mathtt{fl}_\Delta\big((At)e_p^T\big))$$

が成り立つ。ただし，$e_k:=(1,1,\cdots,1)^T\in\mathbb{R}^k$ であり，行列 $X,Y\in\mathbb{R}^{m\times n}$ に対して $Z=\min(X,Y)$ は，すべての (i,j) について $Z_{ij}=\min(X_{ij},Y_{ij})$ としてできる行列 $Z\in\mathbb{R}^{m\times n}$ を意味する。

証明　$O\leqq A\leqq e_ms^T$，$O\leqq B\leqq te_p^T$ であることから，不等式が成立する。　□

定理 3.1 の T の計算における

$$|A_m|B_r,\quad A_r(|B_m|+B_r)$$

は，どちらも非負行列同士の積である。したがって，それぞれの上限の計算に定理 3.2 を用いれば，式 (3.6) に必要な行列積の回数は合計 2 回となる。また，式 (3.8) における

$$|A_m|(n\mathrm{u}|B_m|+B_r),\quad A_r(|B_m|+B_r)$$

に対して定理 3.2 の計算法を用いれば，必要な行列積の回数は $\mathtt{fl}(A_mB_m)$ の 1 回のみとなる。

3.3 連立1次方程式

A を n 次行列，b を n 次元ベクトルとする。A, b の要素は，実数または複素数とする。このとき，連立1次方程式

$$Ax = b \tag{3.9}$$

の解の存在範囲を特定することを考える。本節では，古典的な区間演算を用いた方法から現代的な高速精度保証法までを取り扱う。

係数行列 A が正則（$\det(A) \neq 0$）であれば A^{-1} が存在し，式 (3.9) の解の一意性が保証され，その厳密解は $x^* = A^{-1}b$ となる。したがって，A の正則性の保証が重要である。逆に，精度保証付き数値計算では，A が特異（$\det(A) = 0$）であることを保証するのは一般に困難である。なぜなら，A が特異であったとしても，微小な摂動 ΔA によって，$A + \Delta A$ は正則になるからである。A が特異に近い場合，A は悪条件と呼ばれる。そのような場合は，数値計算における丸め誤差の影響によって，A の正則性の保証に失敗することがある†。

数値計算によって式 (3.9) を解いたときに得られるのは近似解 $\widehat{x}$ である。すでに，A の正則性を保証し，$\widehat{x}$ の誤差を高速に計算するさまざまなアルゴリズムが開発されている。ここで，「高速」とは，近似解を得るのと同程度か数倍以内の計算時間で精度保証が完了することを意味する。

近似解 $\widehat{x}$ の誤差を評価するときは，ノルム評価

$$\|x^* - \widehat{x}\| \leqq \varepsilon \tag{3.10}$$

や成分毎評価

$$|x_i^* - \widehat{x}_i| \leqq d_i \quad (i = 1, 2, \cdots, n) \tag{3.11}$$

が用いられる。

† この場合でも，A が正則である可能性があることに注意しなければならない。A が悪条件であっても，演算の精度を高めることによって，正則性の保証が可能となる場合がある。

3.3.1 ガウスの消去法と LU 分解

ガウスの消去法は，基本変形の繰り返しによって行列 $A \in \mathbb{R}^{n\times n}$ を三角行列に変換する方法である。具体的には，$A^{(1)} := A$，$b^{(1)} := b$ として，$k = 1, 2, \cdots, n-1$ に対して

$$
\begin{aligned}
a_{ij}^{(k+1)} &= a_{ij}^{(k)} - m_{ik}a_{kj}^{(k)} \quad (i = k+1, \cdots, n,\ j = k+1, \cdots, n)\\
b_i^{(k+1)} &= b_i^{(k)} - m_{ik}b_k^{(k)} \quad (i = k+1, \cdots, n)
\end{aligned}
$$

を実行する。ただし，$m_{ik} = a_{ik}^{(k)}/a_{kk}^{(k)}$ である。これによって，途中で $a_{kk}^{(k)}$ が 0 になって破綻しない限り，最終的に A が上三角行列 $U := A^{(n)}$ に変換される。このとき，$c := b^{(n)}$ とすると，三角方程式 $Ux = c$ は後退代入

$$
x_i = \frac{c_i - \displaystyle\sum_{j=i+1}^{n} u_{ij}x_j}{u_{ii}} \quad (i = n, n-1, \cdots, 1)
$$

によって容易に解くことが可能である。ただし，$a_{kk}^{(k)}$ が 0 でなかったとしても，絶対値が相対的に小さくなる場合は数値計算誤差の意味で不利になる。これを避けるため，通常，行の交換や列の交換による軸交換を行う†。

ガウスの消去法を用いて，与えられた行列 A を $A = LU$ のように下三角行列 $L = (l_{ij})$ と上三角行列 $U = (u_{ij})$ の積に分解することができる。これを LU 分解と呼ぶ。A の LU 分解は無数に存在するが，例えば，L か U の対角成分を 1 に固定することによって一意に定まる。L の対角成分について $l_{kk} = 1$ と固定する LU 分解（これは Doolittle 法と呼ばれる）は，$k = 1, 2, \cdots, n-1$ に対して

$$
u_{kj} = a_{kj} - \sum_{i=1}^{k-1} l_{ki}u_{ij} \quad (j = k, \cdots, n) \tag{3.12}
$$

$$
l_{ik} = \frac{a_{ik} - \displaystyle\sum_{j=1}^{k-1} l_{ij}u_{jk}}{u_{kk}} \quad (i = k+1, \cdots, m) \tag{3.13}
$$

† 実用上は，行の交換のみで十分である。これを部分軸交換（partial pivoting）と呼ぶ。詳細は，例えば文献 1) を参照されたい。

となる†。Doolittle 法は，前述の軸交換なしのガウスの消去法と数学的に等しく，計算コストは $\dfrac{2n^3}{3}$〔flops〕である。

以下は，LU 分解に対する後退誤差についての定理である[2)]。

定理 3.3 $A \in \mathbb{F}^{m\times n}$ の浮動小数点演算による LU 分解が破綻せずに終了したとする。このとき，得られた LU 分解因子 $\widehat{L} = (\widehat{l}_{ij}) \in \mathbb{F}^{m\times n}$, $\widehat{U} = (\widehat{u}_{ij}) \in \mathbb{F}^{n\times n}$ は，計算順序にかかわらず

$$\widehat{L}\widehat{U} = A + \mathit{\Delta} A, \quad |\mathit{\Delta} A| \leqq n\mathtt{u}|\widehat{L}||\widehat{U}| \tag{3.14}$$

を満たす。ただし，アンダーフローが発生する場合を除く。

証明 式 (3.12), (3.13) に補題 2.1 を適用すると（$l_{kk} = 1$ に注意）

$$\left|a_{kj} - \sum_{i=1}^{k} \widehat{l}_{ki}\widehat{u}_{ij}\right| \leqq (k-1)\mathtt{u}\sum_{i=1}^{k} |\widehat{l}_{ki}||\widehat{u}_{ij}| \quad (j \geqq k)$$

$$\left|a_{ik} - \sum_{j=1}^{k} \widehat{l}_{ij}\widehat{u}_{jk}\right| \leqq k\mathtt{u}\sum_{j=1}^{k} |\widehat{l}_{ij}||\widehat{u}_{jk}| \quad (i \geqq k+1)$$

が成り立つので，式 (3.14) を得る。 □

また，三角方程式については，以下の後退誤差評価が成り立つ。

定理 3.4 下三角行列 $L \in \mathbb{F}^{n\times n}$, $b \in \mathbb{F}^n$ に対し，浮動小数点演算を用いて以下の前進代入によって $Lx = b$ を解いたときの近似解を $\widehat{x} \in \mathbb{F}^n$ とする。

$$x_i = \frac{b_i - \displaystyle\sum_{j=1}^{i-1} l_{ij}x_j}{l_{ii}} \quad (i = 1, 2, \cdots, n)$$

このとき，計算順序にかかわらず

$$(L + \mathit{\Delta} L)\widehat{x} = b, \quad |\mathit{\Delta} L| \leqq n\mathtt{u}|L| \tag{3.15}$$

† U の対角成分について $u_{kk} = 1$ と固定する LU 分解は，Crout 法と呼ばれる。

が成り立つ。ただし，アンダーフローが発生する場合を除く。

証明　$Lx = b$ について，補題 2.1 より

$$\sum_{j=1}^{i}(l_{ij} + \theta_n^{(j)} l_{ij})\widehat{x}_j = b_i, \quad |\theta_n^{(j)}| \leqq n\mathrm{u}$$

となるため，式 (3.15) を得る。 □

同様に，上三角行列 $U \in \mathbb{F}^{n\times n}$ に対し，浮動小数点演算を用いて後退代入によって $Uy = b$ を解いたときの近似解を $\widehat{y} \in \mathbb{F}^n$ とすると，計算順序にかかわらず

$$(U + \varDelta U)\widehat{y} = b, \quad |\varDelta U| \leqq n\mathrm{u}|U| \tag{3.16}$$

が成り立つ。

3.3.2　コレスキー分解

A が実対称正定値行列のとき，LU 分解ではなくコレスキー分解 $A = R^T R$ を用いると，計算コストが LU 分解の半分（$\dfrac{n^3}{3}$〔flops〕）で済む。ここで，R は上三角行列である。コレスキー分解は，$j = 1, 2, \cdots, n$ に対して

$$r_{ij} = \frac{a_{ij} - \displaystyle\sum_{k=1}^{i-1} r_{ki} r_{kj}}{r_{ii}} \quad (i = 1, 2, \cdots, j-1)$$

$$r_{jj} = \left(a_{jj} - \sum_{k=1}^{j-1} r_{kj}^2\right)^{\frac{1}{2}}$$

を実行する。ただし，A が実対称正定値行列であっても，浮動小数点演算における丸め誤差の累積によって，r_{jj} の計算に負の平方根が現れ，途中で計算が破綻する場合がある。

以下は，コレスキー分解に対する後退誤差についての定理である[2)]。

定理 3.5 $A = A^T \in \mathbb{F}^{n\times n}$ の浮動小数点演算によるコレスキー分解が破綻せずに終了したとする。このとき，得られたコレスキー分解因子 $\widehat{R} = (\widehat{r}_{ij}) \in \mathbb{F}^{n\times n}$ は，計算順序にかかわらず

$$\widehat{R}^T\widehat{R} = A + \Delta A, \quad |\Delta A| \leqq (n+1)\mathtt{u}|\widehat{R}^T||\widehat{R}| \tag{3.17}$$

を満たす。ただし，アンダーフローが発生する場合を除く。

証明　定理 3.3 と同様に示すことができる（章末問題【2】）。 □

3.3.3 反復改良法

反復改良法は，近似解の精度を向上させる手法の一つである。連立1次方程式 $Ax = b$ の近似解 $\widehat{x}$ に対する残差を $r := b - A\widehat{x}$ とすると，厳密解 $x^* := A^{-1}b$ に対する $\widehat{x}$ の誤差 $x^* - \widehat{x}$ は，連立1次方程式 $Ay = r$ の解 $y^* := A^{-1}r$ で与えられることから，反復改良法は以下のような手順で実行できる。まず，$\widehat{x}^{(0)} := \widehat{x}$ として，近似解の精度が十分に良くなるまで $k = 0, 1, 2, \cdots$ として以下を反復する。

1) 残差 $r := b - A\widehat{x}^{(k)}$ を高精度に計算する（近似値を $\widehat{r}$ とする）。
2) 連立1次方程式 $Ay = \widehat{r}$ を解く（A の LU 分解などの結果を用いて近似解 $\widehat{y}$ を求める）。
3) 近似解を $\widehat{x}^{(k+1)} \leftarrow \widehat{x}^{(k)} + \widehat{y}$ と更新する。

ここで，残差 r については，通常の倍の演算精度で計算し，最終的に通常の精度で保持すればよい。例えば，前章のアルゴリズム `Dot2` を用いると，これを実現できる。

3.3.4 区間ガウスの消去法

区間ガウスの消去法は，通常のガウスの消去法におけるすべての演算を区間演算に置き換える手法である。これによって，連立1次方程式 $Ax = b$ の真の

解の存在範囲を得ることが理論上可能である。

しかしながら，区間ガウスの消去法は，特別な場合を除いて，係数行列 A の次数 n がある程度以上の大きさになると，A の条件数（問題の解きにくさ）とは無関係に適用できなくなるという致命的な欠点があることが知られている。これは，区間演算による区間幅の増大に起因する問題であり，係数行列が区間行列の場合に限らず，点行列の場合でも，丸め誤差によって途中の計算結果が区間になるため，浮動小数点演算を用いる限り避けることができない。

例えば，A を n 次の乱数行列として，$Ax = b$ の真の解が $e = (1, \cdots, 1)^T$ となるように $b = A \cdot e$ と設定したとき，区間ガウスの消去法によって得られる $A^{-1}b \in \boldsymbol{y}$ のような解の包含 $\boldsymbol{y}$ の最大区間半径 $\max_{1 \leqq i \leqq n} \mathrm{rad}([\underline{y}_i, \overline{y}_i])$ を**図 3.1** に示す。

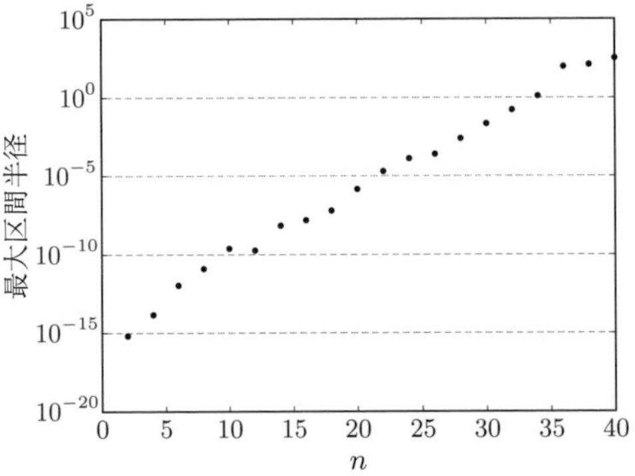

図 3.1　区間ガウスの消去法による区間増大の例（n を 2 から 40 まで 2 刻みで動かし，各 n について 20 サンプル実行したときの平均）

図 3.1 から，$n = 40$ 程度で最大半径が真の解に対して相対的に非常に大きくなり，すでに適用限界であることがわかる。したがって，n がより大きい実用的な問題において精度保証付きの数値解を得るためには，別のアプローチが必要となる。

3.3.5 密行列に対する精度保証法

ここでは，係数行列 A が密行列（要素のほとんどが非零）の場合に有効な精度保証法について説明する。本項で紹介する方法は，いずれも行列計算単位で区間演算を実行することができるため，BLAS や LAPACK などの高速で信頼性の高い数値計算ライブラリを利用できる。また，区間ガウスの消去法と違い，次数 n が数千以上のような比較的大規模な行列にも適用できる。

（1） ノルム評価　連立1次方程式 $Ax=b$ の近似解 $\widehat{x}$ に対して，A^{-1} の近似 $R\in\mathbb{R}^{n\times n}$ が $\|I-RA\|_\infty<1$ を満たすとき

$$\|A^{-1}b-\widehat{x}\|_\infty \leqq \frac{\|R(b-A\widehat{x})\|_\infty}{1-\|I-RA\|_\infty} \tag{3.18}$$

が成り立つ。ここで，A の正則性を示す上で，$\|I-RA\|_\infty$ の評価が重要となる。

A^{-1} の近似 R の計算について，LU 分解の結果を利用することができる。いま，厳密計算によって A を部分軸交換付きで LU 分解したときの結果を $PA=LU$ とすると，$A^{-1}=U^{-1}L^{-1}P$ である。このとき，著名な数値線形代数ライブラリ LAPACK（Linear Algebra PACKage）では，計算効率および数値安定性の観点から，$A^{-1}P^TL=U^{-1}$ の形式をもとにして，A^{-1} の近似 R を計算している。具体的には，浮動小数点演算による LU 分解の計算結果を $PA\approx\widehat{L}\widehat{U}$ とすると，以下のように R を計算している。

1) 三角方程式 $X\widehat{U}=I$ を X について解く（$X=\widehat{U}^{-1}$ の近似を $\widehat{X}$ とする）。
2) 三角方程式 $Y\widehat{L}=\widehat{X}$ を Y について解く（Y の近似を $\widehat{Y}$ とする）。
3) $R=\widehat{Y}P$ を計算する（列の交換のみ）。

以下のアルゴリズムを用いると，$\|I-RA\|_\infty\leqq\alpha$ を満たす α を求めることができる[†]。

アルゴリズム 3.1　$A\in\mathbb{F}^{n\times n}$ の近似逆行列 $R\in\mathbb{F}^{n\times n}$ を用いた $\|I-RA\|_\infty$ の上限 α の計算

† $\mathtt{fl}_\nabla(I-R\cdot A)$ および $\mathtt{fl}_\Delta(I-R\cdot A)$ のように計算すると，必ずしも $I-RA$ の包含にはならないことに注意しよう（理由を考えてみよう）。

$$
\begin{aligned}
&\underline{C} = \texttt{fl}_{\nabla}(R \cdot A - I); && \%\ RA - I \text{ の下限}\\
&\overline{C} = \texttt{fl}_{\Delta}(R \cdot A - I); && \%\ RA - I \text{ の上限}\\
&\overline{G} = \max(|\underline{C}|, |\overline{C}|); && \%\ |I - RA| \text{ の上限}\\
&\alpha = \max_{1 \leqq i \leqq n} \texttt{fl}_{\Delta}\left(\sum_{j=1}^{n} \overline{G}_{ij}\right); && \%\ \|I - RA\|_\infty \text{ の上限}
\end{aligned}
$$

この方式を用いると，近似逆行列 R の計算も含めて，$\|I - RA\|_\infty$ の評価に $6n^3$〔flops〕の計算コストが必要となる。式 (3.18) の分子 $\|R(b - A\widehat{x})\|_\infty$ の評価については

$$
\|R(b - A\widehat{x})\|_\infty \leqq \|R\|_\infty \cdot \|b - A\widehat{x}\|_\infty
$$

を用いれば，アルゴリズム 3.1 と同様に上限を簡単に計算できるが，これは過大評価になりやすいため，区間演算などを用いて $b - A\widehat{x} \in \boldsymbol{r}$ を満たす区間ベクトル $\boldsymbol{r}$ を求め，$\|\mathrm{mag}(R \cdot \boldsymbol{r})\|_\infty$ の計算をしたほうが良い結果を得られる。いずれの場合も，$\mathcal{O}(n^2)$〔flops〕の計算コストで済む。

一方，後退誤差解析を用いて，より高速に $\|I - RA\|_\infty$ を評価する Oishi–Rump の方法[3)] が提案されている。まず，三角行列 $T \in \mathbb{F}^{n \times n}$ を係数とする行列方程式 $XT = I$ に対し，前進代入または後退代入によって T^{-1} の近似 X_T を得たとする（計算コストは $\dfrac{n^3}{3}$〔flops〕である）。このとき，定理 3.4 より，アンダーフローが発生する場合を除いて

$$
|I - X_T T| \leqq n\mathtt{u}|X_T||T| \tag{3.19}
$$

が成り立つ。

ここで，A の部分軸交換付き LU 分解の結果を $PA \approx \widehat{L}\widehat{U}$ とする。ただし，P は軸交換に伴う置換行列である。$\widehat{L}, \widehat{U}$ の近似逆行列をそれぞれ X_L, X_U とする。$R := X_U X_L P$ とすると，定理 3.3 および式 (3.19) より

$$
\begin{aligned}
|I - RA| &= |I - X_U X_L PA| = |I - X_U X_L(PA - \widehat{L}\widehat{U} + \widehat{L}\widehat{U})|\\
&\leqq |I - X_U X_L \widehat{L}\widehat{U}| + |X_U X_L(PA - \widehat{L}\widehat{U})|
\end{aligned}
$$

$$\leqq |I - X_U(I - I + X_L\widehat{L})\widehat{U}| + |X_U||X_L||PA - \widehat{L}\widehat{U}|$$
$$\leqq |I - X_U\widehat{U}| + |X_U(I - X_L\widehat{L})\widehat{U}| + |X_U||X_L||PA - \widehat{L}\widehat{U}|$$
$$\leqq n\mathtt{u}|X_U||\widehat{U}| + 2n\mathtt{u}|X_U||X_L||\widehat{L}||\widehat{U}|$$

となり

$$\begin{aligned}\|I - RA\|_\infty &\leqq n\mathtt{u}(2\||X_U||X_L||\widehat{L}||\widehat{U}|\|_\infty + \||X_U||\widehat{U}|\|_\infty) \\ &= n\mathtt{u}(2\||X_U|(|X_L|(|\widehat{L}|(|\widehat{U}|e)))\|_\infty + \||X_U|(|\widehat{U}|e)\|_\infty)\end{aligned}$$

を得る。この右辺は，$\mathcal{O}(n^2)$〔flops〕で計算可能である。

すなわち，Oishi–Rump の方法を用いると，$\dfrac{2n^3}{3}$〔flops〕で $\|I - RA\|_\infty$ の評価をすることができる。これは，LU 分解を用いて $Ax = b$ の近似解を計算するコストと同じであり，非常に高速である。一方で，近似逆行列 R を陽的に求めるアルゴリズム 3.1 は，Oishi–Rump の方法よりも $\|I - RA\|_\infty$ の過大評価が抑制されるため，より大きな問題や，大きな条件数に適用可能である。

(2) 成分毎評価 式 (3.18) によるノルム評価は使い勝手が良いが，解ベクトルの成分間で絶対値の大きさにばらつきがある場合に，絶対値の小さい成分に対して誤差評価が過大になってしまう場合がある。そのようなときは，以下の成分毎評価法[4)]が有用である。

定理 3.6 $A, R \in \mathbb{R}^{n\times n}$，$b, \widehat{x} \in \mathbb{R}^n$，$G := I - RA$ とする。このとき，$\|G\|_\infty < 1$ ならば，A は正則であり

$$|A^{-1}b - \widehat{x}| \leqq |R(b - A\widehat{x})| + \frac{\|R(b - A\widehat{x})\|_\infty}{1 - \|G\|_\infty}|G|e \tag{3.20}$$

が成り立つ。

証明 $A^{-1} = (RA)^{-1}R$ であり，$\|G\|_\infty < 1$ より

$$(RA)^{-1} = (I - G)^{-1} = I + G + G^2 + \cdots = I + G(I - G)^{-1}$$

であるから，任意の $v \in \mathbb{R}^n$ に対して，$|v| \leqq \|v\|_\infty e$ であることに注意すると

$$
\begin{aligned}
|A^{-1}b-\widehat{x}| &= |(RA)^{-1}R(b-A\widehat{x})| = |(I+G(I-G)^{-1})R(b-A\widehat{x})| \\
&\leqq |R(b-A\widehat{x})| + |G||(I-G)^{-1}R(b-A\widehat{x})| \\
&\leqq |R(b-A\widehat{x})| + \|(I-G)^{-1}\|_\infty \|R(b-A\widehat{x})\|_\infty |G|e
\end{aligned}
$$

となり，$\|(I-G)^{-1}\|_\infty \leqq \dfrac{1}{1-\|G\|_\infty}$ を用いると式 (3.20) を得る。　□

(３)　**H 行列を用いる方法**　　行列 A が H 行列のときに，効率の良い精度保証法がある。これは，疎行列の場合にも適用可能である。

定理 3.7　$A \in \mathbb{R}^{n\times n}$ に対し，$v \in \mathbb{R}^n$ が $v > \mathbf{0}$ かつ $u := \mathcal{M}(A)v > \mathbf{0}$ を満たしているとする。また，$\mathcal{M}(A) = D + E$ を，$\mathcal{M}(A)$ の対角部分 D と非対角部分 E の分離とする。このとき，$r \in \mathbb{R}^n$ に対して

$$
|A^{-1}r| \leqq D^{-1}|r| + \alpha v, \quad \alpha := \max_{1\leqq i\leqq n} \frac{(-ED^{-1}|r|)_i}{u_i} \tag{3.21}
$$

が成り立つ。

証明　補題 3.1 より，A は H 行列である。このとき，任意の $w \in \mathbb{R}^n$ $(w \geqq \mathbf{0})$ に対して

$$
\mathcal{M}(A)^{-1}w \leqq \mathcal{M}(A)^{-1} \max_{1\leqq i\leqq n} \frac{w_i}{u_i} u = \max_{1\leqq i\leqq n} \frac{w_i}{u_i} v \tag{3.22}
$$

である。$G := -ED^{-1}$ とすると，$G \geqq O$ かつ $G = I - \mathcal{M}(A)D^{-1}$ であり

$$
\mathcal{M}(A)^{-1} = D^{-1} + \mathcal{M}(A)^{-1}(I - \mathcal{M}(A)D^{-1}) = D^{-1} + \mathcal{M}(A)^{-1}G
$$

である。また，補題 3.2 より $|A^{-1}| \leqq \mathcal{M}(A)^{-1}$ である。よって

$$
|A^{-1}r| \leqq |A^{-1}||r| \leqq \mathcal{M}(A)^{-1}|r| = D^{-1}|r| + \mathcal{M}(A)^{-1}G|r|
$$

であり，$w := G|r|$ として式 (3.22) を用いると，式 (3.21) を得る。　□

定理 3.7 において，$v > \mathbf{0}$ かつ $\mathcal{M}(A)v > \mathbf{0}$ を満たすような $v \in \mathbb{R}^n$ を見つける必要がある。v の候補として，非負行列 $S := -D^{-1}E$ のペロンベクトルが考えられる。具体的には，$v^{(0)} := D^{-1}e$ として，べき乗法 $v^{(k+1)} := Sv^{(k)}$

による反復を数回繰り返せばよい。S のペロンベクトルを $q > \mathbf{0}$ とすると，ペロン根 $\rho(S)$ に対して $Sq = \rho(S)q$ であるため†，もし $\rho(S) < 1$ であれば

$$\mathcal{M}(A)q = D(I + D^{-1}E)q = (1 - \rho(S))Dq > \mathbf{0}$$

となる。したがって，S のペロンベクトルの近似を $v > \mathbf{0}$ とすれば，v が $\mathcal{M}(A)v > \mathbf{0}$ を満たすことを期待できる。

3.3.6 疎行列に対する精度保証法

つぎに，係数行列 A が疎行列（要素のほとんどが零）の場合に有効な精度保証法について述べる。大規模疎行列に対する精度保証は，A が優対角のときなど特殊な場合を除いて非常に難しいことが知られており，区間解析における難問の一つとなっている。例えば，A が疎行列であっても，その逆行列は一般に密行列となる（**図 3.2** を参照）。したがって，A^{-1} の計算に基づく精度保証法を適用することは困難である。

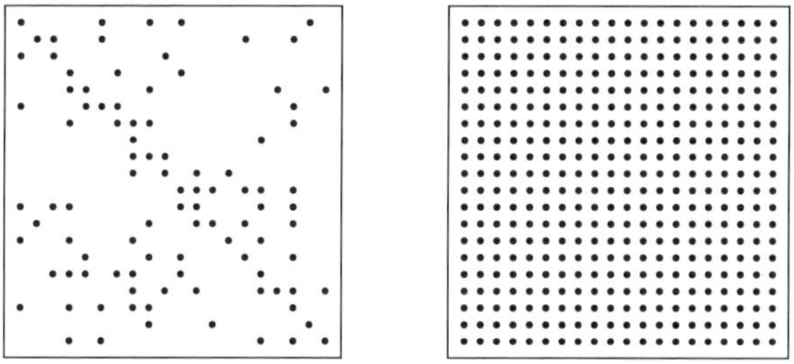

(a) A : nnz = 97　(b) A^{-1} : nnz = 400

図 3.2 疎性の崩れ（$n = 20$ の乱数行列 A と A^{-1} の非零要素パターン。nnz は非零要素数）

現状では，係数行列 A が以下の場合に，疎行列に対して有効な方法が知られている。

- 単調行列（狭義優対角行列，M 行列，H 行列を含む）
- 実対称（あるいはエルミート）正定値行列

† ペロン-フロベニウスの定理については，例えば文献 5) を参照されたい。

係数行列 A あるいはその比較行列 $\mathcal{M}(A)$ が単調行列の場合については，前項の H 行列に対する精度保証法が有効であるため，ここでは実対称正定値行列の場合に限定して，疎行列の場合でも有効な方法を説明する。これは直接解法（コレスキー分解）に基づく方法であるため，分解因子の非零要素が A よりも大幅に増加する場合があるが，逆行列の計算は不要であるため，ある程度の規模の問題を取り扱うことが可能である。

A が正則であるとき，A の最小特異値 $\sigma_{\min}(A) = \sqrt{\lambda_{\min}(A^TA)}$ の下限 $\sigma > 0$ を計算することができれば

$$\|A^{-1}\|_2 = \frac{1}{\sigma_{\min}(A)} \leqq \frac{1}{\sigma}$$

であるので

$$\|A^{-1}b - \widehat{x}\|_\infty \leqq \|A^{-1}b - \widehat{x}\|_2 \leqq \frac{\|b - A\widehat{x}\|_2}{\sigma} \tag{3.23}$$

が成り立つ。

実対称正定値行列 A に対し，アンダーフローが生じる場合を除いて

$$\widehat{R}^T\widehat{R} = A + \varDelta A, \quad \|\varDelta A\|_2 \leqq \sum_{i=1}^{n} \gamma_{i+1} a_{ii} \tag{3.24}$$

が成り立つことが知られている†。ただし，$\gamma_k = \dfrac{k\mathrm{u}}{1 - k\mathrm{u}}$ である。これを用いると，以下の定理を得る[6)]。

定理 3.8　実対称行列 $A = (a_{ij}) \in \mathbb{F}^{n\times n}$（$a_{ii} \geqq 0$）に対して浮動小数点演算によるコレスキー分解が破綻せずに完了したとする。このとき

$$\lambda_{\min}(A) \geqq -\sum_{i=1}^{n} \gamma_{i+1} a_{ii} \tag{3.25}$$

が成り立つ。ただし，アンダーフローが発生する場合を除く。

---

† 疎行列の場合，γ_{i+1} の i は，$\widehat{R}$ の非零要素パターンに関連した値に置き換えることができる。

証明 式 (3.24) と摂動定理（定理 3.12）より示される。 □

$C := \mathtt{fl}_{\nabla}(A - 2\sigma I)$，$\sigma := \sum_{i=1}^{n} \gamma_{i+1} a_{ii}$ とする。C の浮動小数点演算によるコレスキー分解が破綻せずに完了した場合は，定理 3.8 より，アンダーフローが発生した場合を除いて

$$\begin{aligned}\lambda_{\min}(A) - 2\sigma = \lambda_{\min}(A - 2\sigma I) &\geqq \lambda_{\min}(C) \geqq -\sum_{i=1}^{n} \gamma_{i+1} c_{ii} \\ &\geqq -\sum_{i=1}^{n} \gamma_{i+1}(a_{ii} - 2\sigma) \geqq -\sum_{i=1}^{n} \gamma_{i+1} a_{ii} = -\sigma\end{aligned}$$

となり，$\lambda_{\min}(A) \geqq \sigma > 0$ を得る。すなわち，A が正定値であることが証明され，さらに $\|A^{-1}\|_2 = \dfrac{1}{\lambda_{\min}(A)} \leqq \dfrac{1}{\sigma}$ となる。コレスキー分解が途中で破綻した場合は，A が正定値かどうかの判定はできない†。

式 (3.23) による方法は誤差ノルム $\|A^{-1}b - \widehat{x}\|_\infty$ を過大評価しやすいので，それを抑制するために，下記のような誤差評価法が有効である。

定理 3.9 $A \in \mathbb{R}^{n\times n}$，$b, \widehat{x}, \widehat{y} \in \mathbb{R}^n$ とする。$\|A^{-1}\|_2 \leqq \tau$ ならば

$$|A^{-1}b - \widehat{x}| \leqq |\widehat{y}| + \tau\|b - A(\widehat{x} + \widehat{y})\|_2\, e \tag{3.26}$$

が成り立つ。ただし，$e = (1, 1, \cdots, 1)^T \in \mathbb{R}^n$ である。

証明 $|A^{-1}b - \widehat{x}| = |\widehat{y} - \widehat{y} + A^{-1}b - \widehat{x}| \leqq |\widehat{y}| + |A^{-1}(b - A(\widehat{x} + \widehat{y}))|$ より，式 (3.26) を得る。 □

定理 3.9 において，通常，連立 1 次方程式 $Ay = r$（$r := b - A\widehat{x}$）の近似解を $\widehat{y}$ とする。反復改良法にあるように，残差ベクトル r を高精度に計算した場合に，$\widehat{y}$ が $Ax = b$ の近似解 $\widehat{x}$ の修正項として有効となる。そのために必要となる高精度な内積計算の詳細については 2 章を参照されたい。

† 浮動小数点演算を用いた場合は，A が正定値であったとしても，丸め誤差の累積が原因でコレスキー分解が破綻する場合があるからである。

3.3.7 区間連立 1 次方程式

係数行列や右辺ベクトルが区間である場合，すなわち，$\boldsymbol{A} \in \mathbb{IR}^{n\times n}$，$\boldsymbol{b} \in \mathbb{IR}^n$ について，その解集合は

$$\Sigma(\boldsymbol{A}, \boldsymbol{b}) := \{\, x \in \mathbb{R}^n \mid Ax = b,\ A \in \boldsymbol{A},\ b \in \boldsymbol{b} \,\}$$

と定義される。すべての $A \in \boldsymbol{A}$ が正則であれば

$$\Sigma(\boldsymbol{A}, \boldsymbol{b}) = \left\{\, A^{-1}b \in \mathbb{R}^n \;\middle|\; A \in \boldsymbol{A},\ b \in \boldsymbol{b} \,\right\}$$

である。この $\Sigma(\boldsymbol{A}, \boldsymbol{b})$ を求めることは一般に困難であるので，代わりにこれを包含する区間ベクトル $\boldsymbol{z} \supset \Sigma(\boldsymbol{A}, \boldsymbol{b})$ を求める。例えば

$$\boldsymbol{A} = \begin{bmatrix} [1,2] & [-1,0] \\ [-1,2] & [2,3] \end{bmatrix}, \quad \boldsymbol{b} = \begin{bmatrix} [-1,1] \\ [-2,3] \end{bmatrix}$$

のとき，解集合 $\Sigma(\boldsymbol{A}, \boldsymbol{b})$ とその包含は**図 3.3** のようになる。

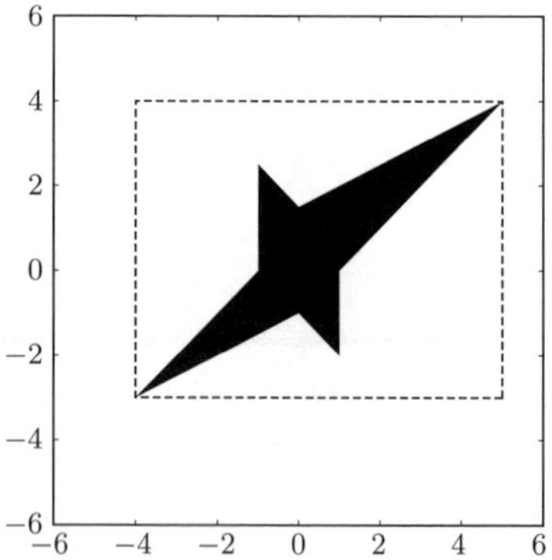

図 3.3　区間連立 1 次方程式の解集合（星形）とその包含（破線）

$\boldsymbol{A} \in \mathbb{IR}^{n\times n}$ の区間幅が狭い場合については，点行列のときとほぼ同様に考えることができる。例えば，$A_m := \mathrm{mid}(\boldsymbol{A})$，$b_m := \mathrm{mid}(\boldsymbol{b})$ として，連立 1 次方程式 $A_m x = b_m$ の近似解 $\widehat{x}$ に対して，A_m^{-1} の近似 $R \in \mathbb{R}^{n\times n}$ が

コーヒーブレイク

精度保証の必要性

連立1次方程式 $Ax = b$ の数値解 $\widehat{x}$ が得られたとして，「残差 $r := b - A\widehat{x}$ のノルム $\|r\|$ がある程度小さければ，$\widehat{x}$ は十分に精度が良いのでは？」と疑問を持つかもしれない。実際，残差のノルムは計算が容易であり，また反復解法の停止条件にもよく利用されている。しかし，それでは不十分な場合がある。例えば，A がどれだけ悪条件であったとしても，ガウスの消去法が途中で破綻せずに数値解 $\widehat{x}$ が得られた場合，以下の関係

$$\frac{\|r\|_\infty}{\|A\|_\infty\|\widehat{x}\|_\infty + \|b\|_\infty} \sim \mathtt{u} \tag{1}$$

がほぼつねに成り立つことが経験的に知られている。HPC 分野で有名な LINPACK ベンチマークでも，この性質を利用してプログラムが正しく実装されているかどうかをチェックしている。

したがって，残差 r の情報のみでは数値解 $\widehat{x}$ の誤差を正しく評価できないため，精度保証付き数値計算が有用となる。じつは，ガウスの消去法によって得られた数値解 $\widehat{x}$ については，真の解を $x^* := A^{-1}b$ とすると，経験的に

$$\frac{\|x^* - \widehat{x}\|}{\|x^*\|} \sim \mathtt{u} \cdot \kappa(A)$$

が成り立つことが知られている（式 (1) とも関連している）。

このことから，数値解の誤差を厳密に評価するためには，条件数 $\kappa(A)$ の評価が本質的な問題となることがわかる。また，$\kappa(A) > \mathtt{u}^{-1}$ のような悪条件問題の場合，数値解 $\widehat{x}$ はほとんど不正確になる。このような場合は，通常の浮動小数点演算を用いると，一般的に A^{-1} の良い近似 R を求めることができず，$\|I - RA\| < 1$ が成り立たないため，結果として精度保証も失敗してしまう。この問題に対する一つの解決策は，GMP や MPFR などによる多倍長精度演算を利用することである。それ以外では，高精度な近似逆行列を求める方法が知られている。これは，高精度な内積計算を利用して，$\|I - RA\|_\infty < 1$ を満たすまで反復計算によって適応的に近似逆行列 R の精度を高める優れた方法であり，条件数が極端に大きくない限り，多倍長精度演算よりも高速である。詳細については，文献 7),8) を参照されたい。

$\|\mathrm{mag}(I - R\cdot \boldsymbol{A})\|_\infty < 1$ を満たすとき，$\boldsymbol{A}$ に含まれるすべての行列は正則で

$$\Sigma(\boldsymbol{A}, \boldsymbol{b}) \subset \widehat{x} + [-y, y], \quad y := \frac{\|\mathrm{mag}(R(\boldsymbol{b} - \boldsymbol{A}\cdot \widehat{x}))\|_\infty}{1 - \|\mathrm{mag}(I - R\cdot \boldsymbol{A})\|_\infty} e \tag{3.27}$$

が成り立つ。ただし，$e = (1, 1, \cdots, 1)^T \in \mathbb{R}^n$ である。

3.4　行列固有値問題

固有値問題は，連立1次方程式と同様に科学技術計算の基礎であり，その解（固有値および固有ベクトル）の精度保証付き数値計算は重要である。ここでは，密行列の固有値問題に対する高速精度保証法を中心に取り扱う。

行列固有値問題は，標準固有値問題

$$Ax = \lambda x, \quad A \in \mathbb{C}^{n\times n} \tag{3.28}$$

あるいは一般化固有値問題

$$Ax = \lambda Bx, \quad A, B \in \mathbb{C}^{n\times n} \tag{3.29}$$

を満たす $\lambda \in \mathbb{C}$，$x \in \mathbb{C}^n$（$x \neq \mathbf{0}$）を求める問題であり，(λ, x) の組を固有対と呼ぶ。実際には，重複を含めて n 個の固有値 λ_i（$i = 1, 2, \cdots, n$）が存在する。このとき，λ_i に対応する固有ベクトルを $x^{(i)}$（$i = 1, 2, \cdots, n$）とする。

以後，本節では，A が実対称行列である場合は

$$\lambda_1 \leqq \lambda_2 \leqq \cdots \leqq \lambda_n$$

と仮定する。また，特に $\lambda_i(C)$ のように表記した場合は，行列 C の固有値を意味することとする。

固有値問題に対してさまざまな数値解法が提案されているが，密行列の場合はハウスホルダー変換を用いる方法が現在の主流である。これによって，実対称（エルミート）行列の場合は三重対角行列，非対称行列の場合はヘッセンベ

ルク行列に変形することができる。変形後，対称系の場合はQR法，逆反復法を用いた二分法，分割統治法，MRRR法などによって，非対称系の場合はQR法によって効率的に固有値・固有ベクトルを求める。

いずれにしても，数値計算によって式 (3.28) あるいは式 (3.29) を解いたときに得られるのは近似固有値 $\widehat{\lambda}_i$ および近似固有ベクトル $\widehat{x}^{(i)}$ である。$\widehat{\lambda}_i$ の誤差を評価するときは

$$|\lambda_i - \widehat{\lambda}_i| \leqq \varepsilon \tag{3.30}$$

を満たす ε を求める。また，近似固有ベクトル $\widehat{x}^{(i)}$ の誤差を評価するときは，例えば

$$\|x^{(i)} - \widehat{x}^{(i)}\|_2 \leqq \alpha \tag{3.31}$$

を満たす α や

$$|\sin\angle(x^{(i)}, \widehat{x}^{(i)})| \leqq \beta \tag{3.32}$$

を満たす β を求める。ただし，二つの n 次元実ベクトル u, v に対して，$\angle(u, v)$ は u と v のなす角を意味する。

本節では，A や B の要素が区間の場合は取り扱わないが，多くの議論が区間の場合に拡張できる。

定義 3.6 (固有値の重複度) $A \in \mathbb{C}^{n\times n}$ のすべての異なる固有値を $\lambda_i \in \mathbb{C}$ $(1 \leqq i \leqq r)$ とする。

1) A の固有多項式は

$$\phi(\lambda) = (-1)^n \prod_{i=1}^{r} (\lambda - \lambda_i)^{m_i}$$

と表せる。このとき，m_i を固有値 λ_i に対する代数的重複度と呼ぶ。

2) 固有値 λ_i に対する固有空間

$$V_{\lambda_i} = \{x \in \mathbb{C}^n : Ax = \lambda_i x\}$$

の次元 $\dim V_{\lambda_i}$ を，固有値 λ_i に対する幾何的重複度と呼ぶ。

以下では，固有値の存在範囲を特定する上で有用となるいくつかの定理を紹介する。

定理 3.10　(ゲルシュゴリンの包含定理)　$A = (a_{ij}) \in \mathbb{C}^{n\times n}$ について，A のすべての固有値は

$$\Lambda = \bigcup_{1\leqq i\leqq n} U_i$$

に含まれる。ただし

$$U_i = \left\{ z \in \mathbb{C} : |z - a_{ii}| \leqq \sum_{j\neq i} |a_{ij}| \right\}$$

である。特に，単連結領域 C が m 個の U_i からなる場合，重複度も含めて m 個の固有値が C 内に存在する。

証明　文献 5) の p. 98 を参照されたい。　□

定理 3.10 に現れる円板領域 U_i をゲルシュゴリン円板と呼ぶ。A が強い優対角性を持つ場合，A の対角成分が A の固有値の良い近似となる。

例 3.1　3 次行列

$$A = \begin{bmatrix} 3 & 0 & -2 \\ 1 & -2 & 0 \\ 1 & 1 & 6 \end{bmatrix}$$

の真の固有値は，$\lambda_1 = -1.8965\cdots$，$\lambda_2 = 2.7411\cdots$，$\lambda_3 = 6.1554\cdots$ である。ゲルシュゴリンの定理を用いると，**図 3.4** のように，λ_1 は U_2 に，λ_2 と λ_3 は $U_1 \cup U_3$ に，それぞれ包含されていることがわかる。

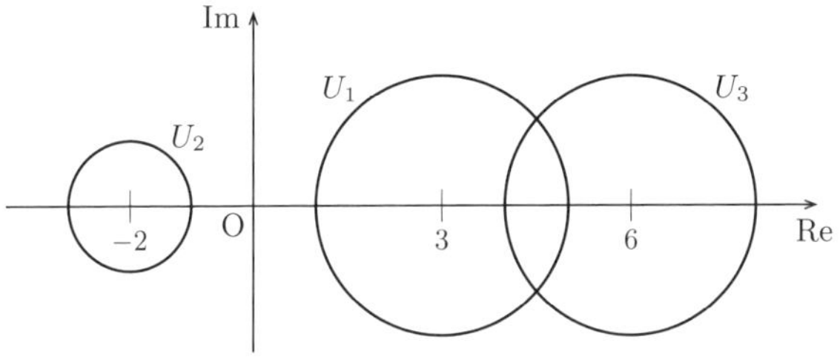

図 3.4 ゲルシュゴリン円板による固有値の包含

以下の定理を用いると，実対称行列 A に対して，μ の近くに A の固有値が存在することが証明できる[†]。

定理 3.11 A を n 次実対称行列とする。任意の $\mu \in \mathbb{R}$ および任意の n 次元実ベクトル $y \neq \mathbf{0}$ に対して

$$\min_{1 \leqq i \leqq n} |\lambda_i - \mu| \leqq \frac{\|Ay - \mu y\|_2}{\|y\|_2}$$

が成り立つ。

証明 文献 5) の p. 118 を参照されたい。 □

以下の定理は，行列に摂動が加わった場合に有用である。

定理 3.12 (摂動定理) A, B を n 次実対称行列とする。このとき

$$|\lambda_i(A) - \lambda_i(B)| \leqq \|A - B\|_2 \quad (i = 1, 2, \cdots, n)$$

が成り立つ。

証明 文献 5) の p. 100 を参照されたい。 □

† ただし，それが何番目の大きさの固有値なのかはわからない。

3.4.1 密行列に対する精度保証法

密行列の場合は，すべての固有値に対する効率的な精度保証法が知られている。

（1） 対称行列の場合　A を n 次実対称行列，$\widehat{\lambda}_i$ $(i = 1, 2, \cdots, n)$ を A の固有値の近似とする。ただし，$\widehat{\lambda}_1 \leqq \widehat{\lambda}_2 \leqq \cdots \leqq \widehat{\lambda}_n$ とする。また，$\widehat{\lambda}_i$ に対応する近似固有ベクトル $\widehat{x}^{(i)}$ $(i = 1, 2, \cdots, n)$ を並べた行列を

$$\widehat{X} := \left[\widehat{x}^{(1)}, \widehat{x}^{(2)}, \cdots, \widehat{x}^{(n)}\right] \in \mathbb{R}^{n \times n}$$

とする。このとき，以下の定理が成り立つ。

定理 3.13　A を n 次実対称行列，$\widehat{D} = \mathrm{diag}(\widehat{\lambda}_1, \widehat{\lambda}_2, \cdots, \widehat{\lambda}_n)$ とする。このとき，任意の正則行列 $\widehat{X} \in \mathbb{R}^{n \times n}$ に対して

$$|\lambda_i - \widehat{\lambda}_i| \leqq \frac{\|A\widehat{X} - \widehat{X}\widehat{D}\|_2}{\sqrt{\lambda_{\min}(\widehat{X}^T\widehat{X})}} \quad (i = 1, 2, \cdots, n)$$

が成り立つ。

証明　文献 9) の p. 254 を参照されたい。　□

系 3.1　定理 3.13 において，$\|I - \widehat{X}^T\widehat{X}\|_2 < 1$ であれば

$$|\lambda_i - \widehat{\lambda}_i| \leqq \frac{\|A\widehat{X} - \widehat{X}\widehat{D}\|_2}{\left(1 - \|I - \widehat{X}^T\widehat{X}\|_2\right)^{\frac{1}{2}}} \quad (i = 1, 2, \cdots, n)$$

が成り立つ。

証明　定理 3.13 より，$\lambda_{\min}(\widehat{X}^T\widehat{X}) \geqq 1 - \|I - \widehat{X}^T\widehat{X}\|_2$ を示せばよい。$\lambda_{\min}(\widehat{X}^T\widehat{X}) \geqq 1$ のときは明らかに成り立つ。$\lambda_{\min}(\widehat{X}^T\widehat{X}) < 1$ のとき

$$\|I - \widehat{X}^T\widehat{X}\|_2 = \lambda_{\max}(I - \widehat{X}^T\widehat{X}) \geqq 1 - \lambda_{\min}(\widehat{X}^T\widehat{X})$$

となる。よって示された。　□

重複固有値（代数的重複度が 2 以上）が存在しても，上記の方法は適用可能

である。また，$R := A\widehat{X} - \widehat{X}\widehat{D}$ や $G := I - \widehat{X}^T\widehat{X}$ の 2 ノルムを精度保証付きで求めるのは，1 ノルムや ∞ ノルムあるいはフロベニウスノルムのそれと比べて計算量が多くなるので，これを避けるために式 (3.1) や式 (3.2) のようなノルムの関係を利用してもよい。

また，固有ベクトルの精度保証については，以下の定理が有用である。

定理 3.14　A を n 次実対称行列とする。このとき，$(\widehat{\lambda}_i, \widehat{x}^{(i)}) \in \mathbb{R} \times \mathbb{R}^n$，$\|\widehat{x}^{(i)}\|_2 = 1$（$i = 1, 2, \cdots, n$）に対して

$$|\widehat{\lambda}_i - \widehat{\lambda}_j| \geqq d > 0 \quad (i \neq j) \tag{3.33}$$

かつ

$$\|A\widehat{x}^{(i)} - \widehat{\lambda}_i\widehat{x}^{(i)}\|_2 \leqq \varepsilon$$

が成り立っているとする。このとき，$d > 2\varepsilon$ ならば

$$|\lambda_i - \widehat{\lambda}_i| \leqq \varepsilon$$
$$\|x^{(i)} - \widehat{x}^{(i)}\|_2 \leqq \frac{\varepsilon}{d - \varepsilon}$$

が成り立つ。ただし，$x^{(i)}$ は A の固有ベクトル ($\|x^{(i)}\|_2 = 1$) を表す。

証明　文献 5) の p. 119 を参照されたい。 □

また，定理 3.11 を用いると，任意の $\mu \in \mathbb{R}$，$y \in \mathbb{R}^n$（$\|y\|_2 = 1$）に対して

$$|\lambda_k - \mu| \leqq \|Ay - \mu y\|_2$$

を満たすような A の固有値 λ_k が存在することがわかる。このとき，$\mathrm{gap}(\mu)$ を

$$\mathrm{gap}(\mu) := \min_{\lambda_i \neq \lambda_k} |\lambda_i - \mu| \tag{3.34}$$

のように定める。これは，λ_k と隣り合う固有値との距離に対応する。

定理 3.15　n 次実対称行列 A の固有値 λ_k に対応する固有ベクトルを $x^{(k)}$ とする。このとき，任意の $\mu \in \mathbb{R}$, $y \in \mathbb{R}^n$ に対して

$$|\sin \angle(x^{(k)}, y)| \leqq \frac{\|Ay - \mu y\|_2}{\mathrm{gap}(\mu)}$$

$$|\lambda_k - \mu| \leqq \frac{\|Ay - \mu y\|_2^2}{\mathrm{gap}(\mu)}$$

が成り立つ。

証明　文献 9) の p. 244 を参照されたい。 □

重複固有値やそれに近い固有値が存在する場合，式 (3.33) の条件を満たさなくなるため，上記の定理 3.14 および定理 3.15 は適用できない。

（2） **非対称行列の場合**　ここでは，非対称行列に対しても適用できる精度保証法を紹介する。

いま，$A \in \mathbb{C}^{n\times n}$ は対角化可能（A の相異なる固有値 $\lambda_i \in \mathbb{C}$ について，それぞれ代数的重複度と幾何的重複度が等しい）であるとする。このとき，λ_i に対応する固有ベクトル $x^{(i)} \in \mathbb{C}^n$ $(i = 1, 2, \cdots, n)$ を並べた行列

$$X := \left[x^{(1)}, x^{(2)}, \cdots, x^{(n)}\right] \in \mathbb{C}^{n\times n}$$

によって，A は

$$X^{-1}AX = D = \mathrm{diag}(\lambda_1, \lambda_2, \cdots, \lambda_n)$$

のように対角化される。

数値計算によって得られるのは X の近似 $\widehat{X}$ であるが，$G := \widehat{X}^{-1}A\widehat{X}$ は強い優対角性を持つことが期待でき，そのような場合，G の対角成分が A の固有値の良い近似となる。そこで，G に対してゲルシュゴリンの定理（定理 3.10）を適用することを考える。ただし，数値計算では行列積や逆行列を厳密に計算することは困難なので，代わりに区間演算を用いて G の包含を求めることにする。

アルゴリズム 3.2 $A \in \mathbb{C}^{n\times n}$ のすべての固有値に対する精度保証アルゴリズム

1) A のすべての近似固有ベクトル $\widehat{X} \in \mathbb{C}^{n\times n}$ を求める。
2) 行列積 $A \cdot \widehat{X}$ の包含 $\boldsymbol{C} \in \mathbb{IC}^{n\times n}$ を求める。
3) 区間連立 1 次方程式 $\widehat{X}G = \boldsymbol{C}$ の解集合の包含 $\boldsymbol{G} \supset \widehat{X}^{-1} \cdot \boldsymbol{C}$ を求める。
4) $\boldsymbol{G} \in \mathbb{IC}^{n\times n}$ に対してゲルシュゴリンの定理を適用する。

ステップ 4) において，区間行列に対するゲルシュゴリンの定理が必要となる。$\boldsymbol{G} = (\boldsymbol{g}_{ij})$ の対角成分 $[\boldsymbol{g}_{ii}]$ の中心を c_i，半径を $\mathrm{rad}(\boldsymbol{g}_{ii})$ とすると，ゲルシュゴリン円の中心は c_i，半径は

$$r_i = \sum_{j\neq i} \mathrm{mag}(\boldsymbol{g}_{ij}) + \mathrm{rad}(\boldsymbol{g}_{ii})$$

となる。このアルゴリズムが成功裏に停止し，ゲルシュゴリン円板に共通部分がなければ，$i = 1, 2, \cdots, n$ について $|\lambda_i - c_i| \leqq r_i$ を満たす A の固有値 λ_i が各円板内に一つずつ存在することがわかる。

3.4.2 非線形方程式を利用した精度保証法

固有値問題は，非線形方程式の解を求める問題に帰着できる。例えば，$A \in \mathbb{C}^{n\times n}$，$0 \neq \alpha \in \mathbb{C}$，$1 \leqq k \leqq n$ について，$f : \mathbb{C}^{n+1} \to \mathbb{C}^{n+1}$ を

$$f(z) = f\left(\begin{bmatrix} x \\ \lambda \end{bmatrix}\right) = \begin{bmatrix} Ax - \lambda x \\ x_k - \alpha \end{bmatrix}$$

のようにして $f(z) = \mathbf{0}$ の解を求めると，(λ, x) は $x_k = \alpha$ に正規化された行列 A の固有対となる（$\|x\|_2 = 1$ のように正規化してもよい）。したがって，非線形方程式の解の精度保証ができれば，固有値問題に対する精度保証も可能であることがわかる。

以下は，非線形方程式に対する精度保証法である Krawczyk 法（6 章を参照）を一般化固有値問題 (3.29) に適用した場合に得られる定理[10)] である。

定理 3.16　$A, B \in \mathbb{C}^{n\times n}$，$R \in \mathbb{C}^{(n+1)\times(n+1)}$，$\widehat{x} \in \mathbb{C}^n$，$\widehat{\lambda}, \alpha \in \mathbb{C}$ $(\alpha \neq 0)$ とする。$\boldsymbol{y} \in \mathbb{IC}^n$，$\boldsymbol{d} \in \mathbb{IC}$ に対し，$\boldsymbol{w} := [\boldsymbol{y}^T, \boldsymbol{d}]^T \in \mathbb{IC}^{n+1}$ として

$$g(\boldsymbol{w}) := z + (I_{n+1} - R \cdot S(\boldsymbol{y}))\boldsymbol{w}$$

と定義する。ただし，ある固定された k $(1 \leqq k \leqq n)$ について

$$S(\boldsymbol{y}) := \begin{bmatrix} A - \widehat{\lambda}B & -B(\widehat{x} + \boldsymbol{y}) \\ e_k^T & 0 \end{bmatrix} \in \mathbb{IC}^{(n+1)\times(n+1)}$$

$$z := -R \begin{bmatrix} A\widehat{x} - \widehat{\lambda}\widehat{x} \\ \widehat{x}_k - \alpha \end{bmatrix} \in \mathbb{C}^{n+1}$$

である†。また，$\mathrm{int}(\boldsymbol{w})$ を $\boldsymbol{w}$ の内部とする。このとき，$g(\boldsymbol{w}) \subset \mathrm{int}(\boldsymbol{w})$ ならば，一般化固有値問題 $Ax = \lambda Bx$ に対して以下が成り立つ。

(1)　$\boldsymbol{v} := \widehat{x} + \boldsymbol{y}$ とすると，$\boldsymbol{v}$ 内に $x_k = \alpha$ に正規化された唯一の固有ベクトル x が存在する。

(2)　$\boldsymbol{c} := \widehat{\lambda} + \boldsymbol{d}$ とすると，$\boldsymbol{c}$ 内に唯一の固有値 λ が存在する。

証明　文献 10) を参照されたい。　□

上記の定理で示すことができるのは，数値計算によって得られた近似固有対 $(\widehat{\lambda}, \widehat{x})$ の近傍に真の固有対 (λ, x) が唯一存在する，ということである。逆に，λ が重複固有値の場合やそれに近い場合は，この精度保証法は適用できない。そのような場合でも適用可能な精度保証法については，文献 11) を参照されたい。

また，幾何的重複度が 2 以上の場合は，特別な場合を除き，精度保証付き数値計算では固有ベクトルを狭い区間で包含することができないことが文献 12) で証明されている。これは，実対称行列の場合でも同様である。

† 実際には，R は $S(\boldsymbol{y})$ の近似逆行列，$(\widehat{\lambda}, \widehat{x})$ は $Ax = \lambda Bx$ の近似固有対とする。

3.4.3 大規模疎行列の場合

行列 A が大規模疎行列の場合，すべての固有値および固有ベクトルを求めることは計算量および計算容量の両面で非現実的である。そこで，例えば A が実対称行列であれば「小さいほうから何番目の固有値がどの範囲にあるか」など，いくつかの固有値に対する精度保証法を考えるのが現実的である。

そのような精度保証法の開発は，じつは非常に困難であることが知られている。例えば文献 13) では，実対称行列に対して $\mathrm{LDL}^{\mathrm{T}}$ 分解（実対称行列 A を，$A = LDL^T$ のように正則な下三角行列 L と対角行列 D の積に分解すること）を用いた比較的効率的な方法が提案されている†。この原理を簡単に説明しよう。

定理 3.17 （シルベスターの慣性則） A を実対称行列，S を正則な実行列とする。A とその合同変換 S^TAS について，その正・負・零の固有値の個数は等しい（ただし，重複固有値も重複度分だけ個数に含める）。

証明 文献 1) の p. 448 を参照されたい。 □

実対称行列 A に対して，その対角成分を $\alpha \in \mathbb{R}$ だけ引いた行列 $A - \alpha I$ を考える（この操作をシフトと呼ぶ）。このとき，$A - \alpha I$ の固有値は，A の固有値から α だけ負の方向にシフトしたものになるため，$A - \alpha I$ の固有値の符号を調べれば，原理的には A の固有値について「α より大きいもの」「α より小さいもの」「α と等しいもの」の個数がわかることになる。つぎに，$A - \alpha I$ の $\mathrm{LDL}^{\mathrm{T}}$ 分解が成功したとすると

$$A - \alpha I = LDL^T$$

となり，$L^{-1}(A - \alpha I)L^{-T}$ は $A - \alpha I$ の合同変換であるため，シルベスターの慣性則から $A - \alpha I$ と D の固有値について，その正・負・零の個数は等しい。ここで，D は対角行列であるから，D の固有値およびその符号がすぐにわかる

---

† 実際には，D をブロック対角行列（ブロックサイズは最大 2×2）とする Bunch–Kaufman の方法[14] を用いたほうが安定するが，ここでは簡単のため割愛する。

ため，$A-\alpha I$ の固有値についても，その符号がわかることになる。実際の数値計算では，$\mathrm{LDL}^{\mathrm{T}}$ 分解において丸め誤差が混入するため，$A-\alpha I$ の固有値の正負の個数を厳密にカウントするためには，その丸め誤差も考慮しなければならない（固有値が零であることの判定はできない）。したがって，A の固有値から十分に離れたところに α をとる必要がある。

また，定理 3.11 を用いると，何番目の固有値かはわからないが，近似固有値の近くに真の固有値が存在することは容易に示すことができる。

章　末　問　題

【1】 式 (3.6) に基づき，$\boldsymbol{A} \in \mathbb{IR}^{m\times n}$，$\boldsymbol{B} \in \mathbb{IR}^{n\times p}$ が入力されたとき，$\boldsymbol{A}\cdot\boldsymbol{B} \subset \boldsymbol{C}$ を満たすような $\boldsymbol{C} \in \mathbb{IR}^{m\times p}$ を求めるプログラムを作成せよ。

【2】 定理 3.5 を証明せよ。

【3】 連立 1 次方程式 $Ax=b$ ($A \in \mathbb{F}^{n\times n}$，$b \in \mathbb{F}^n$) について，以下のプログラムを作成せよ。ただし，係数行列 A は適当な乱数行列とし，右辺ベクトル b は真の解が $e=(1,\cdots,1)^T$ に近くなるように生成して，プログラムが正しく動作していることを確かめよ（MATLAB であれば，`A = randn(n); b = A*ones(n,1);` のようにすればよい）。

(1) ガウスの消去法で近似解 $\widehat{x}$ を計算せよ。

(2) 区間ガウスの消去法で解 x の包含を求めよ。

(3) n を $10, 20, \cdots$ と増加させていき，n がどれくらいの大きさまで区間ガウスの消去法を適用可能か確かめよ。

【4】 連立 1 次方程式 $Ax=b$ ($A \in \mathbb{F}^{n\times n}$，$b \in \mathbb{F}^n$) について，以下のプログラムを作成せよ（$A, b$ は，問**【3】**と同様に生成せよ）。プログラム中で，BLAS や LAPACK を利用してもかまわない（以下の設問も同様）。

(1) LU 分解を用いて近似解 $\widehat{x}$ を計算せよ。

(2) LU 分解の結果をもとに A^{-1} の近似 R を計算せよ。

(3) 式 (3.18) に基づき，$\widehat{x}$ を精度保証せよ。

(4) 定理 3.6 に基づき，$\widehat{x}$ を精度保証せよ。

【5】 実対称行列を係数とする標準固有値問題 $Ax=\lambda x$ ($A=A^T \in \mathbb{F}^{n\times n}$) について，以下のプログラムを作成せよ。ただし，A は適当な乱数行列とせよ（MATLAB であれば，`C = randn(n); A = C + C';` のようにすればよい）。

(1) 適当なアルゴリズムで A のすべての固有値および固有ベクトルを求めよ。

(2) 系 3.1 に基づき，(1) で求めた A の近似固有値を精度保証せよ。

(3) 定理 3.14 に基づき，(1) で求めた A の近似固有ベクトルを精度保証せよ。

【6】 非対称行列を係数とする標準固有値問題 $Ax = \lambda x$ （$A \in \mathbb{F}^{n\times n}$）について，以下のプログラムを作成せよ。ただし，$A$ は適当な乱数行列とせよ。

(1) 適当なアルゴリズムで A のすべての固有値および固有ベクトルを求めよ。

(2) アルゴリズム 3.2 に基づき，(1) で求めた A の近似固有値を精度保証せよ。

(3) 定理 3.16 に基づき，A の固有値のうち，（近似的に）最も絶対値の大きいものと，それに対応する固有ベクトルについて精度保証せよ。

引用・参考文献

1) G. H. Golub, C. F. Van Loan: Matrix Computations, 4th ed., The Johns Hopkins University Press, 2013.

2) S. M. Rump, C.-P. Jeannerod: Improved backward error bounds for LU and Cholesky factorizations, SIAM J. Matrix Anal. Appl., **35** (2014), 684–698.

3) S. Oishi, S. M. Rump: Fast verification of solutions of matrix equations, Numer. Math., **90** (2002), 755–773.

4) T. Yamamoto: Error bounds for approximate solutions of systems of equations, Japan J. Appl. Math., **1** (1984), 157–171.

5) 山本 哲朗：数値解析入門 [増訂版], サイエンス社, 2003.

6) S. M. Rump, T. Ogita: Super-fast validated solution of linear systems, J. Comp. Appl. Math., **199** (2007), 199–206.

7) S. M. Rump: Inversion of extremely ill-conditioned matrices in floating-point, Japan J. Indust. Appl. Math., **26** (2009), 249–277.

8) T. Ogita: Accurate matrix factorization: Inverse LU and inverse QR factorizations, SIAM J. Matrix Anal. Appl., **31** (2010), 2477–2497.

9) B. N. Parlett: The Symmetric Eigenvalue Problem, Classics in Applied Mathematics, **20**, SIAM Publications, 1997.

10) S. M. Rump: Verification methods for dense and sparse systems of equations, In J. Herzberger (ed.), Topics in Validated Computations — Studies in Computational Mathematics, Elsevier, 1994, 63–136.

11) S. M. Rump: Computational error bounds for multiple or nearly multiple eigenvalues, Linear Alg. Appl., **324** (2001), 209–226.

12) S. M. Rump, J.-P. M. Zemke: On eigenvector bounds, BIT, **43** (2003), 823–837.

13) N. Yamamoto: A simple method for error bounds of eigenvalues of symmetric matrices, Linear Alg. Appl., **324** (2001), 227–234.

14) J. R. Bunch, L. Kaufman: Some stable methods for calculating inertia and solving symmetric linear systems, Math. Comp., **31** (1977), 163–179.

4 数学関数の精度保証

区間演算は通常 IEEE 754 規格に備わっている方向付き丸めを使って実現されるが，IEEE 754 規格で丸めの方向を指定したとき，正しく $+\infty$ 方向または $-\infty$ 方向に丸められることが保証されている演算は，加減乗除と平方根のみである。それ以外の exp や sin などの演算は，方向の指定もできないし，またどのくらい誤差が混入しているかもまったくわからない。したがって，加減乗除と平方根以外の数学関数に対して区間演算を行うためには，自力でそれらを作成しなければならない。

以下，つぎのようなポリシーで，区間数学関数の実装法を示す。

- 加減乗除と平方根の double を両端に持つ区間演算が可能な環境（つまり普通の IEEE 754 規格の演算ができる環境）を仮定し，それを用いて区間数学関数を実装する。
- 速度，精度（区間幅）よりは，なるべく数学的に簡明であることを重視する。
- double より高い精度の数値を用いた区間演算が利用可能ならば，その精度に応じた精度保証付き区間数学関数として使えるようにする。
- 区間の端点に $-\mathtt{Inf}, \mathtt{Inf}$ を許す（ただし，$[-\mathtt{Inf}, -\mathtt{Inf}], [\mathtt{Inf}, \mathtt{Inf}]$ は許さない）。

特に，区間の端点に $-\mathtt{Inf}, \mathtt{Inf}$ を持つような場合については，1.2.4 項のルールを参照されたい。

なお，必ずしも精度保証付きでない一般的な数学関数の実装方法については，文献 1)∼3) などが参考になる。

4.1 指 数 関 数

4.1.1 指 数 関 数

幅の広い入力区間 $I = [x, y]$ に対する exp の計算は，exp は単調増加なので

$$[\exp(x) \text{ の下限},\ \exp(y) \text{ の上限}]$$

を結果とすればよい。

点入力（幅 0 の区間）に対する $\exp(x)$ の計算を示す。まず，$x = \mathtt{Inf}$ なら $[\mathtt{F_{max}}, \mathtt{Inf}]$ を，$x = -\mathtt{Inf}$ なら $[0, \mathtt{S_{min}}]$ を返す。そうでなければ，x を

$$x = a + b, \quad a \in \mathbb{N}, \quad -\frac{1}{2} \leqq b \leqq \frac{1}{2}$$

のように分解し

$$\exp(x) = \mathrm{e}^a \exp(b)$$

のように行うことにする。$\exp(b)$ を 0 を中心にテイラー展開すると

$$\exp(b) = 1 + b + \frac{1}{2!}b^2 + \frac{1}{3!}b^3 + \cdots + \frac{1}{n!}\exp(\theta)b^n \quad (\theta \in \mathrm{hull}(0, b))$$

となる。b の値の範囲を考えると

$$\exp(\mathrm{hull}(0, b)) \subset \exp\left(\left[-\frac{1}{2}, \frac{1}{2}\right]\right) = \left[\mathrm{e}^{-\frac{1}{2}}, \mathrm{e}^{\frac{1}{2}}\right]$$

なので，$\exp(b)$ は

$$\exp(b) \in 1 + b + \frac{1}{2!}b^2 + \frac{1}{3!}b^3 + \cdots + \frac{1}{n!}\left[\mathrm{e}^{-\frac{1}{2}}, \mathrm{e}^{\frac{1}{2}}\right]b^n$$

を区間演算で計算することにより得る。

なお，n はいくつであっても精度保証はされているが

$$\left|\frac{1}{n!}\left[\mathrm{e}^{-\frac{1}{2}}, \mathrm{e}^{\frac{1}{2}}\right]b^n\right| \leqq \frac{1}{n!}\mathrm{e}^{\frac{1}{2}}\left(\frac{1}{2}\right)^n$$

は，$n \geqq 15$ で

$$\frac{1}{n!}e^{\frac{1}{2}}\left(\frac{1}{2}\right)^n \leqq 2^{-53}$$

を満たすので，double の場合は n は 15 程度で十分であることがわかる。

4.1.2 expm1

特に $x = 0$ 付近の精度のため

$$\texttt{expm1}(x) = \exp(x) - 1$$

を持つプログラミング言語がある。これは，$-0.5 \leqq x \leqq 0.5$ の場合にテイラー展開

$$\texttt{exmp1}(x) \in 0 + x + \frac{1}{2!}x^2 + \frac{1}{3!}x^3 + \cdots + \frac{1}{n!}\left[e^{-\frac{1}{2}}, e^{\frac{1}{2}}\right]x^n$$

で直接計算し，それ以外の場合は単に exp を呼び出して $\exp(x) - 1$ を計算する。

4.2 対　数　関　数

4.2.1 対　数　関　数

幅の広い入力区間 $I = [x, y]$ に対する log の計算は，log は単調増加なので

$$[\log_e x \text{ の下限},\ \log_e y \text{ の上限}]$$

を結果とすればよい。

点入力（幅 0 の区間）に対する $\log_e x$ の計算方法を示す。まず，$x = 0$ なら $[-\texttt{Inf}, -\texttt{F}_{\texttt{max}}]$ を，$x = \texttt{Inf}$ なら $[\texttt{F}_{\texttt{max}}, \texttt{Inf}]$ を返す。そうでなければ

$$x = 2^a \cdot b$$

$$2a \in \mathbb{N}\quad（すなわち，a \in \cdots, -1.5, -1, -0.5, 0, 0.5, 1, 1.5, \cdots）$$

と分解し

$$\log_{\mathrm{e}} x = a \log_{\mathrm{e}} 2 + \log_{\mathrm{e}} b$$

で計算する。0.5 刻みで正規化するのは，1 刻みではテイラー展開の項数が多くなってしまうためである。a が整数でないときは無誤差で分解できないので，b は区間とする。このとき，b の変動範囲が

$$2(\sqrt{2}-1) \simeq 0.83 \leqq b \leqq 4-2\sqrt{2} \simeq 1.17$$

となるように正規化する。

$\log_{\mathrm{e}} b$ を 1 を中心にテイラー展開すると

$$\log_{\mathrm{e}} b = 0 + (b-1) - \frac{1}{2}(b-1)^2 + \frac{1}{3}(b-1)^3 - \frac{1}{4}(b-1)^4 + \cdots \\ + (-1)^{n-1}\frac{1}{n}\theta^{-n}(b-1)^n \quad (\theta \in \mathrm{hull}(1,b))$$

となり，θ を $\mathrm{hull}(1,b)$ で置き換えて，これを区間演算で計算する。

剰余項の大きさは

$$\left| \frac{1}{n}\left(\frac{1}{[2(\sqrt{2}-1), 4-2\sqrt{2}]}\right)^n (3-2\sqrt{2})^n \right| = \frac{1}{n}\left(\frac{\sqrt{2}-1}{2}\right)^n$$

となり，$n \geqq 22$ で

$$\frac{1}{n}\left(\frac{\sqrt{2}-1}{2}\right)^n \leqq 2^{-53}$$

を満たすので，double の場合は n は 22 程度で十分であることがわかる。

4.2.2 log1p

特に 1 付近の精度のため

$$\texttt{log1p}(x) = \log_{\mathrm{e}}(x+1)$$

を持つプログラミング言語がある。$-(3-2\sqrt{2}) \leqq x \leqq 3-2\sqrt{2}$ の場合にテイラー展開

$$\log_{\mathrm{e}}(x+1) = 0 + x - \frac{1}{2}x^2 + \frac{1}{3}x^3 - \frac{1}{4}x^4 + \cdots + (-1)^{n-1}\frac{1}{n}\mathrm{hull}(1, x+1)^{-n}x^n$$

で直接計算し，それ以外の場合は単に log を呼び出して $\log_{\mathrm{e}}(x+1)$ を計算する。

4.3 三 角 関 数

4.3.1 sin, cos

幅の広い区間 $I = [x, y]$ に対して，$\sin I$ および $\cos I$ を計算することを考える。x または y が `Inf` または `-Inf` なら，$[-1, 1]$ を返す。そうでなければ

$$I' = [x', y'] = I - 2n\pi$$

として

$$-\pi \leqq x' \leqq \pi$$

となるように正規化する。ただし，この計算は区間値の π を用いて区間演算で行う必要がある。よって，I' の幅は I の幅より一般に大きくなることに注意しよう。高精度な π を用いるなどして慎重に行えれば，なお良い。

ここで，$y' - x' \geqq 2\pi$ なら，$[-1, 1]$ を計算結果とすればよい。よって，$-\pi \leqq y' \leqq 3\pi$ だけを考えればよい。

このとき，求める区間は，sin の場合

$$\begin{aligned}&\mathrm{hull}\Big(\sin x', \sin y', -1\ (I'\text{ が }-\frac{\pi}{2}, \frac{3}{2}\pi\text{ を含むときのみ}),\\&\qquad 1\ (I'\text{ が }\frac{\pi}{2}, \frac{5}{2}\pi\text{ を含むときのみ})\Big) \cap [-1, 1]\end{aligned}$$

cos の場合

$$\begin{aligned}&\mathrm{hull}\Big(\cos x', \cos y', -1\ (I'\text{ が }-\pi, \pi, 3\pi\text{ を含むときのみ}),\\&\qquad 1\ (I'\text{ が }0, 2\pi\text{ を含むときのみ})\Big) \cap [-1, 1]\end{aligned}$$

となる。この包含のチェックは数学的に厳密に行う必要がある。

あとは x', y' の sin または cos の計算に帰着する。もし $y' \geqq \pi$ ならば，y' を $y' - 2\pi$（これは微小な幅を持った区間になる）で置き換える。以下，幅の狭い区間である $-\pi \leqq x', y' \leqq \pi$ の範囲の x', y' に対して，sin または cos を計算

することを考える。この計算は，**表 4.1** に従う。すなわち，$0 \leqq x \leqq \frac{\pi}{4}$ の範囲の sin または cos の計算に帰着させている。なお，この表の区分け（x がどの範囲に属するか）はさほど厳密に判定しなくてもよいが，括弧の中の $\frac{\pi}{2} - x$ などの計算は区間演算で厳密に行う必要がある。

表 4.1　sin，cos の場合分け

	$\sin x$	$\cos x$
$-\pi \leqq x \leqq -\frac{3}{4}\pi$	$-\sin(x+\pi)$	$-\cos(x+\pi)$
$-\frac{3}{4}\pi \leqq x \leqq -\frac{\pi}{2}$	$-\cos\left(-\frac{\pi}{2}-x\right)$	$-\sin\left(-\frac{\pi}{2}-x\right)$
$-\frac{\pi}{2} \leqq x \leqq -\frac{\pi}{4}$	$-\cos\left(x+\frac{\pi}{2}\right)$	$\sin\left(x+\frac{\pi}{2}\right)$
$-\frac{\pi}{4} \leqq x \leqq 0$	$-\sin(-x)$	$\cos(-x)$
$0 \leqq x \leqq \frac{\pi}{4}$	$\sin(x)$	$\cos(x)$
$\frac{\pi}{4} \leqq x \leqq \frac{\pi}{2}$	$\cos\left(\frac{\pi}{2}-x\right)$	$\sin\left(\frac{\pi}{2}-x\right)$
$\frac{\pi}{2} \leqq x \leqq \frac{3}{4}\pi$	$\cos\left(x-\frac{\pi}{2}\right)$	$-\sin\left(x-\frac{\pi}{2}\right)$
$\frac{3}{4}\pi \leqq x \leqq \pi$	$\sin(\pi-x)$	$-\cos(\pi-x)$

最終的な sin または cos の計算は，テイラー展開を用いて

$$\sin x \in x - \frac{1}{3!}x^3 + \frac{1}{5!}x^5 - \cdots + \frac{1}{n!}[-1,1]x^n$$

$$\cos x \in 1 - \frac{1}{2!}x^2 + \frac{1}{4!}x^4 - \cdots + \frac{1}{n!}[-1,1]x^n$$

で計算する。

剰余項の大きさは

$$\left|\frac{1}{n!}[-1,1]x^n\right| \leqq \frac{1}{n!}\left(\frac{\pi}{4}\right)^n$$

となり，$n \geqq 17$ で

$$\frac{1}{n!}\left(\frac{\pi}{4}\right)^n \leqq 2^{-53}$$

を満たすので，double の場合は n は 17 程度で十分であることがわかる。

4.3.2 tan

区間 $I = [x, y]$ に対して，x または y が $\mathtt{Inf}$ または $-\mathtt{Inf}$ なら，$[-\mathtt{Inf}, \mathtt{Inf}]$ を返す。そうでなければ

$$I' = [x', y'] = I - n\pi$$

として

$$-\frac{\pi}{2} < x' < \frac{\pi}{2}$$

となるように正規化する。ただし，この計算は区間値の π を用いて区間演算で行う必要がある。よって，I' の幅は I の幅より一般に大きくなることに注意しよう。

ここで，$y' > \dfrac{\pi}{2}$ ならば，$[-\mathtt{Inf}, \mathtt{Inf}]$ が解である。

そうでないならば，区間 $\left(-\dfrac{\pi}{2}, \dfrac{\pi}{2}\right)$ において tan は単調増加なので

$$\left[\frac{\sin x'}{\cos x'} \text{の下限},\ \frac{\sin y'}{\cos y'} \text{の上限}\right]$$

を結果とすればよい。

4.4 逆 三 角 関 数

4.4.1 arctan

幅の広い入力区間 $I = [x, y]$ に対する arctan の計算は，arctan は単調増加なので

$$[\arctan(x) \text{ の下限},\ \arctan(y) \text{ の上限}]$$

を結果とすればよい。

$\arctan(x)$ の計算は，**表 4.2** に従って行う。これにより，x の変域を $|x| \leqq \sqrt{2} - 1 \simeq 0.41$ に限定することができる。

表 **4.2** arctan の場合分け

$x \geqq \sqrt{2}+1$	$\frac{\pi}{2} - \arctan\left(\frac{1}{x}\right)$
$\sqrt{2}-1 \leqq x \leqq \sqrt{2}+1$	$\frac{\pi}{4} + \arctan\left(\frac{x-1}{x+1}\right)$
$-(\sqrt{2}-1) \leqq x \leqq \sqrt{2}-1$	$\arctan(x)$
$-(\sqrt{2}+1) \leqq x \leqq -(\sqrt{2}-1)$	$-\frac{\pi}{4} + \arctan\left(\frac{1+x}{1-x}\right)$
$x \leqq -(\sqrt{2}+1)$	$-\frac{\pi}{2} - \arctan\left(\frac{1}{x}\right)$

最終的な arctan の計算は，0 を中心としたテイラー展開で行う。arctan の n 回微分は

$$(\arctan(x))^{(n)} = (n-1)!\cos^n(\arctan(x))\sin\left(n\left(\arctan(x)+\frac{\pi}{2}\right)\right)$$

なので，テイラー展開は

$$\arctan(x) \in x - \frac{1}{3}x^3 + \frac{1}{5}x^5 - \frac{1}{7}x^7 + \cdots + \frac{1}{n}[-1,1]x^n$$

となり，これを区間演算で計算する。剰余項の大きさは

$$\left|\frac{1}{n}[-1,1]x^n\right| \leqq \frac{1}{n}(\sqrt{2}-1)^n$$

となり，$n \geqq 38$ で

$$\frac{1}{n}(\sqrt{2}-1)^n \leqq 2^{-53}$$

を満たすので，double の場合は n は 38 程度で十分であることがわかる。

4.4.2 arcsin

幅の広い入力区間 $I=[x,y]$ に対する arcsin の計算は，arcsin は単調増加なので

$$[\arcsin(x) \text{ の下限},\ \arcsin(y) \text{ の上限}]$$

を結果とすればよい。

点入力（幅 0 の区間）に対する $\arcsin(x)$ の計算はつぎのように行う。$x < -1$ または $x > 1$ ならエラー，$x = \pm 1$ のときは直接 $\pm\frac{\pi}{2}$ を返す。$-1 < x < 1$ のときは

$$\arcsin(x) = \arctan\left(\frac{x}{\sqrt{1-x^2}}\right)$$

で行うが，$|x| \simeq 1$ のとき，具体的には $\frac{\sqrt{6}}{3} \simeq 0.816 \leqq |x| < 1$ のときは

$$\arcsin(x) = \arctan\left(\frac{x}{\sqrt{(1+x)(1-x)}}\right)$$

のようにしたほうが精度が良い。

4.4.3 arccos

幅の広い入力区間 $I = [x, y]$ に対する arccos の計算は，arccos は単調減少なので

[$\arccos(y)$ の下限，$\arccos(x)$ の上限]

を結果とすればよい。

点入力（幅 0 の区間）に対する $\arccos(x)$ の計算はつぎのように行う。$x < -1$ または $x > 1$ ならエラー，$x = -1, 1$ のときは直接 $\pi, 0$ を返す。$-1 < x < 1$ のときは

$$\begin{aligned}\arccos(x) &= \frac{\pi}{2} - \arcsin(x)\\ &= \frac{\pi}{2} - \arctan\left(\frac{x}{\sqrt{1-x^2}}\right)\end{aligned}$$

で行うが，$|x| \simeq 1$ のとき，具体的には $\frac{\sqrt{6}}{3} \simeq 0.816 \leqq |x| < 1$ のときは

$$\arccos(x) = \frac{\pi}{2} - \arctan\left(\frac{x}{\sqrt{(1+x)(1-x)}}\right)$$

のようにしたほうが精度が良い。また，$\dfrac{\pi}{2} - \arctan(\alpha)$ は $\alpha \simeq \infty$ のとき桁落ちで精度が出ない。そこで，arctan の計算式を直接修正した**表 4.3** で計算する。

表 4.3　arccos の場合分け

$\alpha \geqq \sqrt{2}+1$	$\arctan\left(\dfrac{1}{\alpha}\right)$
$\sqrt{2}-1 \leqq \alpha \leqq \sqrt{2}+1$	$\dfrac{\pi}{4} - \arctan\left(\dfrac{\alpha-1}{\alpha+1}\right)$
$-(\sqrt{2}-1) \leqq \alpha \leqq \sqrt{2}-1$	$\dfrac{\pi}{2} - \arctan(\alpha)$
$-(\sqrt{2}+1) \leqq \alpha \leqq -(\sqrt{2}-1)$	$\dfrac{3\pi}{4} - \arctan\left(\dfrac{1+\alpha}{1-\alpha}\right)$
$\alpha \leqq -(\sqrt{2}+1)$	$\pi + \arctan\left(\dfrac{1}{\alpha}\right)$

4.4.4　atan2

いくつかのプログラミング言語は，2 引数をとる `atan2`(y, x) を持つ。`atan` が $-\dfrac{\pi}{2} \sim \dfrac{\pi}{2}$ の範囲の値を返すのに対して，`atan2` は点 (x, y) を 2 次元平面の座標と見なしてその偏角を $-\pi \sim \pi$ の範囲で返す。y と x の符号を用いて返却値の象限を決定する。

まず，幅の狭い区間 y, x を入力とする `atan2n`(y, x) を作成する。これは，**表 4.4** に従う。

表 4.4　`atan2n` の場合分け

$y \leqq x,\ y > -x$	$\arctan\left(\dfrac{y}{x}\right)$
$y > x,\ y > -x$	$\dfrac{\pi}{2} - \arctan\left(\dfrac{x}{y}\right)$
$y > x,\ y \leqq -x,\ y \geqq 0$	$\pi + \arctan\left(\dfrac{y}{x}\right)$
$y > x,\ y \leqq -x,\ y < 0$	$-\pi + \arctan\left(\dfrac{y}{x}\right)$
$y \leqq x,\ y \leqq -x$	$-\dfrac{\pi}{2} - \arctan\left(\dfrac{x}{y}\right)$

つぎに，区間入力に対する $\mathtt{atan2}(I_y, I_x)$ を作成する。これは，**表 4.5** に従う。(∗) の場合は注意が必要である。$\underline{I_y} = 0$ の場合はそのままでよいが，$\underline{I_y} < 0$ の場合は返却値が二つの集合に分かれてしまうのを防ぐため，上限に 2π を加算する。この場合，π を超える値が返ってくることになる。

表 4.5　atan2 の場合分け

$I_x \ni 0,\ I_y \ni 0$	$[-\pi, \pi]$
$I_x \ni 0,\ I_y \not\ni 0,\ I_y > 0$	$\left[\underline{\mathtt{atan2n}(\underline{I_y}, \overline{I_x})}, \overline{\mathtt{atan2n}(\underline{I_y}, \underline{I_x})}\right]$
$I_x \ni 0,\ I_y \not\ni 0,\ I_y < 0$	$\left[\underline{\mathtt{atan2n}(\overline{I_y}, \underline{I_x})}, \overline{\mathtt{atan2n}(\overline{I_y}, \overline{I_x})}\right]$
$I_x \not\ni 0,\ I_y \ni 0,\ I_x > 0$	$\left[\underline{\mathtt{atan2n}(\underline{I_y}, \underline{I_x})}, \overline{\mathtt{atan2n}(\overline{I_y}, \underline{I_x})}\right]$
$I_x \not\ni 0,\ I_y \ni 0,\ I_x < 0$	$\left[\underline{\mathtt{atan2n}(\overline{I_y}, \overline{I_x})}, \overline{\mathtt{atan2n}(\underline{I_y}, \overline{I_x})(+2\pi)}\right]$　(∗)
$I_x \not\ni 0,\ I_y \not\ni 0,\ I_x > 0,\ I_y > 0$	$\left[\underline{\mathtt{atan2n}(\underline{I_y}, \overline{I_x})}, \overline{\mathtt{atan2n}(\overline{I_y}, \underline{I_x})}\right]$
$I_x \not\ni 0,\ I_y \not\ni 0,\ I_x > 0,\ I_y < 0$	$\left[\underline{\mathtt{atan2n}(\underline{I_y}, \underline{I_x})}, \overline{\mathtt{atan2n}(\overline{I_y}, \overline{I_x})}\right]$
$I_x \not\ni 0,\ I_y \not\ni 0,\ I_x < 0,\ I_y > 0$	$\left[\underline{\mathtt{atan2n}(\overline{I_y}, \overline{I_x})}, \overline{\mathtt{atan2n}(\underline{I_y}, \underline{I_x})}\right]$
$I_x \not\ni 0,\ I_y \not\ni 0,\ I_x < 0,\ I_y < 0$	$\left[\underline{\mathtt{atan2n}(\overline{I_y}, \underline{I_x})}, \overline{\mathtt{atan2n}(\underline{I_y}, \overline{I_x})}\right]$

4.5　双　曲　線　関　数

4.5.1　sinh

幅の広い入力区間 $I = [x, y]$ に対する sinh の計算は，sinh は単調増加なので

$$[\sinh(x)\ \text{の下限},\ \sinh(y)\ \text{の上限}]$$

を結果とすればよい。

点入力（幅 0 の区間）に対する $\sinh(x)$ の計算は，基本的に

$$\sinh(x) = \frac{\exp(x) - \exp(-x)}{2}$$

のように定義式どおり計算する。exp の計算を 1 回で済ます工夫をする場合は

$$\begin{aligned}\sinh(x) &= \frac{\exp(x) - \dfrac{1}{\exp(x)}}{2} \quad (x \geqq 0)\\ &= \frac{\dfrac{1}{\exp(-x)} - \exp(-x)}{2} \quad (x < 0)\end{aligned}$$

のように場合分けすると，ゼロ除算を避けられる。また，$x = 0$ 付近で $1 - 1$ の形になり，桁落ちによって精度が出ない。`expm1` を使えば解決するが，ここでは，$-0.5 \leqq x \leqq 0.5$ のときはテイラー展開で直接計算することにする。テイラー展開は

$$\begin{aligned}\sinh(x) = x &+ \frac{1}{3!}x^3 + \frac{1}{5!}x^5 + \\ &\cdots + \frac{1}{n!}\frac{\exp(\theta) - (-1)^n \exp(-\theta)}{2}x^n \quad (\theta \in \mathrm{hull}(0, x))\end{aligned}$$

となる。x の変域を考えると

$$\begin{aligned}&\left\{ \frac{\exp(\theta) - (-1)^n \exp(-\theta)}{2} \middle| \theta \in \mathrm{hull}(0, x) \right\}\\ &\quad \subset \left[-\frac{\exp\left(\dfrac{1}{2}\right) + \exp\left(-\dfrac{1}{2}\right)}{2}, \frac{\exp\left(\dfrac{1}{2}\right) + \exp\left(-\dfrac{1}{2}\right)}{2} \right]\\ &\quad = \left[-\cosh\left(\frac{1}{2}\right), \cosh\left(\frac{1}{2}\right) \right]\end{aligned}$$

となるので

$$\sinh(x) = x + \frac{1}{3!}x^3 + \frac{1}{5!}x^5 + \cdots + \frac{1}{n!}\left[-\cosh\left(\frac{1}{2}\right), \cosh\left(\frac{1}{2}\right) \right] x^n$$

を区間演算で計算する。

剰余項の大きさは

$$\left| \frac{1}{n!}\left[-\cosh\left(\frac{1}{2}\right), \cosh\left(\frac{1}{2}\right) \right] x^n \right| \leqq \frac{1}{n!}\cosh\left(\frac{1}{2}\right)\left(\frac{1}{2}\right)^n$$

となり，$n \geqq 15$ で

$$\frac{1}{n!}\cosh\left(\frac{1}{2}\right)\left(\frac{1}{2}\right)^n \leqq 2^{-53}$$

を満たすので，double の場合は n は 15 程度で十分であることがわかる。

4.5.2 cosh

幅の広い区間 $I = [x, y]$ に対する $\cosh(I)$ は

$$\mathrm{hull}(\cosh(x), \cosh(y), 1\ (I\ が\ 0\ を含むとき))$$

で計算する。

点入力（幅 0 の区間）に対する $\cosh(x)$ は，単純に

$$\cosh(x) = \frac{\exp(x) + \exp(-x)}{2}$$

のように定義式どおり計算する。exp の計算を 1 回で済ます工夫をする場合は

$$\begin{aligned}\cosh(x) &= \frac{\exp(x) + \dfrac{1}{\exp(x)}}{2} \quad (x \geqq 0)\\ &= \frac{\dfrac{1}{\exp(-x)} + \exp(-x)}{2} \quad (x < 0)\end{aligned}$$

のように場合分けすると，ゼロ除算を避けられる。

4.5.3 tanh

幅の広い入力区間 $I = [x, y]$ に対する tanh の計算は，tanh は単調増加なので

$$[\tanh(x)\ の下限,\ \tanh(y)\ の上限]$$

を結果とすればよい。

点入力（幅 0 の区間）に対する $\tanh(x)$ は，単純に $\dfrac{\sinh(x)}{\cosh(x)}$ で計算すると $|x|$ が大きい領域でオーバーフローを起こしてしまう。それを防ぐため，$-0.5 \leqq x \leqq 0.5$ のときは

$$\frac{\sinh(x)}{\cosh(x)}$$

で，また，$x > 0.5$ のときは

$$1 - \frac{2}{1 + \exp(2x)}$$

で，$x < -0.5$ のときは

$$\frac{2}{1 + \exp(-2x)} - 1$$

で計算することにする。

4.6 逆双曲線関数

4.6.1 $\sinh^{-1}$

幅の広い入力区間 $I = [x, y]$ に対する $\sinh^{-1}$ の計算は，単調増加なので

$$[\sinh^{-1}(x) \text{ の下限},\ \sinh^{-1}(y) \text{ の上限}]$$

を結果とすればよい。

点入力（幅 0 の区間）に対する $\sinh^{-1}(x)$ の計算は

$$\sinh^{-1}(x) = \log(x + \sqrt{1 + x^2})$$

で計算できる。しかし，$x \simeq 0$ のとき log の中がおよそ 1 になり，このままだと精度が落ちてしまう。これを防ぐため

$$\begin{aligned}
\sinh^{-1}(x) &= \log(x + \sqrt{1 + x^2}) \\
&= \log(1 + x + \sqrt{1 + x^2} - 1) \\
&= \log\left(1 + x + \frac{x^2}{\sqrt{1 + x^2} + 1}\right) \\
&= \log\left(1 + x\left(1 + \frac{x}{\sqrt{1 + x^2} + 1}\right)\right)
\end{aligned}$$

$$= \texttt{log1p}\left(x\left(1+\frac{x}{\sqrt{1+x^2}+1}\right)\right)$$

と変形する。また，$x<0$ の場合は

$$\begin{aligned}\sinh^{-1}(x) &= \log(x+\sqrt{1+x^2})\\ &= -\log\left(\frac{1}{x+\sqrt{1+x^2}}\right)\\ &= -\log(-x+\sqrt{1+x^2})\end{aligned}$$

を使う。

4.6.2 $\cosh^{-1}$

幅の広い入力区間 $I=[x,y]$ に対する $\cosh^{-1}$ の計算は，定義域 $[1,\infty]$ で単調増加なので

$$[\cosh^{-1}(x) \text{ の下限},\ \cosh^{-1}(y) \text{ の上限}]$$

を結果とすればよい。

点入力（幅 0 の区間）に対する $\cosh^{-1}(x)$ の計算は，つぎのように行う。まず，$x<1$ はエラーとし，$x=1$ なら 0 とする。$x>1$ に対しては

$$\cosh^{-1}(x) = \log(x+\sqrt{x^2-1})$$

で計算できる。しかし，$x \simeq 1$ のとき log の中がおよそ 1 になり，この対策のため，$x' = x-1$ として（これは x が 1 に近いなら正確に計算できる）

$$\cosh^{-1}(x) = \texttt{log1p}(x'+\sqrt{x'(x+1)})$$

で計算する。

4.6.3 $\tanh^{-1}$

幅の広い入力区間 $I=[x,y]$ に対する $\tanh^{-1}$ の計算は，定義域 $(-1,1)$ で単調増加なので

$$[\tanh^{-1}(x) \text{ の下限}, \ \tanh^{-1}(y) \text{ の上限}]$$

を結果とすればよい。

点入力(幅0の区間)に対する $\tanh^{-1}(x)$ の計算は，$x < -1$ または $x > 1$ ならエラー，$x = -1$ なら $[-\mathtt{Inf}, -\mathrm{F}_{\mathtt{max}}]$，$x = 1$ なら $[\mathrm{F}_{\mathtt{max}}, \mathtt{Inf}]$ とする。$-1 < x < 1$ に対しては

$$\tanh^{-1}(x) = \frac{1}{2}\log\left(\frac{1+x}{1-x}\right)$$

で計算できる。しかし，$x \simeq 0$ のとき log の中がおよそ 1 になり，この対策のため

$$\tanh^{-1}(x) = \frac{1}{2}\mathtt{log1p}\left(\frac{2x}{1-x}\right)$$

で計算する。

章　末　問　題

【1】 $\exp(x)$ は，本章の説明のように x を整数部と小数部に分割するのではなく，$x = 2^n \cdot y$ （$|y| \leqq \frac{1}{2}$）のように積に分解し

$$\exp(2^n \cdot y) = (\exp(y))^{2^n}$$

と計算する方法もある。どちらが良いか実装して比較せよ。

【2】 $\log(x)$ は，本章の説明のように x を $x = 2^a \cdot b$ と分解するのではなく，x がある程度 1 に近くなるまで $x = \sqrt{x}$ を繰り返し（n 回），あとで 2^n を乗ずる方法もある。どちらが良いか実装して比較せよ。

【3】 $\log(x)$ の計算において，$x = 2^a \cdot b$ （$a \in \mathbb{N}$）と分解したあとの $\log(b)$ の計算について

$$b' = \frac{b-1}{b+1}$$

とおき，b について解くと

$$b = \frac{1+b'}{1-b'}$$

となるので

$$\log b = \log \frac{1+b'}{1-b'} = \log(1+b') - \log(1-b')$$

となり，これを b' についてのテイラー展開で計算する方法が考えられる。この方法と本章の方法の優劣について考察せよ。

【４】 sin や cos で 2π の整数倍を引く

$$x' = x - \left\lfloor \frac{x}{2\pi} \right\rfloor 2\pi = 2\pi \left(\frac{x}{2\pi} - \left\lfloor \frac{x}{2\pi} \right\rfloor \right)$$

において，$\dfrac{1}{2\pi}$ の高精度な 2 進数の定数のみを利用して高速かつ高精度に

$$\frac{x}{2\pi} - \left\lfloor \frac{x}{2\pi} \right\rfloor \quad \left(\frac{x}{2\pi}\text{の小数部分}\right)$$

を計算する Payne and Hanek のアルゴリズム[4] が知られている。これを実装せよ。

【５】 arcsin, arccos における $\sqrt{1-x^2}$ の計算は，$\dfrac{\sqrt{6}}{3} \simeq 0.816 \leqq |x| < 1$ のときは

$$\sqrt{(1+x)(1-x)}$$

それ以外のときは

$$\sqrt{1-x^2}$$

で行うと精度が良い。この理由について考察せよ。

引用・参考文献

1) 一松 信：初等関数の数値計算, 教育出版, 1974.
2) 森口 繁一：数値計算工学, 岩波書店, 1989.
3) J. M. Muller: Elementary Functions: Algorithms and Implementation, 2nd ed., Birkhauser, 2006.
4) M. Payne, R. Hanek: Radian Reduction for Trigonometric Functions, SIGNUM Newsletter, **18** (1983), 19–24.

5 数値積分の精度保証

与えられた定積分の値を数値として得る計算法のことを数値積分と呼ぶ。積分値を求めるのに，原始関数がすぐに求められるのであれば，積分法の基本定理に基づく解析的な方法が効率的であるが，必ずしも得られるとは限らず，そのときに数値積分が使われる。本章では有限区間を積分範囲に持つ 1 次元数値積分に対して，広く利用されている近似計算公式と，それらを利用した精度保証付き数値計算法について述べる。

5.1 準　　備

数値積分法に関する研究は古くから行われ，多くの近似公式が提案されている。ここではまず，ラグランジュ補間に基づく近似公式について述べ，その後，その精度保証法についての概説を述べる。

5.1.1 積 分 と は

1 変数関数 $f(x)$ を有限区間 $[a,b]$ で有界な関数であるとする。区間 $[a,b]$ を

$$a = x_0 < x_1 < \cdots < x_{n-1} < x_n = b \tag{5.1}$$

と n 個の小区間に分割する。$x_{i-1} \leqq \xi_i \leqq x_i$ を満たす各小区間内の任意の点を ξ_i とするとき

$$\sum_{i=1}^{n} f(\xi_i)(x_i - x_{i-1}) \tag{5.2}$$

が，n を大きくして $x_i - x_{i-1} \to 0$ としても ξ_i の選び方によらずつねに一定の値 s に収束するならば，s を積分値と呼び，リーマン積分可能であるという。また，これを

$$s = \int_a^b f(x)\,dx \tag{5.3}$$

と表し，区間 $[a,b]$ を積分区間，$f(x)$ を被積分関数と呼ぶ。

関数 $f(x)$ に対してつぎが成立する。

系 5.1　有界な関数 $f(x)$ が $[a,b]$ でリーマン積分可能であるための必要十分条件は，$f(x)$ が $[a,b]$ において，有限個の不連続点を除いて連続であることである。

以下，本章ではリーマン積分可能な関数のみを扱うこととする。

5.1.2　ラグランジュ補間多項式

定義 5.1　区間 I で定義された 1 変数関数 $f(x)$ の n 次導関数 $f^{(n)}(x)$ が存在し，それが区間 I で連続であるとき，関数 $f(x)$ を I で C^n 級関数であるといい，$f(x) \in C^n(I)$ と書く。

関数 $f(x)$ に対して $\hat{x} \neq x_i$ における値 $f(\hat{x})$ を推定することを補間という。相異なる n 個の標本点に関する $n-1$ 次補間多項式はつぎのように表され，$n-1$ 次ラグランジュ補間多項式という。

定理 5.1　相異なる点 $x_1, \cdots, x_n$ における値 $y_1, \cdots, y_n$ が与えられたとき

$$p(x_i) = y_i \quad (i = 1, \cdots, n) \tag{5.4}$$

を満たす $n-1$ 次多項式 $p(x)$ は一意に存在し

$$p(x) = \sum_{i=1}^{n} y_i l_i(x) \tag{5.5}$$

$$l_i(x) = \frac{(x - x_1)\cdots(x - x_{i-1})(x - x_{i+1})\cdots(x - x_n)}{(x_i - x_1)\cdots(x_i - x_{i-1})(x_i - x_{i+1})\cdots(x_i - x_n)} \tag{5.6}$$

と表される。

定理 5.2　関数 $f(x) \in C^n([a,b])$ に対して，$n-1$ 次ラグランジュ補間多項式 $p(x)$ と区間 $[a,b]$ 内に存在する $\hat{x}$ に対して

$$f(\hat{x}) - p(\hat{x}) = \frac{f^{(n)}(\xi)}{n!}(\hat{x} - x_1)\cdots(\hat{x} - x_n) \tag{5.7}$$

となる $\xi \in [a,b]$ が存在する。

5.1.3　コーシーの積分公式と高階微分

定義 5.2　$\mathcal{D}$ を区間 $[a,b]$ を含む単連結領域とする。このとき，$\mathcal{D}$ 上で解析的であり，かつ，$\mathcal{D}$ 上のすべての複素数について

$$\max_{z \in \mathcal{D}} |f(z)| \leqq K \tag{5.8}$$

を満たす正数 K が存在するすべての関数の族を $\mathbb{H}(\mathcal{D})$ とする。

被積分関数が解析関数である場合には，ラグランジュ補間多項式の誤差で発生する高階微分を，コーシーの積分公式と Goursat の定理を利用して評価することができる。

定理 5.3　$\mathcal{D}$ を単連結領域とし，$\mathcal{C}$ を $\mathcal{D}$ 内にある単純閉曲線とする。このとき関数 $f(z)$ を $\mathcal{D}$ 上の正則関数とすると，$\mathcal{C}$ によって囲まれる領域の任意の 1 点 a において

$$f(a) \quad = \frac{1}{2\pi i}\int_{\mathcal{C}} \frac{f(z)}{z-a}\,dz \tag{5.9}$$

$$f^{(n)}(a) = \frac{n!}{2\pi i}\int_{\mathcal{C}} \frac{f(z)}{(z-a)^{n+1}}\,dz \tag{5.10}$$

が成立する。

積分区間 $[a, b]$ の近似積分の誤差を見積もる際に，式 (5.10) の領域 $\mathcal{D}$ として都合の良い形状はつぎのような領域である[1)]。

定義 5.3　三つの図形

- a を中心に持つ半径 δ の円板
- b を中心に持つ半径 δ の円板
- $a \pm \delta i$，$b \pm \delta i$ を頂点に持つ長方形

を合併した領域を $\mathcal{D}_\delta$ とする。

領域 $\mathcal{D}_\delta$ において，つぎの評価が得られる。

定理 5.4　関数 $f(z)$ を $\mathcal{D}_\delta$ 上の正則関数とすると

$$\max_{a \leqq x \leqq b} \left| f^{(n)}(x) \right| \leqq \frac{n!}{\delta^n} \max_{z \in \mathcal{D}_\delta} |f(z)| \tag{5.11}$$

が成立する。

5.2　近似積分公式と誤差

ラグランジュ補間多項式は，区間 $[a, b]$ 内に選んだ n 点を利用して被積分関数を近似できるため，この補間多項式を用いた近似積分公式が多く提案されている。

定理 5.5　関数 $f(x) \in C^n([a,b])$ に対する $n-1$ 次ラグランジュ補間多項式 $p(x)$ は，次式

$$\int_a^b f(x)\ dx = \int_a^b p(x)\ dx + E_n \tag{5.12}$$

$$E_n = \frac{1}{n!}\int_a^b f^{(n)}(\xi_x)\,(x-x_1)\cdots(x-x_n)\ dx \tag{5.13}$$

を満たす。なお，$\xi_x \in [a,b]$ である。

例 5.1　$n=2$ とし $x_1=a$，$x_2=b$ とすれば，積分区間の端点を補間点とする 1 次ラグランジュ多項式は

$$p(x) = \frac{f(b)-f(a)}{b-a}(x-a)+f(a) \tag{5.14}$$

となり，これを $[a,b]$ で積分すると

$$\int_a^b p(x)\ dx = \frac{f(b)-f(a)}{2(b-a)}(b-a)^2 + f(a)(b-a) \tag{5.15}$$

$$= \frac{b-a}{2}\left(f(a)+f(b)\right) \tag{5.16}$$

が得られる。これは台形則（5.2.1 項を参照）として知られている。

例 5.2　同じ 1 次ラグランジュ補間多項式でも，標本点を積分区間内の 2 点

$$x_1 \ = \ \frac{b-a}{2}\left(-\frac{1}{\sqrt{3}}\right)+\frac{b+a}{2}, \quad x_2 \ = \ \frac{b-a}{2}\left(\frac{1}{\sqrt{3}}\right)+\frac{b+a}{2}$$

とすると

$$p(x) = \frac{f(x_2)-f(x_1)}{x_2-x_1}x + \frac{f(x_1)x_2 - f(x_2)x_1}{x_2-x_1} \tag{5.17}$$

となり，上記とは異なる 1 次多項式で近似する公式となる。これを $[a,b]$ で積分すると

$$\int_a^b p(x)\,dx = \frac{b-a}{2}\left(f(x_1)+f(x_2)\right) \tag{5.18}$$

が得られる。これは 2 点ガウス-ルジャンドル公式（5.2.4 項を参照）として知られている。

5.2.1　台形則と中点則

(1)　近似計算法　　積分区間の両端を補間点とするラグランジュ補間多項式（$n=2,\ x_1=a,\ x_2=b$）は例 5.1 のように

$$\int_a^b f(x)\,dx \simeq \frac{b-a}{2}\left(f(a)+f(b)\right) =: T_1 \tag{5.19}$$

と書ける。これは，台形則と呼ばれる。

同様に，積分区間の中心を補間点とするラグランジュ補間多項式$\left(n=1,\ x_1=\dfrac{a+b}{2}\right)$は定数関数となり，積分区間 $[a,b]$ で積分すると

$$\int_a^b f(x)\,dx \simeq (b-a)f\left(\frac{a+b}{2}\right) =: M_1 \tag{5.20}$$

と書ける。これは，中点則と呼ばれる。

(2)　誤　　差　　台形則と中点則の誤差はつぎのように書ける。

定理 5.6　関数 $f(x) \in C^2([a,b])$ に対して

$$\int_a^b f(x)\,dx = T_1 - \frac{(b-a)^3}{12} f^{(2)}(\xi_1) \tag{5.21}$$

$$\int_a^b f(x)\,dx = M_1 + \frac{(b-a)^3}{24} f^{(2)}(\xi_2) \tag{5.22}$$

となる $a < \xi_1, \xi_2 < b$ が存在し，関数 $f(z)$ が定理 5.4 で定義した領域 $\mathcal{D}_\delta$ で正則ならば

$$\left|\int_a^b f(x)\,dx - T_1\right| \leqq \frac{(b-a)^3}{6\delta^2} \max_{z\in\mathcal{D}_\delta} |f(z)| \tag{5.23}$$

$$\left| \int_a^b f(x)\, dx - M_1 \right| \leqq \frac{(b-a)^3}{12\delta^2} \max_{z \in \mathcal{D}_\delta} |f(z)| \tag{5.24}$$

が成立する。

台形則と中点則は1次関数に対しては正確な値を与え，もし被積分関数が連続な2階導関数を持つならば，少なくとも n^{-2} の速さで収束する。また，つぎの性質が成立する[2)]。

系 5.2　$f(x) \in C^2[a,b]$ が $[a,b]$ 上で $f^{(2)}(x) \geqq 0$ ならば

$$M_1 \leqq \int_a^b f(x)\, dx \leqq T_1 \tag{5.25}$$

が成立する。

5.2.2 ニュートン-コーツの公式

ニュートン-コーツの公式は，ラグランジュ補間多項式を得るための分点を等間隔にとった補間型数値積分公式のことである。積分区間の両端を含めた閉じた公式と，両端を含めない開いた公式（Steffensen 公式）に分けることができる†。本項では積分区間の両端を含む公式について述べる。

(1) 近似計算法　積分区間を n 等分し，積分区間の両端を含む $n+1$ 点

$$x_i = a + \frac{b-a}{n}\,(i-1) \quad (1 \leqq i \leqq n+1) \tag{5.26}$$

を補間点とするラグランジュ補間多項式を $[a,b]$ で積分すると

$$\begin{aligned} \int_a^b f(x)\, dx &\simeq \int_a^b p(x)dx = \int_a^b \left(\sum_{i=1}^{n+1} f(x_i) l_i(x) \right) dx \\ &= \sum_{i=1}^{n+1} f(x_i) \int_a^b l_i(x)dx = \sum_{i=1}^{n+1} w_i f(x_i) \end{aligned} \tag{5.27}$$

† 本章では構成上の都合により項が分かれているが，台形則はニュートン-コーツの公式の一つであり，中点則は Steffensen 公式の一つである。

と書ける。ここで，w_i は式 (5.6) で定義される $l_i(x)$ を $[a, b]$ で積分した値である。これを閉じたニュートン-コーツの公式という。

(1) 式 (5.27) において $n = 1$ のときは，5.2.1 項で述べた台形則になる。

(2) $n = 2$ のとき，積分区間の両端とその中心を補間点とする 2 次ラグランジュ補間多項式で近似することになる。これを積分区間 $[a, b]$ で積分すると

$$\int_a^b f(x)\,dx \simeq \frac{b-a}{6}\left(f(a) + 4f\left(\frac{a+b}{2}\right) + f(b)\right) =: N_2 \tag{5.28}$$

と書ける。この近似積分法をシンプソンの公式（あるいはシンプソン 1/3 則）という。なお，T_1 と M_1 より

$$N_2 = \frac{T_1 + 2M_1}{3} \tag{5.29}$$

が成立する。

(3) $n = 3$ のとき，積分区間の両端とその間の 2 点を補間点とする 3 次ラグランジュ補間多項式で近似することになる。これを積分区間 $[a, b]$ で積分すると

$$\begin{aligned}\int_a^b f(x)\,dx &\\ &\simeq \frac{b-a}{8}\left(f(a) + 3f\left(\frac{2a+b}{3}\right) + 3f\left(\frac{a+2b}{3}\right) + f(b)\right)\\ &=: N_3\end{aligned} \tag{5.30}$$

と書ける。この近似積分法をシンプソン 3/8 則†という。

(4) $n = 4$ のとき，積分区間の両端とその間の 3 点を補間点とする 4 次ラグランジュ補間多項式で近似することになる。これを積分区間 $[a, b]$ で積分すると

$$\int_a^b f(x)\,dx$$

† $h = \dfrac{b-a}{3}$ を用いて式を書き直すと，$\dfrac{3h}{8}$ で括ることができる。

$$\simeq \frac{b-a}{90}\left(7f(a)+32f\left(x_1\right)+12f\left(x_2\right)+32f\left(x_3\right)+f(b)\right)$$
$$=: N_4 \tag{5.31}$$

と書ける。ここで x_1, x_2, x_3 は

$$x_1 = \frac{3a+b}{4}, \quad x_2 = \frac{a+b}{2}, \quad x_3 = \frac{a+3b}{4}$$

である。この近似積分法を Boole 則または Bode 則という。

(2) 誤　　差　ニュートン-コーツの公式の誤差はつぎのように書ける。

定理 5.7　関数 $f(x)$ が $C^6([a,b])$ のとき

$$\int_a^b f(x)\,dx = N_2 - \frac{1}{90}\left(\frac{b-a}{2}\right)^5 f^{(4)}\left(\xi_1\right) \tag{5.32}$$

$$\int_a^b f(x)\,dx = N_3 - \frac{3}{80}\left(\frac{b-a}{3}\right)^5 f^{(4)}\left(\xi_2\right) \tag{5.33}$$

$$\int_a^b f(x)\,dx = N_4 - \frac{8}{945}\left(\frac{b-a}{4}\right)^7 f^{(6)}\left(\xi_3\right) \tag{5.34}$$

となる $a < \xi_1, \xi_2, \xi_3 < b$ が存在し，関数 $f(z)$ が定理 5.4 で定義した領域 $\mathcal{D}_\delta$ で正則ならば

$$\left|\int_a^b f(x)\,dx - N_2\right| \leqq \frac{(b-a)^5}{120\delta^4}\max_{z\in\mathcal{D}_\delta}|f(z)| \tag{5.35}$$

$$\left|\int_a^b f(x)\,dx - N_3\right| \leqq \frac{(b-a)^5}{270\delta^4}\max_{z\in\mathcal{D}_\delta}|f(z)| \tag{5.36}$$

$$\left|\int_a^b f(x)\,dx - N_4\right| \leqq \frac{(b-a)^7}{2688\delta^6}\max_{z\in\mathcal{D}_\delta}|f(z)| \tag{5.37}$$

が成立する。

注意 1：n が大きいときのニュートン-コーツの公式の係数は大きくなり，符号は正負混合する場合がある。これは桁落ちを生じさせ，有効桁数を著しく失う可能性がある。

5.2.3 Steffensen 公式（開いたニュートン-コーツの公式）

本項では積分区間の両端を含む公式について述べる。

(1) 近似計算法 積分区間を $n+2$ 等分し，積分区間の両端を含まない $n+1$ 点

$$x_i = a + \frac{b-a}{n+2}\, i \quad (1 \leqq i \leqq n+1) \tag{5.38}$$

を補間点とするラグランジュ補間多項式を $[a,b]$ で積分すると

$$\int_a^b f(x)\, dx \simeq \sum_{i=1}^{n+1} w_i f(x_i) \tag{5.39}$$

と書ける。ここで，w_i は式 (5.6) で定義される $l_i(x)$ を $[a,b]$ で積分した値である。これを Steffensen 公式，または，開いたニュートン-コーツの公式という。

(1) 式 (5.39) において $n=0$ のときは，5.2.1 項で述べた中点則になる。

(2) $n=1$ のとき，積分区間内の 2 点を補間点とする 1 次ラグランジュ補間多項式で近似することになる。これを積分区間 $[a,b]$ で積分すると

$$\int_a^b f(x)\, dx \simeq \frac{b-a}{2}\left(f\left(\frac{2a+b}{3}\right) + f\left(\frac{a+2b}{3}\right)\right) =: S_2 \tag{5.40}$$

と書ける。この近似積分法を 2 点則という。

(3) $n=2$ のとき，積分区間内の 3 点を補間点とする 2 次ラグランジュ補間多項式で近似することになる。これを積分区間 $[a,b]$ で積分すると

$$\int_a^b f(x)\, dx \simeq \frac{b-a}{3}\left(2f\left(\frac{3a+b}{4}\right) - f\left(\frac{a+b}{2}\right) + 2f\left(\frac{a+3b}{4}\right)\right) =: S_3 \tag{5.41}$$

と書ける。この近似積分法を Milne 則という。

(4) $n=3$ のとき，積分区間の両端とその中心を補間点とする 3 次ラグランジュ補間多項式で近似することになる。これを積分区間 $[a,b]$ で積分すると

$$\int_a^b f(x)\,dx \simeq \frac{b-a}{24}\left(11f(x_1)+f(x_2)+f(x_3)+11f(x_4)\right) =: S_4 \tag{5.42}$$

と書ける。ここで x_1, x_2, x_3, x_4 は

$$x_1=\frac{4a+b}{5},\quad x_2=\frac{3a+2b}{5},\quad x_3=\frac{2a+3b}{5},\quad x_4=\frac{a+4b}{5}$$

である。

（2） 誤　　差　　Steffensen 公式の誤差はつぎのように書ける。

定理 5.8　関数 $f(x)$ が $C^4([a,b])$ のとき

$$\int_a^b f(x)\,dx = S_2 + \frac{3}{4}\left(\frac{b-a}{3}\right)^3 f^{(2)}(\xi_1) \tag{5.43}$$

$$\int_a^b f(x)\,dx = S_3 + \frac{14}{45}\left(\frac{b-a}{4}\right)^5 f^{(4)}(\xi_2) \tag{5.44}$$

$$\int_a^b f(x)\,dx = S_4 + \frac{95}{144}\left(\frac{b-a}{5}\right)^5 f^{(4)}(\xi_3) \tag{5.45}$$

となる $a < \xi_1, \xi_2, \xi_3 < b$ が存在し，関数 $f(z)$ が定理 5.4 で定義した領域 $\mathcal{D}_\delta$ で正則ならば

$$\left|\int_a^b f(x)\,dx - S_2\right| \leqq \frac{(b-a)^3}{18\delta^2}\max_{z\in\mathcal{D}_\delta}|f(z)| \tag{5.46}$$

$$\left|\int_a^b f(x)\,dx - S_3\right| \leqq \frac{7(b-a)^5}{960\delta^4}\max_{z\in\mathcal{D}_\delta}|f(z)| \tag{5.47}$$

$$\left|\int_a^b f(x)\,dx - S_4\right| \leqq \frac{19(b-a)^5}{3750\delta^4}\max_{z\in\mathcal{D}_\delta}|f(z)| \tag{5.48}$$

が成立する。

注意 2：式 (5.43), (5.44), (5.45) で与えた誤差評価は，被積分関数 $f(x)$ がそれぞれ $C^2([a,b])$, $C^4([a,b])$, $C^4([a,b])$ に属する場合にのみ正しい。積分の端点に特異性がある場合は，そこでの関数値が計算できないという理由で開いた公式を利用すると，大きな誤差を生じてしまう可能性がある。

5.2.4 ガウス-ルジャンドル公式

(1) 近似計算法 区間 $[-1,1]$ で定義された n 次ルジャンドル多項式 $P_n(x)$ の n 個の零点 x_i を補間点とするラグランジュ補間多項式を，積分区間 $[a,b]$ に変数変換した後に積分すると

$$\int_a^b f(x)\ dx \simeq \frac{b-a}{2}\sum_{i=1}^{n} w_i f\left(\frac{b-a}{2}x_i + \frac{b+a}{2}\right) =: G_n \qquad (5.49)$$

$$w_i = \frac{2\left(1-{x_i}^2\right)}{\left(nP_{n-1}\left(x_i\right)\right)^2} \qquad (5.50)$$

と書ける†。これをガウス-ルジャンドル公式という。

(2) 誤　　差 ガウス-ルジャンドル公式の誤差はつぎのように書ける。

定理 5.9 関数 $f(x)$ が $C^{2n}([a,b])$ のとき

$$\int_a^b f(x)\ dx = G_n + \frac{(b-a)^{2n+1}(n!)^4}{(2n+1)[(2n)!]^3} f^{(2n)}(\xi) \qquad (5.51)$$

となる $a<\xi<b$ が存在し，関数 $f(z)$ が定理 5.4 で定義した領域 $\mathcal{D}_\delta$ で正則ならば

$$\left|\int_a^b f(x)\ dx - G_n\right| \leqq \frac{(b-a)^{2n+1}(n!)^4}{(2n+1)[(2n)!]^2\delta^{2n}} \max_{z\in\mathcal{D}_\delta}|f(z)| \qquad (5.52)$$

が成立する。

注意 3：ガウス-ルジャンドル公式の重み w_i と分点は n が決まれば定数であるので，事前に計算しておくことが一般的である。

注意 4：ガウス-ルジャンドル公式の重み w_i と分点は n によって大きく異なるため，n 点公式で一度計算した後に，より精度の良い n' 点公式（$n<n'$）で計算しようとする際は，n 点公式で得られた情報のほとんどを利用することができない。この問題に関し，Kronrod[3)] や Patterson[4)] により，古い分点に新しい分点を付け加える方法が考案されている。

---

† 式を変形する際に直交多項式の性質を利用している。

5.2.5 Lobatto 積分と Radau 積分

(1) 近似計算法　あらかじめ指定された分点を含み，ガウス-ルジャンドル公式とほぼ同等の精度を持つ公式について考える。

積分区間の端点 $x_0 = a$，$x_n = b$ と，区間 $[-1, 1]$ で定義された $P'_{n-1}(x)$ の $n-2$ 個の零点 x_i を補間点とするルジャンドル多項式を，積分区間 $[a, b]$ に変数変換した後に積分すると

$$\begin{aligned}\int_a^b f(x)\,dx &\simeq \frac{2}{n(n-1)}\left(f(a)+f(a)\right)+\sum_{i=2}^{n-1} w_i f\left(\frac{b-a}{2}x_i+\frac{b+a}{2}\right)\\ &=: L_n\end{aligned} \tag{5.53}$$

$$w_i = \frac{2}{n(n-1)\left(P_{n-1}(x_i)\right)^2} \tag{5.54}$$

と書ける。これを Lobatto 積分という。

同様に，積分区間の端点 $x_0 = a$ と，区間 $[-1, 1]$ で定義された

$$\frac{P_{n-1}(x)+P_n(x)}{x-1} \tag{5.55}$$

の $n-1$ 個の零点 x_i を補間点とするラグランジュ補間多項式を，積分区間 $[a, b]$ に変数変換した後に積分すると

$$\int_a^b f(x)\,dx \simeq \frac{2}{n^2}f(a)+\sum_{i=1}^{n-1} w_i f\left(\frac{b-a}{2}x_i+\frac{b+a}{2}\right) =: R_n \tag{5.56}$$

$$w_i = \frac{2}{n(n-1)\left(P_{n-1}(x_i)\right)^2} \tag{5.57}$$

と書ける。これを Radau 積分という。

(2) 誤　　差　Lobatto 積分と Radau 積分の誤差はつぎのようになる。

定理 5.10　関数 $f(x)$ が $C^{2n-2}([-1, 1])$ のとき

$$\int_{-1}^{1} f(x)\,dx \;=\; L_n + \frac{n(n-1)^3 2^{2n-1}\left[(n-2)!\right]^4}{(2n-1)\left[(2n-2)!\right]^3} f^{(2n-2)}(\xi) \tag{5.58}$$

$$\int_{-1}^{1} f(x)\,dx \;=\; R_n - \frac{2^{2n-1} n\,[(n-1)!]^4}{[(2n-1)!]^3} f^{(2n-1)}(\xi) \qquad (5.59)$$

となる $-1 < \xi < 1$ が存在し[1]，関数 $f(z)$ が定理 5.4 で定義した領域 $\mathcal{D}_\delta$ で正則ならば

$$\left| \int_{-1}^{1} f(x)\,dx - L_n \right| \;\leqq\; \frac{n(n-1)^3 2^{2n-1}\,[(n-2)!]^4}{(2n-1)[(2n-2)!]^2 \delta^{2n-2}} \max_{z \in \mathcal{D}_\delta} |f(z)| \qquad (5.60)$$

$$\left| \int_{-1}^{1} f(x)\,dx - R_n \right| \;\leqq\; \frac{2^{2n-1} n\,[(n-1)!]^4}{[(2n-1)!]^2 \delta^{2n-1}} \max_{z \in \mathcal{D}_\delta} |f(z)| \qquad (5.61)$$

が成立する。

注意 5：Lobatto 積分と Radau 積分は，積分区間の端点で既知の値を持つときや，積分区間の端点で見かけ上の特異点を持つときなどに役に立つ。また，Radau 積分は，常微分方程式 $y' = f(x, y)$ を解くときなどにも役に立つ。その他の応用については Gates[5] を参照されたい。

5.2.6 複　合　則

一般的に積分公式は，積分区間を小区間に分割した区間に積分則を適用する複合則が一般的である。ここでは，代表的な複合台形則，複合中点則，複合シンプソン則について述べる。

（1） 近似計算法　積分区間を n 個の等間隔な小区間に分割し，各小区間で台形則を適用し和をとったものを複合台形則，各小区間で中点則を適用し和をとったものを複合中点則，各小区間でシンプソンの公式を適用し和をとったものを複合シンプソン則と呼ぶ。このとき

$$h \;=\; \frac{b-a}{n} \qquad (5.62)$$

$$a_i = a + h(i-1) \qquad (i = 1, \cdots, n) \qquad (5.63)$$

$$b_i = a + hi \qquad (i = 1, \cdots, n) \qquad (5.64)$$

とすれば，複合台形則は

$$\int_a^b f(x)\,dx \simeq \sum_{i=1}^{n} \left\{ \frac{1}{2}(b_i - a_i)\left(f(a_i) + f(b_i)\right) \right\} \tag{5.65}$$

$$= h\left(\frac{1}{2}f(a) + \sum_{i=1}^{n-1} f(a+hi) + \frac{1}{2}f(b) \right) =: T_n \tag{5.66}$$

となり，複合中点則は

$$\int_a^b f(x)\,dx \simeq \sum_{i=1}^{n} \left\{ hf\left(\frac{a_i + b_i}{2} \right) \right\} \tag{5.67}$$

$$= h\sum_{i=1}^{n} f\left(a + h\left(i - \frac{1}{2} \right) \right) =: M_n \tag{5.68}$$

となる。複合シンプソン則は

$$\int_a^b f(x)\,dx$$

$$\simeq \sum_{i=1}^{n} \left\{ \frac{b_i - a_i}{6} \left(f(a_i) + 4f\left(\frac{a_i + b_i}{2} \right) + f(b_i) \right) \right\} \tag{5.69}$$

$$= \frac{h}{6}\left(f(a) + 4\sum_{i=1}^{n} f\left(a + h\left(i - \frac{1}{2} \right) \right) + 2\sum_{i=1}^{n-1} f(a+hi) + f(b) \right)$$

$$=: N_n \tag{5.70}$$

となる。なお，T_n と M_n より

$$N_n = \frac{T_n + 2M_n}{3} \tag{5.71}$$

が成立する。

（2） 複合則の誤差　複合台形則，複合中点則，複合シンプソン則の誤差は，つぎのように書けることが知られている。

定理 5.11　関数 $f(x)$ が $C^4([a,b])$ ならば

$$\int_a^b f(x)\,dx = T_n - \frac{(b-a)^3}{12n^2} f^{(2)}(\xi_1) \tag{5.72}$$

$$\int_a^b f(x)\,dx = M_n + \frac{(b-a)^3}{24n^2} f^{(2)}(\xi_2) \tag{5.73}$$

$$\int_a^b f(x)\,dx = N_n + \frac{(b-a)^5}{2880n^4} f^{(4)}(\xi_2) \tag{5.74}$$

となる $a < \xi_1, \xi_2 < b$ が存在し，関数 $f(z)$ が領域 D で正則ならば

$$\left|\int_a^b f(x)\,dx - T_n\right| \leqq \frac{(b-a)^3}{6n^2\delta^2} \max_{z\in D_\delta} |f(z)| \tag{5.75}$$

$$\left|\int_a^b f(x)\,dx - M_n\right| \leqq \frac{(b-a)^3}{12n^2\delta^2} \max_{z\in D_\delta} |f(z)| \tag{5.76}$$

$$\left|\int_a^b f(x)\,dx - N_n\right| \leqq \frac{(b-a)^5}{1440n^4\delta^4} \max_{z\in D_\delta} |f(z)| \tag{5.77}$$

が成立する。

分点の位置より，複合台形則と複合中点則の間にはつぎの関係が成立する。

系 5.3

$$T_{2n} = \frac{1}{2}(T_n + M_n) \tag{5.78}$$

が成立する。

また，系 5.2 と同様の性質が成立する[2)]。

系 5.4 $f(x) \in C^2([a,b])$ が $[a,b]$ 上で $f^{(2)}(x) \geqq 0$ ならば

$$M_n \leqq \int_a^b f(x)\,dx \leqq T_n \tag{5.79}$$

が成立する。

5.2.7 Romberg 積分法

（1） 近似計算法 複合台形則と複合中点則を拡張して，精度を高める方法が知られている。

まず，テーブル $M_m^{(k)}$ をつぎのように定義する[†1]。

$$h = \frac{b-a}{2^k} \tag{5.80}$$

$$M_0^{(k)} := h\sum_{i=1}^{2^k} f\left(a + h\left(i - \frac{1}{2}\right)\right) \tag{5.81}$$

$$M_m^{(k)} = \frac{4^m M_{m-1}^{(k+1)} - M_{m-1}^{(k)}}{4^m - 1} \tag{5.82}$$

続いて，つぎの計算規則によってテーブル $T_m^{(k)}$ を作成する。

$$T_0^{(0)} := \frac{h}{2}\left(f(a) + f(b)\right) \tag{5.83}$$

$$T_m^{(k+1)} = \frac{1}{2}\left(T_m^{(k)} + M_m^{(k)}\right) \tag{5.84}$$

$$T_{m+1}^{(k)} = M_m^{(k)} + \frac{(2\cdot 4^m - 1)\left(T_m^{(k)} - M_m^{(k)}\right)}{4^{m+1} - 1} \tag{5.85}$$

このとき，$T_m^{(k)}$ は積分値に近づくことが知られており，この方法を Romberg 積分法と呼ぶ[†2]。

（2）誤　　差　Romberg 積分法の誤差はつぎのように書ける。

定理 5.12　関数 $f(x) \in C^{2m+2}([0,1])$ ならば

$$\left|\int_0^1 f(x)\,dx - T_m^{(k)}\right| \leqq \left|\frac{4^{-k(m+1)}B_{2m+2}}{2^{m(m+1)}(2m+2)!}f^{(2m+2)}(\xi)\right| \tag{5.86}$$

となる $0 < \xi_1 < 1$ が存在し，関数 $f(z)$ が領域 D で正則ならば

$$\left|\int_0^1 f(x)\,dx - T_m^{(k)}\right| \leqq \frac{4^{-k(m+1)}B_{2m+2}}{2^{m(m+1)}\delta^{2m+2}}\max_{z\in D_\delta}|f(z)| \tag{5.87}$$

が成立する。

---

†1　前項の記号を用いると，$M_0^{(k)} = M_{2^k}$ である。

†2　テーブル $M_m^{(k)}$ を介さずに複合台形則のみを利用してテーブル $T_m^{(k)}$ を作成する方法もある。詳細は Davis and Rabinowitz[1)] を参照されたい。

系 5.4 と同様の性質が成立する[6)]。

系 5.5 $f(x) \in C^{2m+2}([a,b])$ が $[a,b]$ 上で $f^{(2m+2)}(x) \geqq 0$ ならば

$$M_m^{(k)} = 2T_m^{(k+1)} - T_m^{(k)} \leqq \int_a^b f(x)\, dx \leqq T_m^{(k)} \tag{5.88}$$

が成立する。

5.2.8 二重指数関数型数値積分公式

区間 $(-\infty,\ \infty)$ における複合台形則がしばしば高精度な結果を与えることに着目し，有限区間の積分を変数変換により区間 $(-\infty,\ \infty)$ に移す変数変換型積分公式について述べる。

(1) 背　　景　つぎの条件を満たすとき，複合台形則が非常に速く収束することが知られている。

補題 5.1 a および k を固定した際に

(1) $f(x) \in C^{2k+1}([a,b]) \quad \forall b\ (b \geqq a)$

(2) $\displaystyle\int_a^\infty f(x)\, dx$ が存在し，$\displaystyle\int_a^\infty \left|f^{(2k+1)}(x)\right|\, dx < \infty$ が成立

(3) $f'(a) = f'''(a) = \cdots = f^{(2k-1)}(a) = 0$

(4) $f'(+\infty) = f'''(+\infty) = \cdots = f^{(2k-1)}(+\infty) = 0$

を仮定する。このとき，固定された $h > 0$ に対して

$$T_\infty := h\left(\frac{1}{2}f(a) + f(a+h) + f(a+2h) + \cdots\right) \tag{5.89}$$

とすれば

$$\left|\int_a^\infty f(x)\, dx - T_\infty\right| \leqq \frac{h^{2k+1}\zeta(2k+1)}{2^{2k}\pi^{2k+1}} \int_a^\infty \left|f^{(2k+1)}(x)\right|\, dx \tag{5.90}$$

が成立する。なお，$\zeta(k)$ はリーマンのゼータ関数である。

この補題より，無限区間の両端において被積分関数およびその $2k-1$ 階までの奇数階の微分がすべて 0 になるならば，$h \to 0$ のとき複合台形則による誤差は h^{2k+1} の速さで小さくなることがわかる。このことに着目し，有限区間における積分を無限区間に変換する方法が知られている。

(**2**) **近似計算法**　区間 $[a,b]$ における $f(x)$ の積分に対し

$$a = \varphi(-\infty), \quad b = \varphi(\infty) \tag{5.91}$$

を満たす変数変換 $x = \varphi(t)$ を施し，有限区間の積分を無限区間の積分に変換することを考える。

$$\int_a^b f(x)\, dx = \int_{-\infty}^{\infty} f(\varphi(t))\, \varphi'(t)\, dt \tag{5.92}$$

変数変換 $\varphi(t)$ として

$$\varphi_{\mathrm{SE}}(t) = \frac{b-a}{2} \tanh\left(\frac{t}{2}\right) + \frac{a+b}{2} \tag{5.93}$$

$$\varphi'_{\mathrm{SE}}(t) = \frac{b-a}{4} \cdot \frac{1}{\cosh^2\left(\dfrac{t}{2}\right)} \tag{5.94}$$

を用いた後，つぎのように計算を行う公式を SE 公式，または tanh 則と呼ぶ†。

$$\int_a^b f(x)\, dx \simeq h \sum_{i=-n}^{n} f(\varphi_{\mathrm{SE}}(ih))\, \varphi'_{\mathrm{SE}}(ih) =: D_{\mathrm{SE}} \tag{5.95}$$

同様に，変数変換 $\varphi(t)$ として

$$\varphi_{\mathrm{DE}}(t) = \frac{b-a}{2} \tanh\left(\frac{\pi}{2}\sinh t\right) + \frac{a+b}{2} \tag{5.96}$$

$$\varphi'_{\mathrm{DE}}(t) = \frac{b-a}{4} \cdot \frac{\pi \cosh t}{\cosh^2\left(\dfrac{\pi}{2}\sinh t\right)} \tag{5.97}$$

---

† 区間 $(-\infty, \infty)$ における複合台形則は一般的に初項と末項の係数を他の項と同じにすることが多く，厳密な意味で“台形則”ではないが，$\left|f(\varphi(t))\,\varphi'(t)\right|$ は $|t|$ の増大とともに減少するため，積分結果にほとんど影響を与えない。

を用いる公式を二重指数関数型積分公式（DE 公式），または tanh-sinh 則と呼び

$$\int_a^b f(x)\,dx \simeq h\sum_{i=-n}^{n} f\left(\varphi_{\mathrm{DE}}(ih)\right)\varphi'_{\mathrm{DE}}(ih) =: D_{\mathrm{DE}} \tag{5.98}$$

となる。

（3）誤　　差　SE 公式と DE 公式の誤差はつぎのように書ける。ここで，正の実数 d に対して，帯状領域 $\mathcal{D}_d$ をつぎのように定義する。

$$\mathcal{D}_d = \{z \in \mathbb{C}\ :\ |\mathrm{Im}\ z| < d\} \tag{5.99}$$

定理 5.13　正の実数 d が $0 < d < \pi$ を満たし，$f \in \mathbb{H}\left(\varphi_{\mathrm{SE}}(\mathcal{D}_d)\right)$ とする。自然数 n に対して

$$h = \sqrt{\frac{2\pi d}{n}} \tag{5.100}$$

と定めるとき

$$\left|\int_a^b f(x)\,dx - D_{\mathrm{SE}}\right| \ \leqq\ C_{\mathrm{SE}}e^{-\sqrt{2\pi dn}} \tag{5.101}$$

が成立する。

同様に，正の実数 d が $0 < d < \dfrac{\pi}{2}$ を満たし，$f \in \mathbb{H}\left(\varphi_{\mathrm{DE}}(\mathcal{D}_d)\right)$ とする。自然数 n に対して

$$h = \frac{\log(2dn)}{n} \tag{5.102}$$

と定めるとき

$$\left|\int_a^b f(x)\,dx - D_{\mathrm{DE}}\right| \ \leqq\ C_{\mathrm{DE}}e^{\frac{-2\pi dn}{\log(4dn)}} \tag{5.103}$$

が成立する[7)]。

なお，C_{SE}，C_{DE} はそれぞれ

$$C_{\mathrm{SE}} = 2K(b-a)\left(\frac{2}{\left(1-e^{-\sqrt{2\pi d}}\right)\cos^2\left(\dfrac{d}{2}\right)}+1\right) \tag{5.104}$$

$$C_{\mathrm{DE}} = 2K(b-a)\left(\frac{2}{\left(1-e^{-\frac{\pi}{2}e}\right)\cos^2\left(\dfrac{\pi}{2}\sin d\right)\cos d}+e^{\frac{\pi}{2}}\right) \tag{5.105}$$

であり，K は式 (5.8) で定義された値である。

5.3　精度保証付き数値積分法の例

精度保証付き数値積分を行うには，計算で発生するすべての誤差を把握する必要がある。ここでは，精度保証を行うための計算方法について，具体例とともに述べる。

5.3.1　高階微分を用いた精度保証付き数値積分法

区間 $[a,b]$ における高階微分の値を，精度保証付きで得るのに比較的簡単な方法は，テイラー展開に基づくベキ級数演算（7.1 節を参照）を用いることである。

例 5.3　つぎの積分

$$\int_{-1}^{1} \frac{1}{4+x^2}\,dx \tag{5.106}$$

をガウス-ルジャンドル公式で計算する場合の近似積分公式の誤差の上限を計算することを考える。3 点ガウス-ルジャンドル公式の重みと分点は

$$w_1 = \frac{5}{9}, \quad w_2 = \frac{8}{9}, \quad w_3 = \frac{5}{9} \tag{5.107}$$

$$x_1 = -\sqrt{\frac{3}{5}}, \quad x_2 = 0, \quad x_3 = \sqrt{\frac{3}{5}} \tag{5.108}$$

と書けるため，INTLAB（9.5 節を参照）を用いてつぎのように精度保証付き数値計算を行うことができる†。

プログラム 5.1

```
function y = f(x)
    y = 1./(4+x.^2);
end
function s = verified_gauss_legendre_3(f)
    n = 3;
    w(1) = intval(5.0)/9.0;  x(1) = -sqrt(intval(3.0)/5.0);
    w(2) = intval(8.0)/9.0;  x(2) = intval(0.0);
    w(3) = w(1);             x(3) = -x(1);
    s = 0;
    for i=1:n
        s = s + w(i).*f(x(i));
    end
    s = s + err_gauss(f,-1.0,1.0,n);
end
function e = err_gauss(f,a,b,n)
    c1 = (intval(b)-a).^(2*intval(n)+1);
    c2 = err_gauss_c2(n);
    e = mag(c1.*c2.*nth_diff(f,a,b,2*n)).*midrad(0.0,1.0);
end
function c = err_gauss_c2(n)
    c  = 1;
    for i = n+1:2*n
        c = c./intval(i);
    end
    c = c.^3.*i_factorial(n)./(2*intval(n)+1);
end
function e = nth_diff(f,a,b,n)
    x = taylorinit(infsup(a,b),n);
    y = f(x);
    e = y{n}.*i_factorial(n);
end
function s = i_factorial(n)
    s = intval(1);
    for i=2:n
        s = s.*i;
    end
end
```

† INTLAB は 1 変数関数の積分を精度保証できる関数を持っているが，ここでは近似積分公式の誤差の計算法を示すためにその関数を利用しない。

プログラム 5.1 による実行結果はつぎのようになる。

実行結果 5.1

```
>> verified_gauss_legendre_3(@f)
intval ans =
[    0.4523,     0.4753]
```

5.3.2 複素領域上の値を用いた精度保証付き数値積分法

ある複素領域上 $\mathcal{D}$ での関数値の上限 $\max_{z\in\mathcal{D}}|f(z)|$ を計算するのに，円形複素区間による区間演算（1.2 節を参照）を利用できる。

例 5.4　例 5.3 と同様の積分

$$\int_{-1}^{1} \frac{1}{4+x^2}\,dx \tag{5.109}$$

をガウス-ルジャンドル公式で計算する場合の近似積分公式の誤差の上限を計算することを考える。3 点ガウス-ルジャンドル公式の重みは式 (5.107)，分点は式 (5.108) となり，それに対応する誤差式 (5.52) の計算に円形複素区間の区間演算が行える INTLAB を用いることで，つぎのように精度保証付き計算が行える。

プログラム 5.2

```
function y = f(x)
    y = 1./(4+x.^2);
end
function s = verified_gauss_legendre_3_c(f,d)
    n = 3;
    w(1) = intval(5.0)/9.0;  x(1) = -sqrt(intval(3.0)/5.0);
    w(2) = intval(8.0)/9.0;  x(2) = intval(0.0);
    w(3) = w(1);             x(3) = -x(1);
    s = 0;
    for i=1:n
        s = s + w(i).*f(x(i));
    end
    s = s + err_gauss_c(f,-1.0,1.0,n,d);
end
function e = err_gauss_c(f,a,b,n,d)
```

5.3 精度保証付き数値積分法の例 131

```
16      c1 = (intval(b)-a).^(2*intval(n)+1);
17      c2 = err_gauss_c2_c(n,d);
18      e  = mag(c1.*c2.*max_f(f,a,b,d)).*midrad(0.0,1.0);
19  end
20  function c = err_gauss_c2_c(n,d)
21      c1 = 1;  c2 = 1;
22      for i = 1:n
23          c1 = c1./(intval(n)+i);
24          c2 = c2.*(intval(i)./d);
25      end
26      c = ((c1.*c2).^2)./(2*intval(n)+1);
27  end
28  function e = max_f(f,a,b,d)
29      c1 = midrad(complex(a,0.0),d);
30      c2 = midrad(complex(b,0.0),d);
31      c3 = infsup(complex(a,-d),complex(b,d));
32      e  = max([mag(f(c1)),mag(f(c2)),mag(f(c3))]);
33  end
```

プログラム 5.2 による実行結果はつぎのようになる。

―――― 実行結果 **5.2** ――――

```
>> verified_gauss_legendre_3_c(@f, 0.75)
intval ans =
[    0.3583,    0.5692]
>> verified_gauss_legendre_3_c(@f, 1.0)
intval ans =
[    0.4409,    0.4867]
>> verified_gauss_legendre_3_c(@f, 1.5)
intval ans =
[    0.4584,    0.4692]
```

5.3.3 被積分関数の関数値計算における丸め誤差の高速計算

精度保証付き数値積分を行う際は，すべての計算における丸め誤差を考慮する必要がある。丸め誤差を計算するのに区間演算を利用するのが簡単であるが，積分計算のように同じ関数に入力値を変えて計算する場合，計算時間を高速化できる場合がある[8]。ここではその計算法の概要について述べる。

つぎのように定義される区間と正の定数のペア $(\boldsymbol{J},\varepsilon)$ を考える。

$\boldsymbol{J}$：演算に入力する区間

ε：その演算に至るまでに溜まった誤差

被積分関数を構成するすべての演算について，このペアに対する演算を下記のように定義し，連鎖的に適用することで，積分区間における被積分関数の絶対誤差を事前に計算することができる。この方法は，一度被積分関数の誤差評価を行えば，積分区間内のすべての入力に対して，その誤差上限が適用可能となるため，関数値の計算を通常の浮動小数点計算で済ますことができ，高速化が期待できる。

ペアに対する演算はつぎのように定義する。まずは四則演算について示す。なお，$\mathtt{u}$ は単位相対丸めであり，$\mathtt{S_{min}}$ は非正規化数における単位丸め（この値の大きさは，浮動小数点数の正の最小値と同値）である。

(1) 加算

$$
\begin{aligned}
&(\boldsymbol{J}_1,\varepsilon_1)+(\boldsymbol{J}_2,\varepsilon_2)\\
&\quad= (\boldsymbol{J}_1+\boldsymbol{J}_2,\ \mathtt{fl}_{\triangle}(\varepsilon_1+\varepsilon_2\\
&\qquad\quad +\max(\mathtt{u}\cdot\mathtt{ufp}(\mathrm{mag}(\boldsymbol{J}_1+\boldsymbol{J}_2)),\mathtt{S_{min}})))
\end{aligned}
$$

(2) 減算

$$
\begin{aligned}
&(\boldsymbol{J}_1,\varepsilon_1)-(\boldsymbol{J}_2,\varepsilon_2)\\
&\quad= (\boldsymbol{J}_1-\boldsymbol{J}_2,\ \mathtt{fl}_{\triangle}(\varepsilon_1+\varepsilon_2\\
&\qquad\quad +\max(\mathtt{u}\cdot\mathtt{ufp}(\mathrm{mag}(\boldsymbol{J}_1-\boldsymbol{J}_2)),\mathtt{S_{min}})))
\end{aligned}
$$

(3) 乗算

$$
\begin{aligned}
&(\boldsymbol{J}_1,\varepsilon_1)\cdot(\boldsymbol{J}_2,\varepsilon_2)\\
&\quad= (\boldsymbol{J}_1\cdot\boldsymbol{J}_2,\ \mathtt{fl}_{\triangle}(\varepsilon_1|\boldsymbol{J}_2|+\varepsilon_2|\boldsymbol{J}_1|\\
&\qquad\quad +\max(\mathtt{u}\cdot\mathtt{ufp}(\mathrm{mag}(\boldsymbol{J}_1\cdot\boldsymbol{J}_2)),\mathtt{S_{min}})))
\end{aligned}
$$

(4) 除算（$0\notin J_2$）

$$
\frac{\boldsymbol{J}_1,\varepsilon_1}{\boldsymbol{J}_2,\varepsilon_2}
$$

$$= \left(\frac{\boldsymbol{J}_1}{\boldsymbol{J}_2},\ \mathtt{fl}_\triangle\!\left(\varepsilon_1\left|\frac{1}{\boldsymbol{J}_2}\right| + \varepsilon_2\left|\frac{\boldsymbol{J}_1}{\boldsymbol{J}_2^2}\right| + \max\left(\mathtt{u}\cdot\mathtt{ufp}\left(\mathrm{mag}\left(\frac{\boldsymbol{J}_1}{\boldsymbol{J}_2}\right)\right), \mathtt{S}_{\mathtt{min}}\right)\right)\right)$$

微分可能な単項演算 $g(x)$ に対してはつぎのように定義する。

(5) 単項演算

$$g((\boldsymbol{J},\varepsilon)) = (g(\boldsymbol{J}),\ \mathtt{fl}_\triangle(\varepsilon\,|g'(\boldsymbol{J})| + \max(\mathtt{u}\cdot\mathtt{ufp}(\mathrm{mag}(g(\boldsymbol{J}))), \mathtt{S}_{\mathtt{min}})))$$

ただし，$g(x)$ の計算精度について，つぎを満たすことを仮定する。

$$|\mathtt{fl}(g(x)) - g(x)| \leqq \max\left(\mathtt{u}\cdot\mathtt{ufp}\left(\mathrm{mag}\left(g(x)\right)\right), \mathtt{S}_{\mathtt{min}}\right)$$

同様に，2 項演算 $h(x,y)$ に対しては，つぎのように定義する。

(6) 2 項演算

$$h((\boldsymbol{J}_1,\varepsilon_1),(\boldsymbol{J}_2,\varepsilon_2)) = (h(\boldsymbol{J}_1,\boldsymbol{J}_2),\ \mathtt{fl}_\triangle(\varepsilon_1\,|\boldsymbol{D}_1| + \varepsilon_2\,|\boldsymbol{D}_2| + \max(\mathtt{u}\cdot\mathtt{ufp}(\mathrm{mag}(h(\boldsymbol{J}_1,\boldsymbol{J}_2))), \mathtt{S}_{\mathtt{min}})))$$

ただし，$\boldsymbol{D}_1, \boldsymbol{D}_2$ は

$$\boldsymbol{D}_1 \supset \left\{\frac{\partial f}{\partial x}(x,y) \mid x\in\boldsymbol{J}_1, y\in\boldsymbol{J}_2\right\}$$

$$\boldsymbol{D}_2 \supset \left\{\frac{\partial f}{\partial y}(x,y) \mid x\in\boldsymbol{J}_1, y\in\boldsymbol{J}_2\right\}$$

を満たす。また，$h(x,y)$ の計算精度について，つぎを満たすことを仮定する。

$$|\mathtt{fl}(h(x,y)) - h(x,y)| \leqq \max\left(\mathtt{u}\cdot\mathtt{ufp}\left(\mathrm{mag}\left(h(x,y)\right)\right), \mathtt{S}_{\mathtt{min}}\right)$$

被積分関数 $f(x)$ を $x\in\boldsymbol{J}$ という領域内の任意の点で浮動小数点計算した場合の誤差の上限を求める場合は，上記のように定義された演算を用意した後，入力変数を $x = (\boldsymbol{J}, \max(|a|,|b|)\,\mathtt{u})$ で初期化し，上記の演算規則で演算を進めれば，誤差の上限は最終的に得られたペア $(\boldsymbol{J}_f, \varepsilon_f) = f(x)$ の 2 番目の値 ε_f として得られる。

章末問題

【1】 $n=5$ のニュートン-コーツの公式の重みと分点を求めよ。

【2】 $n=5$ の開いたニュートン-コーツの公式の重みと分点を求めよ。

【3】 $n=4,5$ のガウス-ルジャンドル公式の重みと分点を求めよ。また，その際の誤差上限を求めよ。

【4】 $n=4,5$ の Lobatto 積分の重みと分点を求めよ。また，その際の誤差上限を求めよ。

【5】 $n=4,5$ の Radau 積分の重みと分点を求めよ。また，その際の誤差上限を求めよ。

【6】 $-1 \leqq x \leqq 1$ で定義される滑らかな関数 $f(x)$ を考える。$x=\cos\theta$ とおくとき，$T_n(x)=\cos n\theta$ によって定義される多項式 $T_n(x)$ をチェビシェフ多項式と呼び

$$f(x) \simeq \sum_{i=0}^{n} a_i T_i(x)$$

と展開することをチェビシェフ級数展開と呼ぶ。ここで，a_i は

$$a_0 = \frac{1}{\pi}\int_0^{\pi} f(\cos\theta)\,d\theta \tag{5.110}$$

$$a_i = \frac{2}{\pi}\int_0^{\pi} f(\cos\theta)\cos(i\theta)\,d\theta \quad (1 \leqq i \leqq n) \tag{5.111}$$

で定義される定数である。この定数 a_i を $n+1$ 点台形則で近似し，級数展開を項別に積分することで近似値を求める数値積分法を Clenshaw–Curtis 法と呼ぶ。このとき，$n=4,5$ の Clenshaw–Curtis 法の重みと分点を求めよ。

引用・参考文献

1) P. J. Davis, P. Rabinowitz: Methods of Numerical Integration, 2nd ed., Academic Press, 1985.
[邦訳] 森 正武：計算機による数値積分法, 日本コンピュータ協会, 1981.

2) P. C. Hammer: The Midpoint Method of Numerical Integration, Mathematics Magazine, **31**:4 (1958), 193–195.

3) A. Kronrod: Nodes and weights of quadrature formulas, Sixteen-place tables, Consultants Bureau, 1965.

4) T. N. L. Patterson: The Optimum Addition of Points to Quadrature Formulae, Math. Comput. **22**:104 (1968), 847–856.

5) L. D. Gates, Jr. : Numerical Solution of Differential Equations by Repeated Quadratures, SIAM Rev., **6**:2 (1967), 134–147.

6) T. Ström: Strict Error Bounds in Romberg Quadrature, BIT, **7** (1967), 314–321.

7) T. Okayama, T. Matsuo, M. Sugihara: Error estimates with explicit constants for Sinc approximation, Sinc quadrature and Sinc indefinite integration, Numer. Math., **124** (2013), 361–394.

8) N. Yamanaka, T. Okayama, S. Oishi, T. Ogita: A fast verified automatic integration algorithm using double exponential formula, NOLTA, **1** (2010), 119–132.

6 非線形方程式の精度保証付き数値解法

数値計算による非線形方程式の求解は，ニュートン法が最も有名で標準的である。ニュートン法による解の存在保証はカントロヴィッチの収束定理によって記述され，ニュートン-カントロヴィッチの定理とも呼ばれている。本章ではニュートン-カントロヴィッチの定理を紹介し，その系を利用する非線形方程式に対する解の精度保証付き数値計算法を紹介する。さらに，区間解析の標準的な方法である Krawczyk による解の検証定理を紹介し，これを用いる精度保証付き数値計算方法を示す。Krawczyk の方法はニュートン法の区間版で，縮小写像の原理と一体化されて真の解を含む区間を生成する手法である。現代区間解析の成果を結集させたこの手法は，自動微分の実装により，多くの非線形方程式の解を容易に精度保証可能としている。また，与えられた区間内のすべての解を精度保証付きで得る全解探索アルゴリズムも紹介する。

6.1 ニュートン-カントロヴィッチの定理

6.1.1 ニュートン法

$x \in \mathbb{R}^n$ に関する非線形連立方程式

$$f(x) = 0 \tag{6.1}$$

を考える。$D \subset \mathbb{R}^n$ を f の定義域とし，$f : D \to \mathbb{R}^n$ は 1 階連続微分可能な関数（$f = (f_1, \cdots, f_n)$）とする。非線形方程式の厳密な解 $x = x^*$ を求めることは一般的に難しいとされ，数値解析においては適当な初期値 x_0 からなんらかの反復法により近似解列 $\{x_k\}$ を計算し，解 x^* に十分近い近似解 x_0 を得る。

ニュートン法は，$k = 0, 1, 2, \cdots$ に対して

$$x_{k+1} = x_k - J(x_k)^{-1} f(x_k) \tag{6.2}$$

で定義される反復で解を逐次的に改良していく方法であり，ニュートン-ラフソン法とも呼ばれる。

$$J(x) := (J_{ij}(x)) = \begin{bmatrix} \partial_1 f_1(x) & \cdots & \partial_n f_1(x) \\ \vdots & \ddots & \vdots \\ \partial_1 f_n(x) & \cdots & \partial_n f_n(x) \end{bmatrix}$$

は，$f(x)$ のある点 x におけるヤコビ行列（Jacobian matrix）であり，$\partial_j f_i(x)$ は f_i の j 成分の偏微分を表す。以下では $J(x)$ の正則性を仮定する。ニュートン法の各反復においては x_k におけるヤコビ行列を計算し，$d_k \in \mathbb{R}^n$ に関する連立 1 次方程式

$$J(x_k)\, d_k = -f(x_k)$$

を解き，$x_{k+1} = x_k + d_k$ と更新する。また，反復の停止条件は，要求精度を $\varepsilon > 0$，$\|\cdot\|$ を適当なノルムとすると

(1) $|f_i(x_k)| < \varepsilon$ $(i = 1, \cdots, n)$ あるいは $\|f(x_k)\| < \varepsilon$

(2) $\|x_{k+1} - x_k\| < \varepsilon$

(3) $\dfrac{\|x_{k+1} - x_k\|}{\|x_k\|} < \varepsilon$

などと設定する。停止条件の設定についてはさまざまな方法があるため，ここでは一例として考えてほしい。

6.1.2 半局所的収束定理

ニュートン法は1669年アイザック・ニュートンが3次代数方程式 $3x^3 - 2x - 5 = 0$ の求解のために提案して以来，その収束性，数値解の精度や抽象空間への拡張が多くの研究者によってなされてきた。今日では，ニュートン法の解近傍での

振る舞い（局所的 2 次収束性）は，多くの数値解析の書籍において議論されている[1),2)]。それらの多くは真の解 x^* の存在を仮定し，初期値 x_0 を x^* の十分近くに選ぶことを要求する。このような定理は局所的収束定理（local convergence theorem）と呼ばれている。局所的収束定理では真の解 x^* の存在を仮定するため，解 x^* の存在検証はできない。よって，精度保証付き数値計算には利用することができない。

一方で，真の解の存在を仮定せずに，初期値 x_0 がある条件を満たすとき解の存在と反復の収束を示す定理を，半局所的収束定理（semi-local convergence theorem）という。ニュートン法に関する半局所的収束定理は，1948 年にレオニート・カントロヴィッチによって，$\mathbb{R}^n$ を含む抽象空間（バナッハ空間[†]）において示された[3)]。この定理は解の存在そのものを保証する定理であり，現在はニュートン-カントロヴィッチの定理と呼ばれ，広く知られている。

以下に，バナッハ空間 X 上でのニュートン-カントロヴィッチの定理を紹介する。本章では非線形連立方程式 (6.1) のみを考えるため，以下の定理は $X = \mathbb{R}^n$ と限定し，写像 f のフレシェ微分 $f'[x]$ はヤコビ行列 $J(x)$ と読み替えてしまってさしつかえない。

バナッハ空間 X に対し，そのノルムを $\|\cdot\|$ と記述する。部分集合 $D \subset X$ 上に定義された写像 $f : D \to X$ に対して方程式 $f(x) = 0$ を考える。このとき，近似解 x_0 における f のフレシェ微分は $f'[x_0] : D \to X$ と表し，つぎを満たす線形写像とする。

$$\|f(x_0 + \nu) - f(x_0) - f'[x_0]\nu\| = o(\|\nu\|), \ \forall \nu \in X$$

ここで，$o(\|\nu\|)$ は高次の無限小を表し

$$\lim_{\|\nu\| \to 0} \frac{o(\|\nu\|)}{\|\nu\|} = 0$$

を満たす。

† 完備なノルム空間。すなわち，X をノルムが定義された空間とし，X 内の任意のコーシー列 $\{x_n\}_{n \geqq 0}$ に対し，X のノルムの意味で $x = \lim_{n \to \infty} x_n$ となる $x \in X$ が存在する。

定理 6.1 (ニュートン-カントロヴィッチの定理) D_0 を D の開凸部分集合とする。$f : D \subset X \to X$ が D_0 において微分可能な写像とし，ある $x_0 \in D_0$ において f のフレシェ微分 $f'[x_0]$ が可逆であるとする。そして，x_0 を初期値とする X 上のニュートン法 (6.2) を考え，つぎの条件が成り立つと仮定する。

(1) $f'[x]$ に対し，D_0 上で

$$\left\| f'\left[x_0\right]^{-1}\left(f'[x] - f'[y]\right)\right\| \leqq \omega \|x - y\|, \ \forall x, y \in D_0$$

を満たす定数 $\omega > 0$ が存在する。

(2) x_0 において

$$\left\| f'\left[x_0\right]^{-1} f\left(x_0\right)\right\| \leqq \alpha$$

を満たす $\alpha > 0$ が存在し，$\alpha\omega \leqq \dfrac{1}{2}$ となる。このとき

$$\rho^* = \frac{1 - \sqrt{1 - 2\alpha\omega}}{\omega}, \quad \rho^{**} = \frac{1 + \sqrt{1 - 2\alpha\omega}}{\omega}$$

とする。

(3) x_1 を反復 (6.2) の 1 回目で得られた近似解とし，x_1 を中心とする半径 $\rho^* - \alpha$ の閉球

$$B\left(x_1, \rho^* - \alpha\right) := \left\{ x \in X \mid \|x - x_1\| \leqq \rho^* - \alpha \right\}$$

が D_0 に含まれる。すなわち，$B\left(x_1, \rho^* - \alpha\right) \subset D_0$ が成立する。

このとき，つぎのことが成り立つ。

- $f(x) = 0$ の真の解 x^* が $B\left(x_1, \rho^* - \alpha\right)$ に存在し，その解は $B(x_0, \rho^{**}) \cap D_0$ 上で一意である。
- x_0 を初期点とするニュートン法の近似解列 $\{x_k\}$ は x^* に収束し，誤差上限は

$$\|x_k - x^*\| \leqq \frac{(1-\sqrt{1-2\alpha\omega})^{2^k}}{2^k\omega} \quad (k = 0, 1, 2, \cdots)$$

と評価できる。

この定理は，ニュートン-カントロヴィッチの定理のアフィン共変版（affine covariant version of the Newton–Kantorovich theorem）と呼ばれている[4]。これは，カントロヴィッチが 1948 年に示した半局所的収束定理よりも一般化された形式であるが，定理の主張は変わらない。そのため，現在ではこちらをニュートン-カントロヴィッチの定理と呼ぶ。古典的なニュートン-カントロヴィッチの定理は，Zeidler[5] に詳しい記述があり，証明もしっかり書かれている。和書では杉原・室田[1] に Zeidler[5] をもとにした詳しい証明があり，読者の理解に役立つだろう。さらに，ニュートン-カントロヴィッチの定理にはさまざまな証明方法がある（山本[6]，Rall[7]，Deuflhard[4] など）。これらを参照することにより，是非とも読者にはニュートン法の研究の盛り上がりを体感し，その奥深さを味わってほしい。

以下では，ニュートン-カントロヴィッチの定理を利用した精度保証付き数値計算法の紹介に焦点を当てる。近似解を x_0 とし，近似解の近傍に非線形方程式の真の解が存在するかどうかを検証するとき，定理 6.1 に対する以下の系が精度保証付き数値計算に有用である。

系 6.1　ある $x_0 \in D$ に対して，写像 $f: D \to X$ の x_0 におけるフレシェ微分 $f'[x_0]: D \to X$ が可逆であり，つぎを満たす $\alpha > 0$ が存在するとする。

$$\left\| f'[x_0]^{-1} f(x_0) \right\| \leqq \alpha$$

そして，$B(x_0, 2\alpha)$ を，x_0 を中心とし半径 2α の X の閉球とする。いま，D_0 を $D_0 \supsetneq B(x_0, 2\alpha)$ なる開球とし，f が D_0 においてフレシェ微分可能であるとき

$$\left\| f'[x_0]^{-1}\left(f'[x]-f'[y]\right)\right\| \leqq \omega\|x-y\|,\ \forall x,y\in D_0$$

を満たす $\omega>0$ が存在するとする。このとき，$\alpha\omega \leqq \dfrac{1}{2}$ ならば

$$\rho^* = \frac{1-\sqrt{1-2\alpha\omega}}{\omega}, \quad \rho^{**} = \frac{1+\sqrt{1-2\alpha\omega}}{\omega}$$

として $f(x)=0$ の真の解 x^* が $B(x_0,\rho^*)$ に存在し，その解は $B(x_0,\rho^{**})\cap D_0$ 上で一意である。

定理 6.1 においては，真の解に収束するための初期値の範囲 D_0 の存在が仮定されているが，解の数値的検証を考える場合は開凸集合 D_0 を具体的に決定する必要がある。大石[8),9)] では簡易ニュートン法の収束定理を紹介する際に，この範囲を，近似解 x_0 を中心として，半径が 2α の閉球ととることが「経験的に」提案されている。上記の系 6.1 においては D_0 を $D_0 \supsetneq B(x_0,2\alpha)$ となる開球ととることで，定理 6.1 の条件 (3) を自動で満たす。すなわち，$x\in B(x_1,\rho^*-\alpha)$ とすると

$$\|x-x_0\| \leqq \|x-x_1\| + \|x_1-x_0\| \leqq \rho^*$$

となる。ここで，$\|x_1-x_0\| = \|f'[x_0]^{-1}f(x_0)\| \leqq \alpha$ という評価を用いた。これと $0\leqq 1-2\alpha\omega \leqq 1$ より

$$\begin{aligned}2\alpha-\rho^* &= 2\alpha - \frac{1-\sqrt{1-2\alpha\omega}}{\omega}\\ &= \frac{1}{\omega}\left(\sqrt{1-2\alpha\omega}-(1-2\alpha\omega)\right) \geqq 0\end{aligned}$$

となる。よって $x\in D_0$ であり，定理 6.1 の条件 (3)：$B(x_1,\rho^*-\alpha)\subset D_0$ がつねに成立する。

6.1.3 検 証 例

ニュートン-カントロヴィッチの定理の系 6.1 を利用した数値的検証例を紹介する。$\mathbb{R}^2$ 上に定義された非線形連立方程式

$$f(x,y)=x^2+y^2-1=0,\quad g(x,y)=x^2-y^4=0$$

を考え，その解の存在と局所一意性を数値的に検証する。この方程式の解は

$$(x^*,y^*)=\left(\pm\frac{\sqrt{5}-1}{2},\pm\sqrt{\frac{\sqrt{5}-1}{2}}\right)\quad（複号任意）$$

と代数的操作により書けるため，真の解の包含ができているかを確認する。

いまニュートン法によって

$$(x_0,y_0)=(0.618033968993930, 0.786151414622684)$$

という数値解が得られたとする。点 (x_0,y_0) におけるヤコビ行列は

$$J(x_0,y_0)=2\begin{bmatrix} x_0 & y_0 \\ x_0 & -2y_0^3 \end{bmatrix}$$

となり，系 6.1 における α の値は $\alpha=3.686525877033486\times10^{-8}$ となる。ただし，ノルムは無限大ノルムである。そして，$B\left((x_0,y_0),2\alpha\right)$ を中心が数値解 (x_0,y_0)，半径が 2α の閉球とし，D_0 を $D_0\supsetneq B\left((x_0,y_0),2\alpha\right)$ なる開球とする。このとき，任意の $(x,y),(u,v)\in D_0$ について

$$\begin{aligned}&\left\|J(x_0,y_0)^{-1}\left(J(x,y)-J(u,v)\right)\right\|\\ &=\left\|2J(x_0,y_0)^{-1}\begin{bmatrix} x-u & y-v \\ x-u & -2(y^3-v^3)\end{bmatrix}\right\|\\ &\leqq\left\|2J(x_0,y_0)^{-1}\begin{bmatrix} 1 & 1 \\ 1 & -2(y^2+yv+v^2)\end{bmatrix}\right\|\left\|\begin{bmatrix} x-u \\ y-v\end{bmatrix}\right\|\end{aligned}$$

より $\omega=2.873976013165798$ を得る。したがって，$\alpha\omega=1.059498694250925\times10^{-7}<\dfrac{1}{2}$ よりニュートン-カントロヴィッチの定理が成立し，真の解 (x^*,y^*) が $B\left((x_0,y_0),\rho^*\right)$ に存在する。ここで $\rho^*=3.686527227495900\times10^{-8}$ である。これより，真の解は区間ベクトル

$$\begin{bmatrix} [0.61803393212865, 0.61803400585921] \\ [0.78615137775741, 0.78615145148796] \end{bmatrix}$$

内に存在する。この結果は真の解

$$(x^*, y^*) = (0.6180339887498949\cdots, 0.78615137775742\cdots)$$

を内包しており，実際に真の解の包含に成功している。

系 6.1 の α, ω を得るためには，丸め誤差を考慮した区間演算を使用することが必須である。上記の結果は MATLAB2012b[10) を用い，区間演算のパッケージ INTLAB[11) ver. 9 を利用して計算された。計算コードをプログラム 6.1 に記す。さらに，**表 6.1** に真の解それぞれに対応する包含結果を示す。

──────── プログラム **6.1** (NewtonKantorovich.m) ────────

```
 1  function [] = NewtonKantorovich()
 2
 3  tol=1e-5;
 4  x = [0.6;0.7];
 5
 6  % Compute x0
 7  while (1)
 8    J = [2*x(1) 2*x(2); 2*x(1) -4*x(2)^3];
 9    x_new = x - J\func(x);
10    if (norm(x_new-x,inf)/norm(x,inf) < tol)
11      break
12    end
13    x = x_new;
14  end
15
16  disp('Approximate solution is')
17  disp(x)
18
19  % Obtain alpha
20  x0 = intval(x);
21  J = [2*x0(1) 2*x0(2); 2*x0(1) -4*x0(2)^3];
22  alpha = norm(J\func(x0),inf);
23  disp('alpha =')
24  disp(mag(alpha))
25
26  % Obtain omega
27  % x = midrad(x,2*alpha);
```

```
y = midrad(x,2*succ(mag(alpha)));
omega = norm(J\[2 2; 2 -4*(y(1)^2+y(1)*y(2)+y(2)^2)],inf);
disp('omega =')
disp(mag(omega))

% Newton-Kantorovich theorem
disp('alpha*omega =')
disp(mag(alpha*omega))
if mag(alpha*omega) <= .5
  err = (1-sqrt(1-2*alpha*omega))/omega;
  disp('rho=')
  disp(mag(err))
  disp('The exact solution is enclosed in')
  midrad(x,mag(err))
else
  error('Newton-Kantorovich theorem is not satisfied')
end
end

function y=func(x)
y = [x(1)^2 + x(2)^2 - 1; x(1)^2 - x(2)^4];
end
```

表 6.1 系 6.1 を利用した真の解の包含結果。結果の数値の上付き部分は区間の上端を表し，下付き部分は区間の下端を表す。

真の解	包含結果
$\left(\dfrac{\sqrt{5}-1}{2}, \sqrt{\dfrac{\sqrt{5}-1}{2}}\right)$	$(0.61803^{400585921}_{393212865},\ 0.786151^{45148796}_{37775741})$
$\left(\dfrac{\sqrt{5}-1}{2}, -\sqrt{\dfrac{\sqrt{5}-1}{2}}\right)$	$(0.61803^{400585921}_{393212865},\ -0.786151^{37775740}_{45148797})$
$\left(-\dfrac{\sqrt{5}-1}{2}, \sqrt{\dfrac{\sqrt{5}-1}{2}}\right)$	$(-0.61803^{393212865}_{400585921},\ 0.786151^{45148797}_{37775740})$
$\left(-\dfrac{\sqrt{5}-1}{2}, -\sqrt{\dfrac{\sqrt{5}-1}{2}}\right)$	$(-0.61803^{393212865}_{400585921},\ -0.786151^{37775741}_{45148796})$

6.1.4 ニュートン-カントロヴィッチの定理の応用について

ニュートン-カントロヴィッチの定理を利用した非線形方程式 (6.1) に対する解の精度保証付き数値計算法は，無限次元空間であるバナッハ空間上に定義された非線形方程式に対する解の検証にも拡張可能である。実際に 8 章では，楕円型偏微分方程式に対する解の数値的検証手法（定理 8.5）を紹介している。さらに 9.1 節では，数理計画問題への精度保証付き数値計算法の応用として，ニュートン-カントロヴィッチの定理（定理 6.1）を利用した数値的検証手法を紹介している。

6.2 Krawczyk による解の検証法

ここからは非線形方程式 (6.1) に対して，区間解析の標準的な手法となっている R. Krawczyk（クラフチック）による解の検証手法を紹介する。

6.2.1 平均値形式と Krawczyk 写像

初めに $\boldsymbol{X} \in \mathbb{IR}^n$ を区間ベクトルとする。写像 f に対する簡易ニュートン写像 $s : \mathbb{R}^n \to \mathbb{R}^n$ をつぎで定義する。

$$s(x) := x - Rf(x) \tag{6.3}$$

ここで，$R \in \mathbb{R}^{n \times n}$ は n 次元正方行列とし，$c \in \boldsymbol{X}$ を非線形方程式 (6.1) のある近似解として，c におけるヤコビ行列 $J(c)$ の近似逆行列（$R \simeq J(c)^{-1}$）とする。

このとき，もし行列 R が正則ならば，方程式 $f(x) = 0$ を満たすベクトル x が存在することと，x が不動点形式 $s(x) = x$ を満たすことは同値となる。そして，s が区間ベクトル $\boldsymbol{X}$ から $\boldsymbol{X}$ への縮小写像となれば，縮小写像の原理から非線形方程式 (6.1) の真の解 x^* が $\boldsymbol{X}$ 内に一意存在することが示せる。

しかし，写像 s の区間 $\boldsymbol{X}$ における区間拡張 $s_{[\,]}(\boldsymbol{X})$ を考えると，つねに

$$s_{[\,]}(\boldsymbol{X}) = \boldsymbol{X} - Rf_{[\,]}(\boldsymbol{X}) \not\subset \boldsymbol{X}$$

が成立することとなり，単に区間拡張するだけでは縮小写像の原理を満たすことは示せない†。そこで，区間演算による区間の増大を抑制するための基本手法である平均値形式（mean value form）を導入する。

定理 6.2　写像 $f: D \to \mathbb{R}^n$ が区間 $\boldsymbol{X} \subset D$ において 1 階連続微分可能とする。このとき，$x, \tilde{x} \in \boldsymbol{X}$ に対して

$$f(x) \in f(\tilde{x}) + f'_{[\,]}(\boldsymbol{X})(x - \tilde{x})$$

が成立する。ここで，$f'_{[\,]}(\boldsymbol{X})$ は写像 f のヤコビ行列 $J(x)$ の区間 $\boldsymbol{X}$ における区間拡張とする。

証明　$\tilde{x} \in \boldsymbol{X}$ を一つ固定する。多変数に対する平均値の定理より，ある $\xi_1, \cdots,$ $\xi_n \in \boldsymbol{X}$ が存在し

$$f(x) = f(\tilde{x}) + \begin{bmatrix} \partial_1 f_1(\xi_1) & \cdots & \partial_n f_1(\xi_1) \\ \vdots & \ddots & \vdots \\ \partial_1 f_n(\xi_n) & \cdots & \partial_n f_n(\xi_n) \end{bmatrix} (x - \tilde{x}),\ x \in \boldsymbol{X} \quad (6.4)$$

が成り立つ。一般的に各 ξ_i は異なるため，式 (6.4) の行列は各行ごとにヤコビ行列 $J(\xi_i)$ と一致する。このとき，f のヤコビ行列 $J(x)$ の区間 $\boldsymbol{X}$ における区間拡張 $f'_{[\,]}(\boldsymbol{X})$ を用いると，$\xi_1, \cdots, \xi_n \in \boldsymbol{X}$ より

$$\begin{bmatrix} \partial_1 f_1(\xi_1) & \cdots & \partial_n f_1(\xi_1) \\ \vdots & \ddots & \vdots \\ \partial_1 f_n(\xi_n) & \cdots & \partial_n f_n(\xi_n) \end{bmatrix} \in f'_{[\,]}(\boldsymbol{X})$$

が成り立つため，区間演算の包含原則から定理が成立する。　□

簡易ニュートン写像 s の点 $c \in \boldsymbol{X}$ における平均値形式によって，Krawczyk 写像 $K: \mathbb{IR}^n \to \mathbb{IR}^n$ が以下で定義できる。

$$K(\boldsymbol{X}) := c - Rf_{[\,]}(c) + \left(I - Rf'_{[\,]}(\boldsymbol{X})\right)(\boldsymbol{X} - c) \qquad (6.5)$$

---

† 写像 s が区間 $\boldsymbol{X}$ において縮小写像になることは，簡易ニュートン法の収束定理によって示すことができる。例えば大石[8)] の定理 3.10 を参照されたい。

ここで，$I \in \mathbb{R}^{n\times n}$ を単位行列，$f'_{[\,]}(\boldsymbol{X})$ は写像 f のヤコビ行列 $J(x)$ の区間 $\boldsymbol{X}$ における区間拡張とする。

Krawczyk 写像は R. Krawczyk によって提案され[12),13)]，S. M. Rump によって実用的な数値的検証手法として初めて紹介された[14)]。上で紹介したように，$K(\boldsymbol{X})$ は簡易ニュートン写像の平均値形式に相当し，$s(\boldsymbol{X}) \subset K(\boldsymbol{X})$ が成立する。したがって，Krawczyk 写像の縮小性

$$K(\boldsymbol{X}) \subset \mathrm{int}(\boldsymbol{X}) = \{\, x = (x_1, \cdots, x_n) \in \boldsymbol{X} \mid \underline{x}_i < x_i < \overline{x}_i \ (i = 1, \cdots, n) \,\}$$

を区間演算を用いて検証することで，解の区間内での一意存在を示すことができる。その実装はニュートン-カントロヴィッチの定理を使用した精度保証付き数値計算法よりも直接的で容易であり，後に説明する自動微分の実装と組み合わせることで，現代区間解析の標準的な手法となっている。

6.2.2 Krawczyk 写像による解の検証定理

Krawczyk 写像 (6.5) を用いて非線形方程式 (6.1) の解が区間 $\boldsymbol{X}$ 内に一意的に存在するための十分条件を定理として記述する。実際の計算ではこの十分条件を区間演算によって検証することで，精度保証付き数値計算を行う。

定理 6.3 与えられた区間ベクトル $\boldsymbol{X} \in \mathbb{IR}^n$ に対して $\mathrm{int}(\boldsymbol{X})$ を $\boldsymbol{X}$ の内包とする。もし

$$K(\boldsymbol{X}) \subset \mathrm{int}(\boldsymbol{X}) \tag{6.6}$$

が成立するならば，非線形方程式 (6.1) の真の解 x^* は $\boldsymbol{X}$ 内に一意的に存在する。さらに，R と $C \in f'_{[\,]}(\boldsymbol{X})$ を満たすすべての行列（真の解におけるヤコビ行列 $J(x^*)$ を含む）は正則となる。

証明 証明は条件 (6.6) のもとで，式 (6.3) において定義された簡易ニュートン写像 s が縮小写像となることを示す。まず，区間拡張 $f'_{[\,]}(\boldsymbol{X})$ と平均値の定理から任意の $x, y \in \boldsymbol{X}$ に対して

$$
\begin{aligned}
s(x) - s(y) &= x - y - R(f(x) - f(y)) \\
&= x - y - R\int_0^1 f'(y + t(x-y))(x-y)dt \\
&\in \left(I - Rf'_{[\,]}(\boldsymbol{X})\right)(x - y)
\end{aligned}
\tag{6.7}
$$

が成り立つ。ここで $y = c,\ x \in \boldsymbol{X}$ とすると

$$
s(x) \in c - Rf_{[\,]}(c) + \left(I - Rf'_{[\,]}(\boldsymbol{X})\right)(\boldsymbol{X} - c) = K(\boldsymbol{X})
$$

となる。よって，式 (6.6) から $s(\boldsymbol{X}) \subset K(\boldsymbol{X}) \subset \mathrm{int}(\boldsymbol{X})$ である。

つぎに，式 (6.7) より，あるノルムのもとで $\left\|I - Rf'_{[\,]}(\boldsymbol{X})\right\| < 1$ が成り立つならば写像 s の縮小性が示せる。そこで，ベクトル $x = (x_1, \cdots, x_n)^T \in \mathbb{R}^n$ に対するスケーリング最大ノルムを以下のように定義する。

$$
\|x\|_u = \max_{1 \leqq i \leqq n} \frac{|x_i|}{u_i}
$$

ここで，$u = (u_1, \cdots, u_n)^T$ が $u_i > 0$ を満たすスケーリングベクトルである。このノルムは区間ベクトル $\boldsymbol{X}$ に対しても $\|\boldsymbol{X}\|_u = \sup_{x \in \boldsymbol{X}} \|x\|_u$ として定義される。また，このノルムから導かれる行列ノルムは，行列 $A \in \mathbb{R}^{n\times n}$ に対して

$$
\|A\|_u := \max\{\ \|Ax\|_u \,|\, \|x\|_u = 1\,\} = \||A|u\|_u
$$

である。条件 (6.6) より

$$
\begin{aligned}
\mathrm{rad}\,(\boldsymbol{X}) &> \mathrm{rad}\,(K(\boldsymbol{X})) \\
&\geqq \mathrm{rad}\left(\left(I - Rf'_{[\,]}(\boldsymbol{X})\right)(\boldsymbol{X} - c)\right) \\
&= \mathrm{mag}\left(I - Rf'_{[\,]}(\boldsymbol{X})\right)\cdot \mathrm{rad}(\boldsymbol{X})
\end{aligned}
$$

を満たす。そこで，スケーリングベクトルとして $u = \mathrm{rad}\,(\boldsymbol{X})$ と選ぶことにより，つぎを得る。

$$
\left\|I - Rf'_{[\,]}(\boldsymbol{X})\right\|_u = \left\|\mathrm{mag}\left(I - Rf'_{[\,]}(\boldsymbol{X})\right)\cdot \mathrm{rad}(\boldsymbol{X})\right\|_u < 1 \tag{6.8}
$$

以上より，簡易ニュートン写像 s の縮小性が示せた。

したがって，縮小写像の原理より $x = s(x)$ を満たす不動点 x が区間 $\boldsymbol{X}$ 内に一意存在し，その不動点において $Rf(x) = 0$ を満たす。さらに，式 (6.8) より，行列 $R \in \mathbb{R}^{n\times n}$ と $C \in f'_{[\,]}(\boldsymbol{X})$ を満たすすべての行列が正則となる†。ゆえに，

† 式 (6.8) から行列 $M \in \left(I - Rf'_{[\,]}(\boldsymbol{X})\right)$ のスペクトル半径が $\rho(M) < 1$ となり，行列 R と $C \in f'_{[\,]}(\boldsymbol{X})$ を満たすすべての行列が正則となる。証明は背理法であり，もしも正則でないとすると，行列 M は少なくとも一つ固有値 1 を持つ。しかし，これは $\rho(M) < 1$ に矛盾する。

行列 R の正則性と s が不動点 x を持つことより，条件 (6.6) が成立すれば，非線形方程式 (6.1) の真の解 x^* の区間 $\boldsymbol{X}$ 内での一意存在も示される。 □

Krawczyk 写像を利用すると，解の存在検証ができるだけでなく，解の非存在も示すことができる。すなわち，$\boldsymbol{X} \setminus K(\boldsymbol{X})$ には解が存在しない。したがって，以下の系を得る。

系 6.2　与えられた区間ベクトル $\boldsymbol{X} \in \mathbb{IR}^n$ に対して

$$K(\boldsymbol{X}) \cap \boldsymbol{X} = \emptyset \tag{6.9}$$

ならば，非線形方程式 (6.1) の解は $\boldsymbol{X}$ 内に存在しない。

6.2.3 非線形方程式の全解探索アルゴリズム

系 6.2 のほかにも，区間演算の性質を利用した非存在条件が考えられる。

命題 6.1　与えられた区間ベクトル $\boldsymbol{X} \in \mathbb{IR}^n$ に対して

$$f(\boldsymbol{X}) \not\ni 0 \tag{6.10}$$

または

$$c + f'(\boldsymbol{X})(\boldsymbol{X} - c) \not\ni 0 \tag{6.11}$$

ならば，非線形方程式 (6.1) の解は $\boldsymbol{X}$ 内に存在しない。

ここまで，Krawczyk 写像を利用した解の存在条件，さらに解の非存在を証明するいくつかの条件を紹介してきた。これらを組み合わせると，与えられた有界領域内の非線形方程式のすべての解を探索する全解探索アルゴリズムが構築できる。すなわち，Krawczyk の方法による解の存在定理と解の非存在定理を組み合わせて，与えられた区間内での解の存在条件，非存在条件の成立をそ

れぞれ区間演算により確認し，いずれかの条件が成立するまで領域を分割するという再帰的なアルゴリズム[†]が考えられる。全解探索アルゴリズムを擬似コードの形で以下に記す。

function allsol(f, $\boldsymbol{X_0}$){
　$L = \{\boldsymbol{X_0}\}$ # 調査する区間のリスト
　$S = \{\}$　# 見つかった解のリスト
　while ($L \neq \emptyset$) {
　　$\boldsymbol{X} = L.\mathrm{pop}()$ # L から区間を一つ取り出す
　　if $\left(f_{[\,]}(\boldsymbol{X}) \not\ni 0\right)$ continue # 式 (6.10) より解なし
　　$c = \mathrm{mid}(\boldsymbol{X})$
　　if $\left(c + f'_{[\,]}(\boldsymbol{X})(\boldsymbol{X} - c) \not\ni 0\right)$ continue # 式 (6.11) より解なし
　　$R \simeq f'(c)^{-1}$ # 近似計算で得る
　　$\boldsymbol{M} = I - Rf'_{[\,]}(\boldsymbol{X})$
　　$\boldsymbol{K} = c - Rf_{[\,]}(c) + \boldsymbol{M}(\boldsymbol{X} - c)$
　　if ($\boldsymbol{K} \cap \boldsymbol{X} = \emptyset$) continue # 式 (6.9) より解なし
　　if ($\boldsymbol{K} \subset \mathrm{int}(\boldsymbol{X})$){ # 式 (6.6) より解あり
　　　　$S.\mathrm{append}(\boldsymbol{K})$ # 解のリストに追加
　　　　continue
　　}
　　$\boldsymbol{X_1}$, $\boldsymbol{X_2}$=divide($\boldsymbol{K} \cap \boldsymbol{X}$) # $\boldsymbol{K} \cap \boldsymbol{X}$ を 2 分割
　　$L.\mathrm{append}(\boldsymbol{X_1})$
　　$L.\mathrm{append}(\boldsymbol{X_2})$
　}
　return S
}

† 分枝限定法（branch and bound algorithm）の一例である。

最後に，上記の非線形方程式の全解探索アルゴリズムは実装され，今日容易に利用できることを紹介したい。例えば，柏木による精度保証付き数値計算ライブラリ kv[15] を利用すれば，考える非線形方程式を記述するだけで，非線形方程式の与えられた区間内のすべての解が精度保証付き数値計算できる。詳しくは `http://verifiedby.me/kv/allsol/` を参考にされたい。また，Web 上で

コーヒーブレイク

区間包囲，凸包と区間拡張

区間解析の用語でよく耳にする区間包囲（hull），凸包（convex hull）を考える。X を $\mathbb{R}^n$ 空間のある集合とすると，$\mathrm{hull}(X) \in \mathbb{IR}^n$ は集合 X を含む区間ベクトルのうち要素ごとに最小となる区間を並べたベクトルで定義する。一方で集合 X の凸包 $\mathrm{conv}(X)$ は X を含む最小の凸集合とする。両者は一般的に一致しない。例えば，3.3 節で紹介されている区間連立 1 次方程式

$$\boldsymbol{A}x = \boldsymbol{b}, \quad \boldsymbol{A} = \begin{bmatrix} [1,2] & [-1,0] \\ [-1,2] & [2,3] \end{bmatrix}, \quad \boldsymbol{b} = \begin{bmatrix} [-1,1] \\ [-2,3] \end{bmatrix}$$

を考えるとき，解集合 $X = \Sigma(\boldsymbol{A}, \boldsymbol{b})$ に対する $\mathrm{hull}(X)$，$\mathrm{conv}(X)$ は**図 1** のようになり，一致しない。さらに，集合の包含という観点から見ると，区間としては凸包 $\mathrm{conv}(X)$ も最良な包含 $\mathrm{hull}(X)$ も過大評価が起きていることがわかる。これは区間が軸ごとに平行になるようにとらざるを得ないためであり，区間を扱うにあたり避けられない困難点である。本章で取り扱う区間拡張についても同様で，特に非線形写像に対しては包含する集合 $X = \{\, f(x) \mid \forall x \in \boldsymbol{X} \,\}$ がもはや線形ではなく，曲線を交えた複雑な形をしている。これらに対して各演算を区間演算に置き換えて得た結果が区間拡張である。

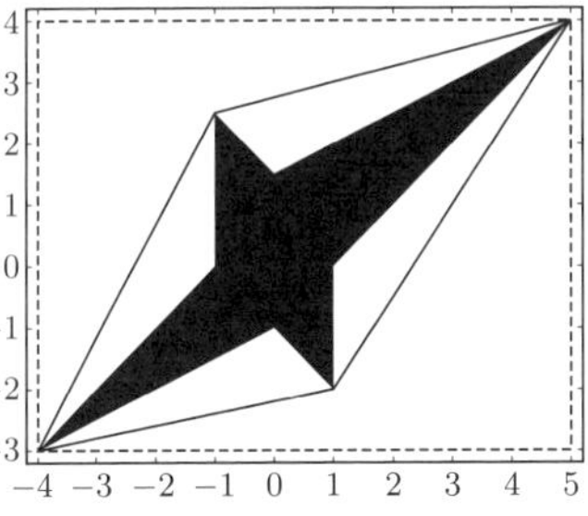

図 1　解集合 $X = \Sigma(\boldsymbol{A}, \boldsymbol{b})$（星形）に対する $\mathrm{hull}(X)$（破線）と $\mathrm{conv}(X)$（実線）

動作するデモページ（`http://verifiedby.me/kv/demo/allsol.cgi`）もあり，実際にユーザが全解探索アルゴリズムを試すことができるようになっている。

6.3　Krawczyk の方法による検証例

前節では実数区間 $\mathbb{IR}$ 上での Krawczyk の方法に関する理論を紹介した。実際に，Krawczyk の方法による非線形方程式 (6.1) の解の精度保証付き数値計算には，機械区間演算を用いることになる。そこで，機械区間 $\boldsymbol{X} \in \mathbb{IF}^m$ に対する写像 $F_{[\,]} : \mathbb{IF}^m \to \mathbb{IF}^m$ と $F'_{[\,]} : \mathbb{IF}^m \to \mathbb{IF}^{m\times m}$ をそれぞれ

$$F_{[\,]}(\boldsymbol{X}) \supset \{\, f(x) \mid \forall x \in \boldsymbol{X} \,\} \tag{6.12}$$

$$F'_{[\,]}(\boldsymbol{X}) \supset \{\, f'(x) \mid \forall x \in \boldsymbol{X} \,\} \tag{6.13}$$

を満たすように定義する。これは機械区間演算を利用した f および f' の区間拡張である。区間拡張 $F'_{[\,]}(\boldsymbol{X})$ を計算するためには，その利便性と汎用性から，6.3.1 項で紹介する自動微分を用いるのが標準的である。機械区間演算による Krawczyk 写像の区間拡張 $K_{[\,]} : \mathbb{IF}^m \to \mathbb{IF}^m$ は

$$K_{[\,]}(\boldsymbol{X}) := c - RF_{[\,]}(c) + \Big(I - RF'_{[\,]}(\boldsymbol{X})\Big)(\boldsymbol{X} - c)$$

で定義され，任意の $\boldsymbol{X} \in \mathbb{IF}^m$ について $K_{[\,]}(\boldsymbol{X}) \supset K(\boldsymbol{X})$ が成立する。よって，当然ながら $K_{[\,]}(\boldsymbol{X}) \subset \mathrm{int}(\boldsymbol{X})$ の成立を機械区間演算によって検証すれば，定理 6.3 の十分条件 $K(\boldsymbol{X}) \subset \mathrm{int}(\boldsymbol{X})$ も満たされる。したがって，条件 $K_{[\,]}(\boldsymbol{X}) \subset \mathrm{int}(\boldsymbol{X})$ の成立を計算機で数値的に検証することで，非線形方程式 (6.1) の解の存在証明が可能である。

つぎに，条件 $K_{[\,]}(\boldsymbol{X}) \subset \mathrm{int}(\boldsymbol{X})$ が成立することが期待される候補区間 $\boldsymbol{X} \in \mathbb{IF}^m$ の選び方を紹介する。いま，$c \in \mathbb{F}^m$ を非線形方程式 (6.1) の数値計算で得られた近似解とする。典型的な選び方は候補区間 $\boldsymbol{X}$ を

$$\boldsymbol{X} = \begin{bmatrix} [c_1 - r, c_1 + r] \\ [c_2 - r, c_2 + r] \\ \vdots \\ [c_m - r, c_m + r] \end{bmatrix}, \quad r := 2\|Rf(c)\|_\infty \tag{6.14}$$

とする。ここで，$\|\cdot\|_\infty$ はベクトルの最大値ノルムを表す。もう一つ，柏木[16)]によって提案された方法は $r = |Rf(c)| \in \mathbb{F}^m$ をベクトルとして考え，候補区間 $\boldsymbol{X}$ を

$$\boldsymbol{X} = \begin{bmatrix} [c_1 - u_1, c_1 + u_1] \\ [c_2 - u_2, c_2 + u_2] \\ \vdots \\ [c_m - u_m, c_m + u_m] \end{bmatrix}, \quad u_i = r_i + \frac{1}{n}\sum_k r_k \tag{6.15}$$

で与える。前者に比べ，後者のほうが条件 $K_{[\,]}(\boldsymbol{X}) \subset \mathrm{int}(\boldsymbol{X})$ が成立しやすいことが数値実験による比較でわかっている[16)]。

6.3.1 自動微分を使ったヤコビ行列の計算

区間拡張 $F'_{[\,]}(\boldsymbol{X})$ を計算する方法として最も標準的な実装方法は，自動微分を利用することである。自動微分法の起源や歴史をここで紹介することはしないが，Rall[17)]，Corliss et al.[18)]，Griewank[19)]，和文では伊理[20)]，伊理・久保田[21)]，久保田・伊理[22)] などを参照されたい。ここでは，ボトムアップ型（forward mode）自動微分を利用して区間拡張 $F'_{[\,]}(\boldsymbol{X})$ を計算する方法を紹介する。

自動微分の実装には自動微分を実行するオブジェクト（object）を用意する。このオブジェクトはデータ構造とオブジェクト間の演算から構成される。データ構造は区間ベクトル $\boldsymbol{X}$ が n 個の要素からなるとすると

$$(d_0, d_1, d_2, \cdots, d_n) \in \mathbb{IF}^{n+1}$$

という形をしている。このデータ構造を持つオブジェクトにつぎのような演算規則を定義する。

いま，$u:\mathbb{R}\to\mathbb{R}$ をある単項演算，$u_{[\,]}:\mathbb{IR}\to\mathbb{IR}$ をその区間拡張とし，u は微分可能とする。単項演算 u の微分を $u':\mathbb{R}\to\mathbb{R}$ で表す。この u' は手計算で得るような通常の意味での微分を意味する。**表 6.2** にいくつかの単項演算に対する微分を記す。また，$u'_{[\,]}:\mathbb{IR}\to\mathbb{IR}$ を u' の区間拡張とする。そして，u のボトムアップ型自動微分 $\tilde{U}(p):\mathbb{IF}^{n+1}\to\mathbb{IF}^{n+1}$ を $p=(p_0,p_1,\cdots,p_n)\in\mathbb{IF}^{n+1}$ から $\tilde{U}(p)=(r_0,r_1,\cdots,r_n)\in\mathbb{IF}^{n+1}$ への写像として定義する。ここで，各 r_i は

$$r_0:=u_{[\,]}(p_0)$$

$$r_i:=u'_{[\,]}(p_0)p_i\quad(i=1,\cdots,n)$$

により定める。

表 6.2　いくつかの単項演算に関する微分

$u(x)$	$u'(p_0)$
e^x	e^{p_0}
$\sin x$	$\cos p_0$
$\sqrt{x}$	$\dfrac{1}{2\sqrt{p_0}}$
$\log p_0$	$\dfrac{1}{x}$

つぎに，$b:\mathbb{R}\times\mathbb{R}\to\mathbb{R}$ を微分可能な 2 項演算:$(x,y)\mapsto b(x,y)$ とし，b の区間拡張を $b_{[\,]}:\mathbb{IR}\times\mathbb{IR}\to\mathbb{IR}$ で表す。演算 b の変数 x に関する偏微分を $\partial_x b:\mathbb{R}\times\mathbb{R}\to\mathbb{R}$，変数 y に関する偏微分を $\partial_y b:\mathbb{R}\times\mathbb{R}\to\mathbb{R}$ とする。一例として，四則演算に関する各偏微分 $\partial_x b(p_0,q_0)$，$\partial_y b(p_0,q_0)$ を**表 6.3** に紹介しておく。さらに，偏微分 $\partial_x b$, $\partial_y b$ の区間拡張をそれぞれ $\partial_x b_{[\,]}:\mathbb{IR}\times\mathbb{IR}\to\mathbb{IR}$, $\partial_y b_{[\,]}:\mathbb{IR}\times\mathbb{IR}\to\mathbb{IR}$ とする。そして，b のボトムアップ型自動微分 $\tilde{B}:\mathbb{IF}^{n+1}\times\mathbb{IF}^{n+1}\to\mathbb{IF}^{n+1}$ を $p=(p_0,p_1,\cdots,p_n)$，$q=(q_0,q_1,\cdots,q_n)\in\mathbb{IF}^{n+1}$ から $\tilde{B}(p,q)=(r_0,r_1,\cdots,r_n)$ への写像として定義する。各 r_i は

$$r_0:=b_{[\,]}(p_0,q_0)$$

表 6.3 四則演算に関する偏微分

$b(x,y)$	$\partial_x b(p_0,q_0)$	$\partial_y b(p_0,q_0)$
$x+y$	1	1
$x-y$	1	-1
$x\cdot y$	q_0	p_0
$\dfrac{x}{y}$	$\dfrac{1}{q_0}$	$-\dfrac{p_0}{q_0^2}$

$$r_i := \partial_x b_{[\ ]}(p_0,q_0)p_i + \partial_y b_{[\ ]}(p_0,q_0)q_i \quad (i=1,\cdots,n)$$

により定める。

上記の議論をもとに，写像 $f=(f_1,\cdots,f_n)^T$ のボトムアップ型自動微分を考える。各 $f_i:\mathbb{R}^n\to\mathbb{R}$ $(i=1,\cdots,n)$ は $x=(x_1,\cdots,x_n)$ について微分可能であるとする。いま，各 f_i が微分可能な単項演算と 2 項演算のみから構成されていると仮定し，$\widetilde{X}\in\mathbb{IF}^{n\times(n+1)}$ を以下で定義する。

$$\widetilde{X}=\begin{bmatrix}\widetilde{X}_1\\ \widetilde{X}_2\\ \vdots\\ \widetilde{X}_n\end{bmatrix}=\begin{bmatrix}\boldsymbol{X}_1 & [1,1] & [0,0] & \cdots & [0,0]\\ \boldsymbol{X}_2 & [0,0] & [1,1] & \cdots & [0,0]\\ \vdots & \vdots & \vdots & \ddots & \vdots\\ \boldsymbol{X}_n & [0,0] & [0,0] & \cdots & [1,1]\end{bmatrix}$$

ここで，$\widetilde{X}_i\in\mathbb{IF}^{n+1}$ である。写像 f のボトムアップ型自動微分は f の各演算を自動微分に置き換えることで $\widetilde{X}$ から $\widetilde{F}(\widetilde{X})\in\mathbb{IF}^{n\times(n+1)}$ への写像として定義でき，$\widetilde{F}:\mathbb{IF}^{n\times(n+1)}\to\mathbb{IF}^{n\times(n+1)}$ となる。$F_i:\mathbb{IR}^n\to\mathbb{IR}$ を写像 f_i の区間拡張とし，各 $j=1,\cdots,n$ に対して f_i の偏微分を $\partial_{x_j}f_i:\mathbb{R}^n\to\mathbb{R}$，その区間拡張を $\partial_{x_j}F_i:\mathbb{IR}^n\to\mathbb{IR}$ で表すとする。また，$\boldsymbol{X}=(\boldsymbol{X}_1,\boldsymbol{X}_2,\cdots,\boldsymbol{X}_n)^T$ とすれば，得られた $\widetilde{F}(\widetilde{X})$ について

$$\widetilde{F}(\widetilde{X})=\begin{bmatrix}F_1(\boldsymbol{X}) & \partial_{x_1}F_1(\boldsymbol{X}) & \partial_{x_2}F_1(\boldsymbol{X}) & \cdots & \partial_{x_n}F_1(\boldsymbol{X})\\ F_2(\boldsymbol{X}) & \partial_{x_1}F_2(\boldsymbol{X}) & \partial_{x_2}F_2(\boldsymbol{X}) & \cdots & \partial_{x_n}F_2(\boldsymbol{X})\\ \vdots & \vdots & \vdots & \ddots & \vdots\\ F_n(\boldsymbol{X}) & \partial_{x_1}F_n(\boldsymbol{X}) & \partial_{x_2}F_n(\boldsymbol{X}) & \cdots & \partial_{x_n}F_n(\boldsymbol{X})\end{bmatrix}$$

が成立する。自動微分によって得た $\widetilde{F}(\widetilde{X})$ の 2 列目から最終列までが求める区間拡張 $F'_{[\,]}(\boldsymbol{X})$ となる。

6.3.2 検　　証　　例

検証結果の比較のため，6.1.3 項で考えた非線形連立方程式

$$f(x,y) = x^2 + y^2 - 1 = 0, \quad g(x,y) = x^2 - y^4 = 0$$

を再度考え，解の存在と局所一意性を Krawczyk の方法によって検証する。近似解は $c = (x_0, y_0) = (0.618033968993930, 0.786151414622684)$ とする。数値計算は MATLAB2012b[10) を用いて行い，区間演算のパッケージ INTLAB[11) は ver. 9 を利用した[†]。

式 (6.14) を利用した候補区間 $\boldsymbol{X}$ は

$$\boldsymbol{X} = \begin{bmatrix} [0.61803389526341, 0.61803404272445] \\ [0.78615134089216, 0.78615148835321] \end{bmatrix}$$

と与えられ，これに Krawczyk 写像を作用させた区間 $K(\boldsymbol{X})$ は

$$K(\boldsymbol{X}) = \begin{bmatrix} [0.61803398874986, 0.61803398874993] \\ [0.78615137775740, 0.78615137775745] \end{bmatrix}$$

したがって，区間 $\boldsymbol{X}$ 内での解の存在条件 $K(\boldsymbol{X}) \subset \mathrm{int}(\boldsymbol{X})$ が成立し，真の解を含む区間ベクトル

$$\begin{bmatrix} [0.61803398874986, 0.61803398874993] \\ [0.78615137775740, 0.78615137775745] \end{bmatrix}$$

が得られた。6.1.3 項と同様に，この結果は真の解

$$(x^*, y^*) = (0.6180339887498949\cdots, 0.78615137775742\cdots)$$

† INTLAB には自動微分が実装されている。

を内包し，実際に真の解の包含に成功している。**表 6.4** に真の解それぞれに対応する包含結果を示す。表 6.1 の結果と比べると，近似解が同じであるにもかかわらず，Krawczyk の方法による包含結果のほうが精度が良いことがわかる。

注意 1：$\boldsymbol{X} \setminus K(\boldsymbol{X})$ に解が存在しないため，解の包含結果として $K(\boldsymbol{X})$ を利用してよい。

表 6.4　Krawczyk の方法を利用した真の解の包含結果。結果の数値の上付き部分は区間の上端を表し，下付き部分は区間の下端を表す。

真の解	包含結果
$\left(\dfrac{\sqrt{5}-1}{2}, \sqrt{\dfrac{\sqrt{5}-1}{2}}\right)$	$(0.618033988749^{93}_{86},\ 0.78615137775 74^{5}_{0})$
$\left(\dfrac{\sqrt{5}-1}{2}, -\sqrt{\dfrac{\sqrt{5}-1}{2}}\right)$	$(0.618033988749^{93}_{86},\ -0.7861513777574^{0}_{5})$
$\left(-\dfrac{\sqrt{5}-1}{2}, \sqrt{\dfrac{\sqrt{5}-1}{2}}\right)$	$(-0.618033988749^{86}_{93},\ 0.7861513777574^{5}_{0})$
$\left(-\dfrac{\sqrt{5}-1}{2}, -\sqrt{\dfrac{\sqrt{5}-1}{2}}\right)$	$(-0.618033988749^{86}_{93},\ -0.7861513777574^{0}_{5})$

計算に使用したコードをプログラム 6.2 に記す。プログラム 6.1 に比べて，解の存在検証をしている部分が，自動微分の実装により，問題固有のプログラムとなっていない点に注意してほしい。すなわち，方程式が変わり関数 `func` 内が変わっても，Krawczyk の方法による検証部分（20〜39 行目）はプログラムを変える必要がない。一方で，プログラム 6.1 では，定数 ω の計算部分（29 行目）が問題固有のプログラムとなっている。この問題を解決するためには自動微分を利用して 2 階微分を計算することになるが，それは問題の範囲を狭めることとなってしまう。以上の理由から，Krawczyk の方法は，非線形方程式に対する解の精度保証付き数値計算の標準的手法となっている。

プログラム 6.2 (Krawczyk.m)

```
function [] = Krawczyk()

tol=1e-5;
x = [0.6;0.7];

% Compute x0
while (1)
  Df = func(gradientinit(x));
  J = Df.dx;
  x_new = x - J\Df.x;
  if (norm(x_new-x,inf)/norm(x,inf) < tol)
    break
  end
  x = x_new;
end

disp('Approximate solution is')
disp(x)

% Krawczyk test
R = inv(Df.dx);
r = 2*norm(J\Df.x,inf);
X = midrad(x,r); % Candidate interval
disp('X =')
disp(X)

Df = func(gradientinit(X));
M = eye(size(x,1)) - R*Df.dx;
K = x - R*func(intval(x)) + M*(X-x); % Krawczyk mapping
disp('K =')
disp(K)

if all(in0(K,X))
  disp('The exact solution is enclosed in')
  disp(K)
else
  error('Krawczyk test is failed')
end
end

function y=func(x)
y = [x(1)^2 + x(2)^2 - 1; x(1)^2 - x(2)^4];
end
```

6.4 区間ニュートン法

本章の最後に，非線形方程式に対する解の精度保証付き数値計算のもう一つの方法である区間ニュートン法について簡単に紹介する。区間ニュートン法は G. Alefeld[23) によって提案された手法で，つぎの定理を利用する。

定理 6.4 与えられた区間ベクトル $\boldsymbol{X} \in \mathbb{IR}^n$ に対して，$f : \boldsymbol{X} \to \mathbb{R}^n$ が1階連続微分可能な関数とする。$M \in f'_{[\,]}(\boldsymbol{X})$ を満たす任意の行列 M が正則であると仮定し，ある $x_0 \in \boldsymbol{X}$ に対して，集合 $N(x_0, \boldsymbol{X})$ を

$$N(x_0, \boldsymbol{X}) := \left\{ x_0 - M^{-1} f(x_0) \;\middle|\; M \in f'_{[\,]}(\boldsymbol{X}) \right\}$$

と定義する。このとき $N(x_0, \boldsymbol{X}) \subset \boldsymbol{X}$ が成立するならば，非線形方程式 (6.1) の真の解 x^* が区間ベクトル $\boldsymbol{X}$ 内に一意存在する。また，$N(x_0, \boldsymbol{X}) \cap \boldsymbol{X} = \emptyset$ ならば，非線形方程式 (6.1) の解は $\boldsymbol{X}$ 内に存在しない。さらに，$x^* \in N(x_0, \boldsymbol{X})$ である。

証明 Rump[24) の定理 13.2 の証明に従う。微積分学の基本定理

$$f(x) - f(x_0) = \int_0^1 \frac{d}{dt} f\left(x_0 + t(x - x_0)\right) dt$$

から任意の $x \in \boldsymbol{X}$ について

$$f(x) - f(x_0) = M_x(x - x_0), \;\; M_x := \int_0^1 \frac{\partial f}{\partial x}\left(x_0 + t(x - x_0)\right) dt \in f'_{[\,]}(\boldsymbol{X}) \tag{6.16}$$

が成り立つ。ここで，関数 $g : \boldsymbol{X} \to \mathbb{R}^n$ を

$$g(x) := x_0 - M_x^{-1} f(x_0)$$

と定義すると g は連続であり，定理の仮定より $\{\, g(x) \mid x \in \boldsymbol{X} \,\} \subset \boldsymbol{X}$ が成り立つ。したがって，ブラウワーの不動点定理より

$$g(x^*) = x^* = x_0 - M_{x^*}^{-1} f(x_0)$$

を満たす不動点 $x^* \in \boldsymbol{X}$ が存在する。そして，この x^* は式 (6.16) から $f(x^*) = 0$ を満たし，任意の行列 $M \in f'_{[\,]}(\boldsymbol{X})$ が正則であることから，その一意性も成り立つ。そして，もし $y \in \boldsymbol{X}$ が $f(y) = 0$ を満たすならば，式 (6.16) から $-f(x_0) = M_y(y - x_0)$ であり，$y = x_0 - M_y^{-1} f(x_0) \in N(x_0, \boldsymbol{X})$ が成立することから $x^* \in N(x_0, \boldsymbol{X})$ である。 □

MATLAB と区間演算のパッケージ INTLAB を利用して，6.1.3 項，6.3.2 項と同じ問題を区間ニュートン法で解く計算コードをプログラム 6.3 に記す。そして，真の解それぞれに対応する包含結果を**表 6.5** に示す。計算に使用する近似解と候補区間は 6.3.2 項と同じものを利用し，こちらも MATLAB2012b[10)]，INTLAB[11)] の ver. 9 で計算した。区間ニュートン法も Krawczyk の方法と同様に解の存在検証部分は同一のプログラムで動作し，実装も容易であるため，Krawczyk の方法と並んでよく使用される。一つだけ難点があるとすれば，区間連立 1 次方程式を解く必要がある点（28 行目）であり，Krawczyk の方法が近似解 c におけるヤコビ行列 $J(c)$ の近似逆行列 R だけを利用するのに対して，区間ニュートン法では区間連立 1 次方程式を 3.3 節で紹介したような手法により精度保証付き数値計算する必要がある。区間連立 1 次方程式は要素数が大き

表 6.5　区間ニュートン法を利用した真の解の包含結果。結果の数値の上付き部分は区間の上端を表し，下付き部分は区間の下端を表す。

真の解	包含結果
$\left(\dfrac{\sqrt{5}-1}{2}, \sqrt{\dfrac{\sqrt{5}-1}{2}}\right)$	$(0.6180339887499^{91}_{88},\ 0.7861513777574^{4}_{1})$
$\left(\dfrac{\sqrt{5}-1}{2}, -\sqrt{\dfrac{\sqrt{5}-1}{2}}\right)$	$(0.6180339887499^{91}_{88},\ -0.7861513777574^{1}_{4})$
$\left(-\dfrac{\sqrt{5}-1}{2}, \sqrt{\dfrac{\sqrt{5}-1}{2}}\right)$	$(-0.6180339887499^{88}_{91},\ 0.7861513777574^{4}_{1})$
$\left(-\dfrac{\sqrt{5}-1}{2}, -\sqrt{\dfrac{\sqrt{5}-1}{2}}\right)$	$(-0.6180339887499^{88}_{91},\ -0.7861513777574^{1}_{4})$

くなると計算速度が遅くなり，さらに精度が悪くなるという問題がある。したがって，区間ニュートン法と Krawczyk の方法は，問題によって使い分けるのがよい。

プログラム 6.3 (IntervalNewton.m)

```
function [] = IntervalNewton()

tol=1e-5;
x = [-0.6;-0.7];

% Compute x0
while (1)
  Df = func(gradientinit(x));
  J = Df.dx;
  x_new = x - J\Df.x;
  if (norm(x_new-x,inf)/norm(x,inf) < tol)
    break
  end
  x = x_new;
end

disp('Approximate solution is')
disp(x)

% Interval Newton method
r = 2*norm(J\Df.x,inf);
X = midrad(x,r); % Candidate interval
disp('X =')
disp(X)

Df = func(gradientinit(X));
M = Df.dx;
N = x - M\func(intval(x)); % Obtain N(x0, X)
disp('N =')
disp(N)

if all(in(N,X))
  disp('The exact solution is enclosed in')
  disp(N)
else
  error('Interval Newton method is failed')
end
end

```

```
function y=func(x)
y = [x(1)^2 + x(2)^2 - 1; x(1)^2 - x(2)^4];
end
```

章末問題

【1】 ニュートン-カントロヴィッチの定理が適用できないような関数はどのようなものか。適用できない関数とその理由を考えられるだけ列挙せよ。

【2】 Krawczyk 写像 K と候補区間 $\boldsymbol{X}$ に対して，$\boldsymbol{X} \setminus K(\boldsymbol{X})$ に解が存在しないことを示せ。

【3】 区間ニュートン法の集合 $N(x_0, \boldsymbol{X})$ について，$\boldsymbol{X} \setminus N(x_0, \boldsymbol{X})$ に解が存在しないことを示せ。

【4】 表 6.4 と表 6.5 の結果を比べると，表 6.5 における結果が若干タイトな区間となった。この理由を考察し，区間ニュートン法を実装する際に気をつける点と Krawczyk の方法による結果を改善する方法について述べよ。

【5】 候補区間 (6.14), (6.15) を数値実験により比べ，その性能を比較せよ。さらに，なぜ候補区間 (6.15) のほうが条件 $K_{[\,]}(\boldsymbol{X}) \subset \mathrm{int}(\boldsymbol{X})$ が成立しやすいのか調べよ。

【6】 候補区間 (6.14) はなぜニュートン法の修正量の 2 倍が良いのか議論せよ。

【7】 代数方程式 $P(z) = z^n + a_1 z^{n-1} + \cdots + a_n = 0$ $(a_n \neq 0)$ を解くアルゴリズムの一つに DKA（Durand–Kerner–Aberth）法がある。これを調べ，DKA 法で得られた近似解をもとに，Smith の定理と呼ばれるつぎの定理を用いる代数方程式の解の精度保証付き数値計算を実装せよ。

Smith の定理（山本[2] の定理 5.5） $z_1, \cdots, z_n$ を異なる複素数とする。このとき，$P(z) = 0$ のすべての根は閉円板

$$\Gamma_k : |z - z_k| \leqq n \left| \frac{P(z_k)}{\prod_{j \neq k} (z_k - z_j)} \right| \quad (1 \leqq k \leqq n)$$

の合併に含まれる。その連結成分の一つが m 個の閉円板からなれば，その中にちょうど m 個の根がある。

引用・参考文献

1) 杉原 正顯, 室田 一雄：数値計算法の数理, 岩波書店, 1994.

2) 山本 哲朗：数値解析入門［増訂版］, サイエンス社, 2003.

3) L. V. Kantorovich, G. P. Akilov: Functional Analysis, Pergamon Press, 1982.

4) P. Deuflhard: Newton Methods for Nonlinear Problems, Springer-Verlag, 2004.

5) E. Zeidler: Nonlinear Functional Analysis and Its Applications I: Fixed-Point Theorems, Springer-Verlag, 1986.

6) T. Yamamoto: A method for finding sharp error bounds for Newton's method under the Kantorovich assumptions, Numer. Math., **49** (1986), 203–220.

7) L. B. Rall: Computational Solution of Nonlinear Operator Equations, John Wiley, 1973.

8) 大石 進一：精度保証付き数値計算, コロナ社, 2000.

9) 大石 進一：非線形解析入門, コロナ社, 1997.

10) MathWorks: MATLAB, `https://mathworks.com/products/matlab/`, (2017.10).

11) S. M. Rump: INTLAB — INTerval LABoratory, In T. Csendes (ed.), Developments in Reliable Computing, Kluwer Academic Publishers, 1999, 77–104.

12) R. Krawczyk: Newton-Algorithmen zur Bestimmung von Nullstellen mit Fehlerschranken, Computing, **4** (1969), 187–201.

13) R. Krawczyk: Fehlerabschätzung reeller Eigenwerte und Eigenvektoren von Matrizen, Computing, **4** (1969), 281–293.

14) S. M. Rump: Solving algebraic problems with high accuracy, In U. W. Kulisch, W. L. Miranker (eds.), A New Approach to Scientific Computation, Academic Press, 1983, 51–120.

15) 柏木 雅英：kv — C++による精度保証付き数値計算ライブラリ, `http://verifiedby.me/kv`, (2017.10).

16) 柏木 雅英：非線形方程式の近似解の精度保証における候補者集合の生成, `http://verifiedby.me/kv/krawczyk/inflate.pdf`, (2017.10).

17) L. B. Rall: Automatic Differentiation — Techniques and Applications, Lecture Notes in Computer Science, **120**, Springer-Verlag, 1981.

18) G. Corliss, C. Faure, A. Griewank, L. Hascöet, U. Nauman: Automatic

Differentiation of Algorithms — From Simulation to Optimization, Springer-Verlag, 2002.

19) A. Griewank: A mathematical view of automatic differentiation, Acta Numer., **12** (2003), 321–398.

20) 伊理 正夫：高速自動微分法, 応用数理, **3**:1 (1993), 58–66.

21) 伊理 正夫, 久保田 光一：高速自動微分法 (I), 応用数理, **1**:1 (1991), 17–35.

22) 久保田 光一, 伊理 正夫：アルゴリズムの自動微分と応用, コロナ社, 1998.

23) G. Alefeld: Inclusion methods for systems of nonlinear equations, In J. Herzberger (ed.), Topics in Validated Computations — Studies in Computational Mathematics, Elsevier, 1994, 7–26.

24) S. M. Rump: Verification methods: Rigorous results using floating-point arithmetic, Acta Numer., **19** (2010), 287–449.

7 常微分方程式の精度保証付き数値解法

常微分方程式の精度保証付き数値計算法は，大きく分けて

- 初期値問題をテイラー展開をもとに精度保証付きで解き，境界値問題はいわゆる射撃法と組み合わせて解く
- 初期値問題であるか境界値問題であるかにかかわらず，全体を関数方程式と見て，なんらかの不動点定理やカントロヴィッチの定理などを用いて解の存在保証と誤差評価を行う

の 2 通りの流儀がある。後者の手法は 8 章に任せて，本章ではテイラー展開ベースの常微分方程式の初期値問題の解法について述べる。

初期値問題のテイラー展開ベースの精度保証法として，本章では

- Lohner 法[1)]
- 柏木による方法[2)~4)]

を解説する。どちらの手法も柏木により提案されたベキ級数演算の用語で書けるので，7.1 節でまずそれを定義し，7.2 節以降で初期値問題の精度保証の方法を説明する。

7.1 ベキ級数演算

ベキ級数演算（power series arithmetic; PSA）は，有限項で打ち切られた多項式

$$x_0 + x_1 t + x_2 t^2 + \cdots + x_n t^n$$

同士の演算を行うものである。高次の項を捨ててしまう Type-I と，高次の項の影響を捨てずに最高次の係数 x_n に入れ込む Type-II の 2 通りの演算がある。それぞれ，仮数部に入りきらない分を捨ててしまう浮動小数点数による近似計算と，仮数部に入りきらない部分の影響を区間という形で保持する区間演算に対応させて考えるとわかりやすい。

7.1.1 Type-I PSA

Type-I PSA では，n 次のベキ級数

$$x(t) = x_0 + x_1 t + x_2 t^2 + \cdots + x_n t^n$$

同士の演算を行い，その際 $n+1$ 次以上の項は切り捨ててしまう。

加減算はつぎのように定義する。

$$x(t) \pm y(t) = (x_0 \pm y_0) + (x_1 \pm y_1)t + \cdots + (x_n \pm y_n)t^n$$

乗算は

$$x(t) \times y(t) = z_0 + z_1 t + z_2 t^2 + \cdots + z_n t^n$$
$$z_k = \sum_{i=0}^{k} x_i y_{k-i}$$

のように，高次項を切り捨てて行われる。

sin などの数学関数の適用は，その関数を g として

$$\begin{aligned} & g(x_0 + x_1 t + \cdots + x_n t^n) \\ & \quad = g(x_0) + \sum_{i=1}^{n} \frac{1}{i!} g^{(i)}(x_0)(x_1 t + \cdots + x_n t^n)^i \end{aligned}$$

のように，g の点 x_0 でのテイラー展開に代入することによって得る。ただし，途中に現れる加減算や乗算は，上記 Type-I PSA によって行う。

除算は，$x \div y = x \times \dfrac{1}{y}$ と乗算と逆数関数に分解することによって行う。

不定積分は

$$\int_0^t x(t)dt = x_0 t + \frac{x_1}{2}t^2 + \cdots + \frac{x_n}{n+1}t^{n+1}$$

のように行う。

Type-I PSA と同様の演算は

- Mathematica の `Series`
- INTLAB[5] の taylor toolbox

などで行うことができる。また，久保田・伊理[6] の 3.9 節で述べられている高階微分を求める方法も，実質的にほぼ同一と見なせる。

7.1.2 Type-I PSA の例

Type-I PSA の簡単な例を示す。次数は 2 とする。

$$x(t) = 1 + 2t - 3t^2$$
$$y(t) = 1 - t + t^2$$

に対して，加減算は

$$x(t) + y(t) = 2 + t - 2t^2$$
$$x(t) - y(t) = 0 + 3t - 4t^2$$

となる。乗算は

$$x(t) \times y(t) = 1 + t - 4t^2 + 5t^3 - 3t^4$$

を t^2 の項までで打ち切って

$$x(t) \times y(t) = 1 + t - 4t^2$$

を計算結果とする。

数学関数の例を示す。$\log(x(t))$ は，まず，log の 1（$x(t)$ の定数項）におけるテイラー展開（2 次まで）を作る。

$$0 + (x-1) - \frac{1}{2}(x-1)^2$$

これに $x(t)$ を代入すると

$$0 + (2t - 3t^2) - \frac{1}{2}(2t - 3t^2)^2$$

となるが，これを Type-I PSA で計算すると（つまり乗算で 3 次以降は削ると）

$$0 + 2t - 5t^2$$

となる。

除算の例を示す。$x(t) \div y(t)$ は，まず数学関数の計算の要領で $\dfrac{1}{y}(t)$ を計算する。逆数関数 $\dfrac{1}{y}$ の 1（$y(t)$ の定数項）におけるテイラー展開

$$1 - (y-1) + (y-1)^2$$

に $y(t)$ を代入し

$$1 - (-t + t^2) + (-t + t^2)^2$$

を Type-I PSA で計算して

$$1 + t + 0t^2$$

を得る。除算の結果はこれと $x(t)$ の積

$$(1 + 2t - 3t^2)(1 + t + 0t^2)$$

を Type-I PSA で計算して

$$1 + 3t - t^2$$

とする。

7.1.3 Type-II PSA

Type-II PSA でも，Type-I PSA と同様に n 次のベキ級数

$$x(t) = x_0 + x_1 t + x_2 t^2 + \cdots + x_n t^n$$

同士の演算を行うが，$n+1$ 次以降の高次項の情報を最高次の係数 x_n を区間にすることによって吸収する。これを実現するため，Type-II PSA を行うにはそのベキ級数の有効な定義域（区間）D を $D = [t_1, t_2]$ のようにあらかじめ定める必要がある。また，一般に D は 0 を含むように定めるのが普通である。

Type-II PSA のベキ級数

$$x(t) = x_0 + x_1 t + x_2 t^2 + \cdots + x_n t^n$$

は，D 上で定義された連続関数 $x^*(t)$ で，すべての $t \in D$ について

$$x^*(t) \in x_0 + x_1 t + x_2 t^2 + \cdots + x_n t^n \quad \text{（右辺は区間演算する）}$$

を満たすような関数の集合を表すものとする。

加減算はつぎのように定義する。

$$x(t) \pm y(t) = (x_0 \pm y_0) + (x_1 \pm y_1)t + \cdots + (x_n \pm y_n)t^n$$

乗算はつぎの手順で行われる。

1) まず，打ち切りなしで乗算を行う。

$$x(t) \times y(t) = z_0 + z_1 t + z_2 t^2 + \cdots + z_{2n} t^{2n}$$

$$z_k = \sum_{i=\max(0,k-n)}^{\min(k,n)} x_i y_{k-i}$$

2) $2n$ 次から n 次に減次する。

減次はつぎのように定義する。

定義 7.1　(減次)　ベキ級数 $x(t) = x_0 + x_1 t + \cdots + x_m t^m$ と次数 $n < m$ に対して，$x(t)$ の n 次への減次をつぎで定義する。

$$z_0 + z_1 t + \cdots + z_n t^n$$

$$z_i = x_i \quad (0 \leqq i \leqq n-1)$$

$$z_n = \left\{ \sum_{i=n}^{m} x_i t^{i-n} \;\middle|\; t \in D \right\}$$

このように，$n+1$ 次以降の項は n 次の項の係数に吸収するため，Type-II PSA における乗算の結果は真の乗算の結果を含む集合となる。

$$\left\{ \sum_{i=n}^{m} x_i t^{i-n} \;\middle|\; t \in D \right\}$$

の部分は，区間 D 上における多項式の値の評価である。単純に区間演算を行うのではなく，ホーナー法で計算するなど，区間幅をなるべく狭く計算するような工夫をするとよい。

sin などの数学関数の適用は，その関数を g として

$$\begin{aligned} & g(x_0 + x_1 t + \cdots + x_n t^n) \\ & \quad = g(x_0) + \sum_{i=1}^{n-1} \frac{1}{i!} g^{(i)}(x_0)(x_1 t + \cdots + x_n t^n)^i \\ & \qquad + \frac{1}{n!} g^{(n)} \left(\mathrm{hull} \left(x_0, \left\{ \sum_{i=0}^{n} x_i t^i \;\middle|\; t \in D \right\} \right) \right) (x_1 t + \cdots + x_n t^n)^n \end{aligned}$$

のように g の点 x_0 での剰余項付きのテイラー展開に代入することによって得る。ただし，途中に現れる加減算や乗算は上記 Type-II PSA によって行う。式中の hull は凸包を表すが

$$\mathrm{hull} \left(x_0, \left\{ \sum_{i=0}^{n} x_i t^i \;\middle|\; t \in D \right\} \right)$$

の部分は，$0 \in D$ ならば x_0 は当然後の集合に含まれるので，単に

$$\left\{ \sum_{i=0}^{n} x_i t^i \,\middle|\, t \in D \right\}$$

に置き換えてもよい。また，この集合の評価は乗算の場合と同様に工夫するとよい。

除算は，$x \div y = x \times \dfrac{1}{y}$ と乗算と逆数関数に分解することによって行う。

不定積分は

$$\int_0^t x(t)dt = x_0 t + \frac{x_1}{2}t^2 + \cdots + \frac{x_n}{n+1}t^{n+1}$$

のように行う。不定積分の結果は，入力された関数集合のすべての元に対して，原点で値が 0 であるような原始関数を考えると，そのすべてを含むように定義されている。

Type-II PSA の係数は，基本的に $n-1$ 項目までは点（実数），n 項目は区間となるように設計されている。浮動小数点数を用いて実装する場合は，きちんと精度保証するためには $n-1$ 項目までの係数も区間にする必要がある。このとき，$n-1$ 項目までは丸め誤差のみに由来する幅の狭い区間，n 項目は幅の広い区間になる。

7.1.4 Type-II PSA の例

Type-II PSA の簡単な例を示す。次数は 2 とし，定義域を $D = [0, 0.1]$ とする。

$$x(t) = 1 + 2t - 3t^2$$

$$y(t) = 1 - t + t^2$$

に対して，加減算は Type-I PSA とまったく同じで

$$x(t) + y(t) = 2 + t - 2t^2$$

$$x(t) - y(t) = 0 + 3t - 4t^2$$

となる。乗算は

$$
\begin{aligned}
x(t) \times y(t) &= 1 + t - 4t^2 + 5t^3 - 3t^4 \\
&= 1 + t + (-4 + 5t - 3t^2)t^2
\end{aligned}
$$

のように t^2 以降の項を t^2 で括り，括弧内を定義域 $[0, 0.1]$ で評価すると

$$
\begin{aligned}
& -4 + (5 - 3 \times [0, 0.1]) \times [0, 0.1] \\
& \quad \to -4 + [4.7, 5] \times [0, 0.1] \\
& \quad \to -4 + [0, 0.5] \\
& \quad \to [-4, -3.5]
\end{aligned}
$$

となるので

$$
x(t) \times y(t) = 1 + t + [-4, -3.5]t^2
$$

を計算結果とする。この様子を**図 7.1** に示す。

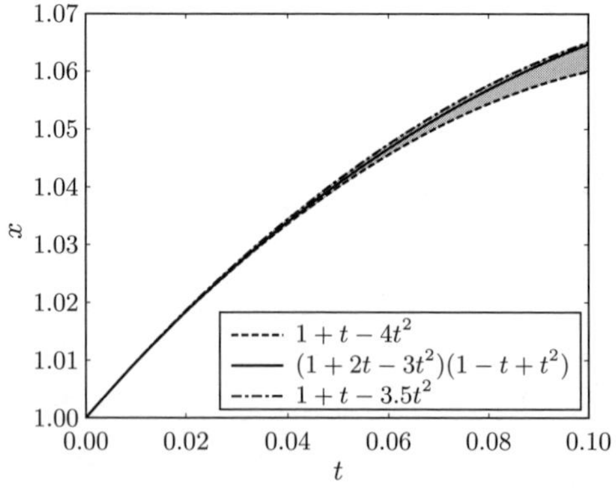

図 7.1　Type-II PSA の乗算

数学関数の例を示す。$\log(x(t))$ のテイラー展開を作るため，まず，$x(t)$ の変域を計算する。

$$1 + (2 - 3 \times [0, 0.1]) \times [0, 0.1]$$
$$\to 1 + [1.7, 2] \times [0, 0.1]$$
$$\to 1 + [0, 0.2]$$
$$\to [1, 1.2]$$

これを用いて，log の 1（$x(t)$ の定数項）におけるテイラー展開（2 次まで）を剰余項付きで作る。

$$0 + (x - 1) - \frac{1}{2[1, 1.2]^2}(x - 1)^2$$

これに $x(t)$ を代入すると

$$0 + (2t - 3t^2) - \frac{1}{2[1, 1.2]^2}(2t - 3t^2)^2$$

となり，これを Type-II PSA で計算し

$$0 + 2t + \left[-5, -\frac{143}{36}\right] t^2$$

となる。この様子を**図 7.2** に示す。

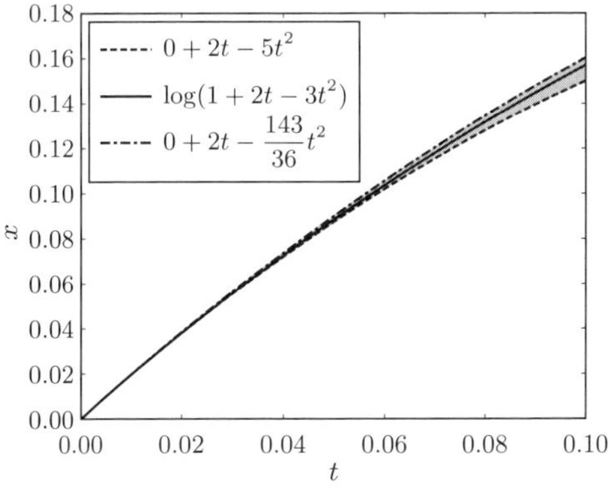

図 7.2 Type-II PSA の log

除算の例を示す。$x(t) \div y(t)$ は，まず数学関数の計算の要領で $\frac{1}{y}(t)$ を計算する。逆数関数 $\frac{1}{y}$ のテイラー展開を作るため，まず，$y(t)$ の変域を計算する。

$$
\begin{aligned}
&1 + (-1 + 1 \times [0, 0.1]) \times [0, 0.1] \\
&\quad \to 1 + [-1, -0.9] \times [0, 0.1] \\
&\quad \to 1 + [-0.1, 0] \\
&\quad \to [0.9, 1]
\end{aligned}
$$

逆数関数 $\frac{1}{y}$ の 1（$y(t)$ の定数項）における剰余項付きのテイラー展開

$$1 - (y - 1) + \frac{1}{[0.9, 1]^3}(y - 1)^2$$

に $y(t)$ を代入し

$$1 - (-t + t^2) + \frac{1}{[0.9, 1]^3}(-t + t^2)^2$$

を Type-II PSA で計算して

$$1 + t + \left[-0.2, \frac{271}{729}\right] t^2$$

を得る。この様子を図 **7.3** に示す。

除算の結果は，これと $x(t)$ の積

$$(1 + 2t - 3t^2)\left(1 + t + \left[-0.2, \frac{271}{729}\right] t^2\right)$$

を Type-II PSA で評価して

$$1 + 3t + \left[-\frac{37693}{24300}, -\frac{458}{729}\right] t^2$$

となる。この様子を図 **7.4** に示す。

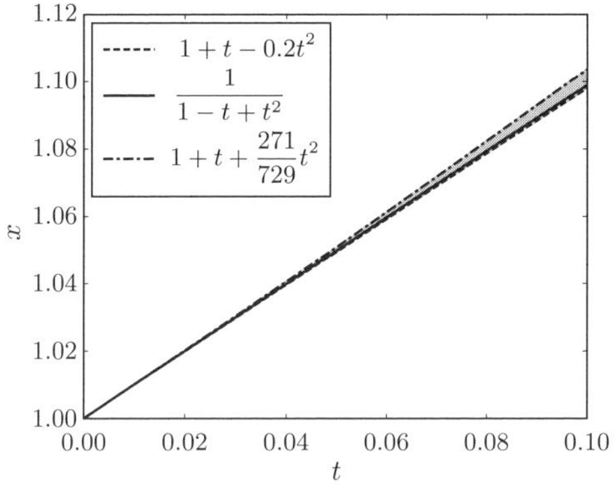

図 **7.3**　Type-II PSA の逆数

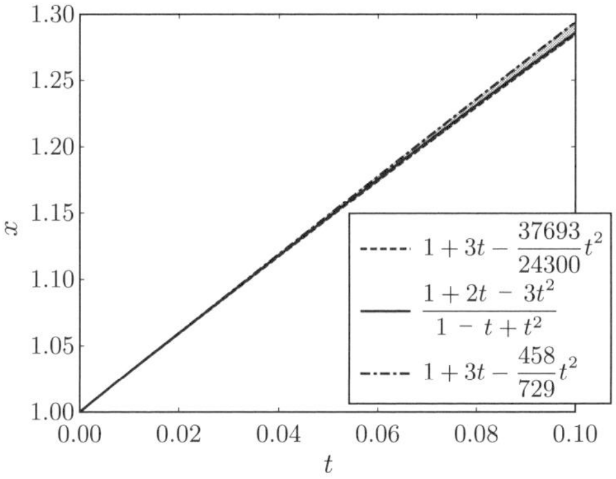

図 **7.4**　Type-II PSA の除算

7.2　ピカール型の不動点形式への変換

以下，つぎのような正規系の 1 階連立常微分方程式の初期値問題を精度保証付きで解くことを考える。

$$\frac{dx(t)}{dt} = f(x(t), t) \tag{7.1}$$

$$x(t_s) = v \tag{7.2}$$

$$t \in [t_s, t_e] \tag{7.3}$$

ここで，$x(t)$ は l 次元ベクトル値関数である。

解 $x(t)$ を精度保証するため，$[t_s, t_e]$ を $[0, t_e - t_s]$ に平行移動し，両辺を積分してピカール型の不動点形式に変換する。

$$x(t) = v + \int_0^t f(x(t), t + t_s)dt \quad (t \in [0, t_e - t_s]) \tag{7.4}$$

X を閉区間 $[0, t_e - t_s]$ から $\mathbb{R}^l$ への連続関数全体の集合，$P : X \to X$ を式 (7.4) の右辺とする。$Y \subset X$ を閉集合とする。このとき，もし $P(Y) = \{ P(x) \mid x \in Y \} \subset Y$ が成立するならば，シャウダーの不動点定理により Y 内に P の不動点が存在することが保証され，それは式 (7.1) の解の存在を保証する。

7.3　解のテイラー展開の生成

Type-I PSA と式 (7.4) に対するピカール型反復を用いて，解のテイラー展開を計算することができる。

アルゴリズム 7.1　(解のテイラー展開の生成)

1) ベキ級数 X_0, T を

$$X_0 = v \quad (+0t + 0t^2 + \cdots)$$

$$T = (0+) \quad t \quad (+0t^2 + \cdots)$$

とする。

2) $k = 0$ とし

(a) 次数 k の Type-I PSA で

$$X_{k+1} = v + \int_0^t f(X_k, T + t_s)dt \tag{7.5}$$

を計算する。

(b) 次数 $k = k + 1$ とする。

を n 回繰り返す。

3) 式 (7.4) の解の n 次のテイラー展開が，X_n として得られる。

このアルゴリズムは，初期値問題に対する n 次の近似解法として十分良く機能する。

ただし，次節の解の精度保証の前段階として計算する場合は，ここで得られた X_n の係数は解の真のテイラー展開の係数を包含していなければならないので，Type-I PSA の係数はすべて区間演算で計算する必要がある。

7.4 解の精度保証

Type-II PSA と式 (7.4) に対するピカール型反復を用いて，解の精度保証を行うことができる。

アルゴリズム 7.2 (解の精度保証)

1) Type-II PSA の定義域を $D = [0, t_e - t_s]$ と設定する。

$$X_n = x_0 + x_1 t + x_2 t^2 + \cdots + x_n t^n$$

をアルゴリズム 7.1 で得られた n 次のテイラー展開とし，ベキ級数 T を

$$T = (0+) \quad t \quad (+0t^2 + \cdots)$$

とする。

2) X_n の最終項の係数を膨らませた候補者集合

$$Y = x_0 + x_1 t + x_2 t^2 + \cdots + V t^n$$

を作成する。具体的な作成方法の例は後述する。

3) $v + \int_0^t f(Y, T + t_s)dt$ を次数 n の Type-II PSA で計算し，$n+1$ 次から n 次に減次したものを

$$Y_1 = x_0 + x_1 t + x_2 t^2 + \cdots + V_1 t^n \tag{7.6}$$

とする。$n-1$ 次までの係数は X_n とまったく同じになることに注意しよう。

4) $V_1 \subset V$ なら Y_1 内に式 (7.4) の解の存在が保証される。存在が保証される理由の詳細は，7.8 節を参照されたい。

5) さらに

(a) $v + \int_0^t f(Y_k, T + t_s)dt$ を次数 n の Type-II PSA で計算し，$n+1$ 次から n 次に減次したものを $Y_{k+1} = x_0 + x_1 t + x_2 t^2 + \cdots + V_{k+1} t^n$ とする。

(b) $V_{k+1} = V_{k+1} \cap V_k$ とする。

(c) $k = k + 1$

を繰り返すことにより精度を上げることもできる。

候補者集合の作成は，例えばつぎの手順で行う。

アルゴリズム 7.3 (候補者集合の生成)

1) $v + \int_0^t f(X_n, T + t_s)dt$ を次数 n の Type-II PSA で計算し，$n+1$ 次から n 次に減次したものを $Y_0 = x_0 + x_1 t + \cdots + V_0 t^n$ とする。

2) $r = ||\mathrm{mag}(V_0 - x_n)||_\infty$ とし

$$V = x_n + 2r\,([-1,1], \cdots, [-1,1])^T$$

とする。

本節で示した方法は，Lohner の方法と違って大雑把な解の包含を必要としないので，ステップ幅 $t_e - t_s$ を Lohner 法より大きくとれる利点がある。

7.5　Lohner 法

Lohner の方法[1)]は以下のとおりである。自動微分法[6)] や，それと同等の前述の Type-I PSA による方法によって，初期値 v をもとに解 $x(t)$ のテイラー展開を得ることができる。この解を，特に v の関数であることに注意して

$$v + \alpha_1(v)t + \alpha_2(v)t^2 + \cdots + \alpha_n(v)t^n$$

と書くことにする。

つぎに，大雑把な解の包含を得る。$[0, t_e - t_s]$ における解 $x(t)$ を包含する候補者区間 $V \subset \mathbb{IR}^l$ を考える。

$$\begin{aligned} P(V) &\subset v + \int_0^t f(V, [0, t_e - t_s] + t_s)dt \\ &\subset v + f(V, [t_s, t_e])t \\ &\subset v + f(V, [t_s, t_e])[0, t_e - t_s] \end{aligned} \tag{7.7}$$

により，$V_1 = v + f(V, [t_s, t_e])[0, t_e - t_s] \subset V$ が成立すれば，V_1 内に $x(t)$ が包含されることがわかる。反復

$$V_{i+1} = V_i \cap (v + f(V_i, [t_s, t_e])[0, t_e - t_s])$$

でさらに精度を上げることもできる。こうして得た候補者区間 V も初期値 v に依存するため，$V(v)$ と書くことにする。

この $V(v)$ を初期値と見て，再度解のテイラー展開

$$V(v) + \alpha_1(V(v))t + \cdots + \alpha_n(V(v))t^n$$

を計算し（ただし式 (7.5) の t_s を $[t_s, t_e]$ と置き換える），v を初期値として計算した結果と合わせて

$$v + \alpha_1(v)t + \cdots + \alpha_{n-1}(v)t^{n-1} + \alpha_n(V(v))t^n \tag{7.8}$$

を精密な解の包含とする。最終項はテイラー展開のラグランジュの剰余項に相当する。

候補者区間 V の作成は，例えばつぎのように行えばよい。

1) $r = ||\mathrm{mag}(f(v, [t_s, t_e])[0, t_e - t_s])||$ とし，

2) $V = v + 2r\,([-1,1], \cdots, [-1,1])^T$ とする。

7.6　初期値問題の精度保証の例

以下，簡単な例題を，PSA 法と Lohner 法を用いて解いたものを示す。

$$\frac{dx}{dt} = -x^2$$
$$x(0) = 1, \quad t \in [0, 0.1]$$

ただし，展開の次数は $n=2$ とし，区間は 10 進 3 桁程度で外側に丸めた。

7.6.1　PSA 法

Type-I PSA によるテイラー展開の生成

$$\begin{aligned}
X_0 &= \boxed{1} \\
X_1 &= 1 + \int_0^t (-X_0^2)dt = 1 + \int_0^t (-1)dt \\
&= \boxed{1 - t} \\
X_2 &= 1 + \int_0^t (-X_1^2)dt = 1 + \int_0^t (-(1-t)^2)dt \\
&= 1 + \int_0^t (-(1-2t))dt \\
&= \boxed{1 - t + t^2}
\end{aligned}$$

候補者集合の生成

$$\begin{aligned}
&1 + \int_0^t (-X_2^2)dt \\
&\quad = 1 + \int_0^t (-(1 - t + t^2)^2)dt
\end{aligned}$$

$$= 1 + \int_0^t (-(1 - 2t + [2.8, 3]t^2))dt$$
$$= 1 - t + t^2 + [-1, -0.933]t^3$$

2 次に減次して

$$Y_0 = 1 - t + [0.9, 1]t^2$$

$r = ||\mathrm{mag}([0.9, 1] - 1)|| = 0.1$ なので

$$Y_0 = \boxed{1 - t + [0.8, 1.2]t^2}$$

Type-II PSA による精度保証

$$1 + \int_0^t (-Y_0^2)dt$$
$$= 1 - t + t^2 + [-1.14, -0.786]t^3$$

2 次に減次して

$$Y_1 = \boxed{1 - t + [0.886, 1]t^2}$$

$[0.886, 1] \subset [0.8, 1.2]$ なので，Y_1 内に真の解が存在する。

この様子を**図 7.5** に示す。この Y_1 に $t = 0.1$ を代入すると

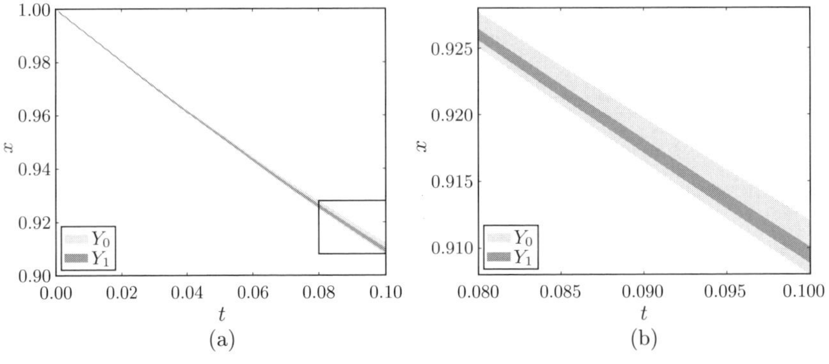

図 7.5 解の包含の様子

$$Y_1(0.1) = \boxed{[0.908, 0.91]}$$

が得られ，$x(0.1)$ の値を精度保証付きで計算できた。

7.6.2 Lohner 法

テイラー展開の生成 PSA 法と同じ。

$$X_2 = \boxed{1 - t + t^2}$$

大雑把な解の包含の生成

$$r = ||\mathrm{mag}((-1^2)[0, 0.1])|| = 0.1$$

$$V = 1 + 2 \times 0.1 \times [-1, 1] = \boxed{[0.8, 1.2]}$$

$$1 + (-[0.8, 1.2]^2)[0, 0.1] = \boxed{[0.856, 1]}$$

$[0.856, 1] \subset [0.8, 1.2]$ なので $[0.856, 1]$ 内に真の解が存在する。

解の包含の生成 初期値を $[0.856, 1]$ としてテイラー展開を行う。

$$X_0 = [0.856, 1]$$

$$X_1 = [0.856, 1] + [-1, -0.732]t$$

$$X_2 = \boxed{[0.856, 1] + [-1, -0.732]t + [0.627, 1]t^2}$$

初期値を 1 としたテイラー展開と合成した

$$\boxed{1 - t + [0.627, 1]t^2}$$

内に，真の解が存在する。

これに $t = 0.1$ を代入すると

$$\boxed{[0.906, 0.91]}$$

が得られ，$x(0.1)$ の値を精度保証付きで計算できた。

7.7　長い区間における初期値問題の精度保証

長い区間にわたって初期値問題の解を計算することを考える。以下，$t = t_s$ における値 $v = x(t_s)$ に対して，$x(t_e)$ を対応させる写像

$$\phi_{t_s,t_e} : \mathbb{R}^l \to \mathbb{R}^l, \quad \phi_{t_s,t_e} : x(t_s) \mapsto x(t_e)$$

を推進写像 (flow map) と呼ぶことにする。長い区間にわたる初期値問題の解は，$t_0 < t_1 < t_2 < \cdots$ に対して

$$\begin{aligned} x(t_1) &= \phi_{t_0,t_1}(x_0) \\ x(t_2) &= \phi_{t_1,t_2}(x(t_1)) \\ &\vdots \end{aligned}$$

のように計算していく。

Lohner 法で得られた式 (7.8)，または PSA 法で得られた式 (7.6) に $t = t_e - t_s$ を代入すると，$\phi_{t_s,t_e}(v)$ の包含が得られる。しかし，こうすると $x(t_{i+1})$ は $x(t_i)$ に値を加算する形になり，区間幅は増大する一方となる。長い区間にわたって精度を保ったまま計算するには，推進写像の微分を利用して推進写像を書き換える方法がある。

7.7.1　推進写像の微分

推進写像の微分を得るには，$x^*(t)$ を v を初期値とした式 (7.1) の真の解として，式 (7.1) の初期値に関する変分方程式

$$\begin{aligned} &\frac{d}{dt}y(t) = f_x(x^*(t),t)y(t), \quad y \in \mathbb{R}^{l\times l} \\ &y(t_s) = I, \quad t \in [t_s, t_e] \end{aligned} \tag{7.9}$$

を考えることが基本となる（I は単位行列）。この解 $y(t)$（これを基本解行列と呼ぶ）が得られれば，$\phi'_{t_s,t_e}(v) = y(t_e)$ である。

これを計算する方法は，つぎに挙げる 2 通りが考えられる。

一つ目は，$x(t)$ と $y(t)$ を連立させて $l + l \times l$ 変数の初期値問題と考え

$$\begin{aligned} &\frac{d}{dt}x(t) = f(x(t), t), \\ &\frac{d}{dt}y(t) = f_x(x(t), t)y(t), \\ &\quad x(t_s) = v, \\ &\quad y(t_s) = I, \quad t \in [t_s, t_e] \end{aligned} \tag{7.10}$$

を解いて，$x(t)$ と $y(t)$ を同時に求める方法である。変数の数は多いものの，前に述べた 7.3，7.4 節の方法をそのまま使うことができる。

二つ目は，まず v を初期値とした式 (7.1) の真の解を包含する $x^*(t)$ を n 次のベキ級数の形で計算しておき，つぎに変分方程式 (7.9) を解くという 2 段階法である。なお，式 (7.9) に対して 7.3 節の方法を使うときは，つぎのようになる。ベキ級数 $x(t)$ を k 次で打ち切ったものを $\mathrm{trunc}(x(t), k)$ とする。Type-I PSA 型の変数 $Y_0 = I$（単位行列），$T = t$ を用いて，$k = 0$ とし

1) 次数 k の Type-I PSA で

$$Y_{k+1} = I + \int_0^t f_x(\mathrm{trunc}(x^*(t), k), T + t_s)Y_k dt$$

を計算する。

2) 次数 $k = k + 1$ とする。

を n 回繰り返す。

二つ目の方法のほうが変数の数が少ない（$l \times l$ 個）のでやや高速である。また，数値実験の結果，特に問題が stiff な（硬い）場合に二つ目の方法のほうが大きな刻み幅で精度保証が成功することが多く，現時点の知見では二つ目がお勧めできる。

ここで，7.6 節の例題に対して，上の二つ目の方法で実際に ϕ' を計算した例を示す。すなわち

$$\frac{dx}{dt} = -x^2, \quad t \in [0, 0.1]$$

において，$x(0)$ の値を決めたときに $x(0.1)$ の値を返す関数を $\phi_{0,0.1}$ としたときの，$\phi'_{0,0.1}(1)$ を精度保証付きで計算する。7.6 節で計算した初期値 $x(0)=1$ のときの解の包含

$$\boxed{1-t+[0.886,1]t^2}$$

を用い，（1×1 行列値関数）y に対する初期値問題

$$\frac{dy}{dt}=-2(1-t+[0.886,1]t^2)y,\quad y(0)=1,\quad t\in[0,0.1]$$

を解く。7.6 節と同様に展開の次数は $n=2$ とし，区間は 10 進 3 桁程度で外側に丸めた。

Type-I PSA によるテイラー展開の生成

$$\begin{aligned}
X_0&=\boxed{1}\\
X_1&=1+\int_0^t(-2\mathrm{trunc}(1-t+[0.886,1],0))X_0dt\\
&=1+\int_0^t(-2\times1\times1)dt\\
&=\boxed{1-2t}\\
X_2&=1+\int_0^t(-2\mathrm{trunc}(1-t+[0.886,1],1))X_1dt\\
&=1+\int_0^t(-2(1-t)(1-2t))dt\\
&=1+\int_0^t(-2+6t)dt\\
&=\boxed{1-2t+3t^2}
\end{aligned}$$

候補者集合の生成

$$\begin{aligned}
&1+\int_0^t(-2(1-t+[0.886,1],1))X_2dt\\
&\quad=1-2t+3t^2+[-4,-3.59]t^3
\end{aligned}$$

2 次に減次して

$$Y_0 = 1 - 2t + [2.6, 3]t^2$$

$r = ||[2.6, 3] - 3|| = 0.4$ なので

$$Y_0 = \boxed{1 - 2t + [2.2, 3.8]t^2}$$

Type-II PSA による精度保証

$$\begin{aligned}1 &+ \int_0^t (-2(1 - t + [0.886, 1], 1))Y_0 dt \\ &= 1 - 2t + 3t^2 + [-4.54, -3]t^3\end{aligned}$$

2 次に減次して

$$Y_1 = \boxed{1 - 2t + [2.54, 3]t^2}$$

$[2.54, 3] \subset [2.2, 3.8]$ なので，Y_1 内に真の解が存在する。

この Y_1 に $t = 0.1$ を代入すると

$$Y_1(0.1) = \boxed{[0.825, 0.83]}$$

が得られ，$\phi'_{0,0.1}(0.1)$ の値を精度保証付きで計算できた。

7.7.2　推進写像の書き直し

推進写像をつぎのように書き直す。J_i を時刻 t_i における解を含む区間，$c_i \in J_i$ を J_i の内部の点（一般的には J_i の中心）とする。このとき，各 $x \in J_i$ に対して区間を返す関数

$$\phi_{t_i,t_{i+1}}(c_i) + \phi'_{t_i,t_{i+1}}(J_i)(x - c_i) \tag{7.11}$$

が関数 $\phi_{t_i,t_{i+1}}(x)$ の包含となる。この形は一般に平均値形式と呼ばれる。式中の $\phi_{t_i,t_{i+1}}(c_i)$ を得るには，初期値を c_i として式 (7.8) または式 (7.6) を計算

して $t=t_{i+1}-t_i$ を代入すればよい。$\phi'_{t_i,t_{i+1}}(J_i)$ を得るには，初期値を J_i として 7.7.1 項の方法を用いて $y(t)$ の包含を計算し $t=t_{i+1}-t_i$ を代入すればよい。

なお，ϕ_{t_s,t_e} を $n-1$ 次までのテイラー級数で表現できる項とそれ以外の部分に分解し，前者のみに平均値形式を用いる方法も考えられるが，詳細は省略する。この方法は高速だが，正確な $\phi'_{t_i,t_{i+1}}(J_i)$ を計算しないので，後述の境界値問題の精度保証で唯一性が保証できなくなるなど，いくらか制限が生じる。

7.7.3 解 の 接 続

式 (7.11) を用いて長い区間にわたる初期値問題の精度保証を行う。式 (7.11) は，区間行列 $A_i \in \mathbb{IR}^{l\times l}$ と区間ベクトル $B_i \in \mathbb{IR}^l$ を用いて

$$x_{i+1}=A_i(x_i-c_i)+B_i \tag{7.12}$$

と書ける。一般に次元 $l>1$ の場合，この計算を単純に区間演算で行うと wrapping effect と呼ばれる問題を引き起こし，区間幅が増大してしまう。

柏木ら[4] は，この計算をアフィン演算[7] で行うと高精度に計算できることを示している。

単にそのまま計算してもよいが，アフィン形式におけるダミー変数 ε の増加を最小限にするには，つぎのようにするとよい。式 (7.12) の A_i の中心行列を M_i として

$$\begin{aligned} x_{i+1} &= (A_i-M_i+M_i)(x_i-c_i)+B_i \\ &= M_i(x_i-c_i)+B_i+(A_i-M_i)(x_i-c_i) \end{aligned}$$

のように変形し

$$B_i+(A_i-M_i)(x_i-c_i)$$

の部分をアフィン形式から区間化したものを B'_i とし

$$x_{i+1} = M_i(x_i - c_i) + B'_i$$

という計算を行う。こうすると，アフィン演算の実装の仕方次第ではあるが，1 反復当りのダミー変数の増加は

- $n^2 + n$ 個（もとのままの場合。A_i のアフィン形式化で n^2 個，B_i のアフィン形式化で n 個）
- n 個（変形を行った場合。B'_i のアフィン形式化で n 個）

のように抑えることができる。

アフィン演算を使うと，ダミー変数の増加によって計算が進むにつれて遅くなっていく問題があるが，文献 8) でダミー変数を削減することによって速度低下を抑える方法が示されている。

一方，Lohner[1)] は，つぎのような QR 分解に基づく方法を示している。J_0 を初期値，$c_0 = \mathrm{mid}(J_0)$，$K_0 = J_0 - c_0$，$Q_0 = I$，$i = 0$ とし

1) J_i をもとに A_i, B_i を計算する。
2) $c_{i+1} = \mathrm{mid}(B_i)$
3) A_iQ_i の中心を

$$\mathrm{mid}(A_iQ_i) \simeq QR$$

　　のように（近似）QR 分解し，得られた Q を Q_{i+1} とする。
4) $K_{i+1} = (Q_{i+1}^{-1}A_iQ_i)K_i + Q_{i+1}^{-1}(B_i - c_i)$
5) $J_{i+1} = Q_{i+1}K_{i+1} + c_{i+1}$
6) $i = i + 1$

を繰り返す。ただし，Q_{i+1}^{-1} は Q_{i+1} の真の逆行列またはそれを含む区間行列でなければならない。

7.8 縮小写像原理による解の一意性

7.4 節の手法によって計算された解の一意性は，以下で保証される。

定理 7.1 D を $\mathbb{R}^l$ の部分集合，$f : D \times [0, \Delta t] \to \mathbb{R}^l$ をリプシッツ連続とする。すなわち，$\forall x, y \in D, t \in [0, \Delta t]$ に対してある定数 L が存在して

$$\|f(x,t) - f(y,t)\| \leqq L\|x - y\|$$

が成立するとする。

X を閉区間 $[0, \Delta t]$ から $\mathbb{R}^l$ への連続関数全体の集合とし，X での不動点問題

$$x(t) = v + \int_0^t f(x(t), t)dt \quad (t \in [0, \Delta t]) \tag{7.13}$$

を考える。$P : X \to X$ を

$$P : x(t) \mapsto v + \int_0^t f(x(t), t)dt$$

(式 (7.13) の右辺) とし，$Y \subset X$ を $\forall x(t) \in Y$ について $\forall t\, x(t) \in D$ を満たすような X の閉部分集合とする。このとき，もし $P(Y) = \{ P(x) \mid x \in Y \} \subset Y$ が成立するならば，Y 内に P の不動点が唯一存在する。

この定理の様子を**図 7.6** に示す。

証明 $x \in X$ のノルムを

$$\|x\|_L = \sup_{t \in [0, \Delta t]} e^{-2Lt}\|x(t)\|$$

で定める。$u, v \in Y$ について

$$\|P(u) - P(v)\|_L = \sup_{t \in [0, \Delta t]} e^{-2Lt} \left\| \int_0^t (f(u(t), t) - f(v(t), t))dt \right\|$$

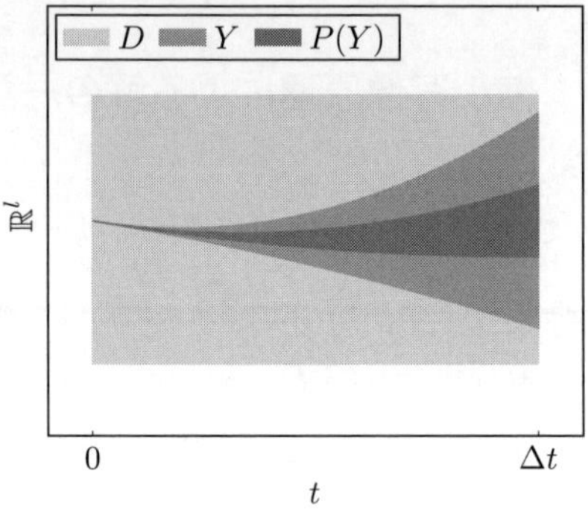

図 **7.6**　解の一意性定理の様子

である。固定した $t \in [0, \Delta t]$ について

$$
\begin{aligned}
& e^{-2Lt} \left\| \int_0^t (f(u(t), t) - f(v(t), t)) dt \right\| \\
& \leqq e^{-2Lt} \left\| \int_0^t \| f(u(t), t) - f(v(t), t) \| \, dt \right\| \\
& \leqq e^{-2Lt} \left\| \int_0^t L \, \| u(t) - v(t) \| \, dt \right\| \\
& \leqq Le^{-2Lt} \left\| \int_0^t e^{2Lt} e^{-2Lt} \, \| u(t) - v(t) \| \, dt \right\| \\
& \leqq Le^{-2Lt} \left\| \int_0^t e^{2Lt} \, \| u - v \|_L \, dt \right\| \\
& = Le^{-2Lt} \frac{1}{2L} \left[e^{2Lt} \right]_0^t \| u - v \|_L \\
& = \frac{1}{2} e^{-2Lt} \left(e^{2Lt} - 1 \right) \| u - v \|_L \\
& = \frac{1}{2} \left(1 - e^{-2Lt} \right) \| u - v \|_L
\end{aligned}
$$

となるので，sup をとると

$$
\| P(u) - P(v) \|_L \leqq \frac{1}{2} \| u - v \|_L
$$

が成立する。これは P が Y 内で縮小的であることを示しており，よって縮小写像原理により P は Y に唯一の不動点を持つ。　□

7.9 射撃法による境界値問題の精度保証

m 点境界値問題は，一般に

$$\frac{d}{dt}x(t) = f(x(t), t), \quad x, f \in \mathbb{R}^l$$
$$r(x(t_1), x(t_2), \cdots, x(t_m)) = 0, \quad r : (\mathbb{R}^l)^m \to \mathbb{R}^l$$
$$t \in [t_1, t_m]$$

と書ける。関数 r は境界条件である。$x(t_1) = v$ とおくと，$x(t_i) = \phi_{t_1,t_i}(v)$ なので，これを境界条件に代入して，方程式

$$r(v, \phi_{t_1,t_2}(v), \cdots, \phi_{t_1,t_m}(v)) = 0$$

を v について精度保証付きで解けばよい。得られた v を初期値として改めて初期値問題を解けば，解の全体が得られる。すなわち，初期値問題を正確に解けるならば，いわゆる射撃法（shooting method）がそのまま境界値問題の精度保証付き解法となる。この v に関する非線形方程式の解の精度保証を行うには，例えば Krawczyk 法を用いればよい。ただし，Krawczyk 法を用いるには推進写像 ϕ の微分が必要であり，それには 7.7.1 項の方法で計算したものを用いる。

例えば，つぎの 2 点境界値問題（Bratu 問題）

$$\frac{d^2u}{dt^2} = -\exp(u), \quad u(0) = u(1) = 0$$

の解を求める問題を考えよう。$t_1 = 0$，$t_2 = 1$ とする。$x_1 = u$，$x_2 = \dfrac{dx_1}{dt}$ として 1 階に直すと

$$\frac{d}{dt}\begin{pmatrix} x_1 \\ x_2 \end{pmatrix} = \begin{pmatrix} x_2 \\ -\exp(x_1) \end{pmatrix}$$

となる。ϕ_{t_s,t_e} をその推進写像とすると

$$v = \begin{pmatrix} v_1 \\ v_2 \end{pmatrix} = \begin{pmatrix} x_1(t_1) \\ x_2(t_1) \end{pmatrix}$$

を未知数とする方程式

$$r\left(\begin{pmatrix} v_1 \\ v_2 \end{pmatrix}, \phi_{t_1,t_2}\begin{pmatrix} v_1 \\ v_2 \end{pmatrix}\right) = \begin{pmatrix} v_1 \\ \phi^{(1)}_{t_1,t_2}\begin{pmatrix} v_1 \\ v_2 \end{pmatrix} \end{pmatrix} = \begin{pmatrix} 0 \\ 0 \end{pmatrix}$$

を解くことに帰着する。ただし，$^{(i)}$ はベクトルの第 i 成分を取り出す演算子とする。

この場合は，$v_1 = 0$ がすぐにわかるので消去すると，v_2 のみを未知数とする

$$\phi^{(1)}_{t_1,t_2}\begin{pmatrix} 0 \\ v_2 \end{pmatrix} = 0$$

が実質的に解くべき方程式となり，これは 2 点境界値問題の射撃法そのものを表している。

7.10　ベキ級数演算の無駄の削減

7.3 節のアルゴリズムのように，同じ関数に対するベキ級数演算を次数を変えながら繰り返すとき，うまく工夫すると計算の無駄を大きく削減することができる。

例えば

$$\frac{dx}{dt} = -x^2$$
$$x(0) = 1$$

の点 $t = 0$ におけるテイラー展開を得るとき

$$X_0 = \boxed{1}$$

$$
\begin{aligned}
X_1 &= 1 + \int_0^t (-X_0^2)dt = 1 + \int_0^t (-1)dt \\
&= \boxed{1 - t} \\
X_2 &= 1 + \int_0^t (-X_1^2)dt = 1 + \int_0^t (-(1-t)^2)dt \\
&= 1 + \int_0^t (-(1-2t))dt \\
&= \boxed{1 - t + t^2} \\
X_3 &= 1 + \int_0^t (-X_2^2)dt = 1 + \int_0^t (-(1-t+t^2)^2)dt \\
&= 1 + \int_0^t (-(1-2t+3t^2))dt \\
&= \boxed{1 - t + t^2 - t^3} \\
X_4 &= 1 + \int_0^t (-X_3^2)dt = 1 + \int_0^t (-(1-t+t^2-t^3)^2)dt \\
&= 1 + \int_0^t (-(1-2t+3t^2-4t^3))dt \\
&= \boxed{1 - t + t^2 - t^3 + t^4}
\end{aligned}
$$

のように計算が進み，最後に新しい項が加わるのみで低次の項の係数は変わらないことがわかる。このことを利用して，常微分方程式の右辺の評価時のベキ級数演算のすべての中間変数を保存しておき，加算，減算，乗算時にすでに計算されている低次の項は計算せずに前回の中間変数からコピーすれば，同じ値を何度も計算する無駄を省くことができる。

数学関数や除算は加算，減算，乗算の組合せに展開されるので，これらを含む場合も問題なく無駄を削減できる。ただし，数学関数のテイラー展開の展開項数が徐々に増加するので毎回計算式が異なる（＝中間変数の数も違う）ことになり，注意深くプログラムする必要がある。

章　末　問　題

【1】 ベキ級数演算を演算子多重定義のできるプログラミング言語を用いて実装せよ。

【2】 Type-II PSA を用いて，定積分

$$\int_a^b f(x)dx$$

を精度保証付きで計算する方法について考察せよ。

【3】 加減乗除と数学関数の組合せで書かれた適当な関数 $f:\mathbb{R}\to\mathbb{R}$ と $a\in\mathbb{R}$ に対して，n 次のベキ級数

$$x(t) = a + t \quad (+0t^2 + \cdots + 0t^n)$$

を f に代入して Type-I PSA で計算して得られるベキ級数

$$y(t) = y_0 + y_1 t + y_2 t^2 + \cdots + y_n t^n$$

について

$$y_0 = f(a),\ y_1 = f'(a),\ y_2 = \frac{f''(a)}{2!},\ \cdots,\ f^{(n)}(a) = \frac{f^{(n)}(a)}{n!}$$

が成立することを確認せよ。

【4】 適当な常微分方程式の初期値問題

$$\frac{dx}{dt} = f(x,t), \quad x(t_0) = x_0$$

（例えば 7.6 節の例題など）について，Lohner 法と PSA 法それぞれでの精度保証が成功する最大のステップ幅を数値的に調べて比較せよ。

引用・参考文献

1) R. J. Lohner: Enclosing the Solutions of Ordinary Initial and Boundary Value Problems, In E. Kaucher, U. Kulisch and Ch. Ullrich (eds.), Computer Arithmetic, Scientific Computation and Programming Languages, B. G. Teubner, 1987, 255–286.

2) M. Kashiwagi, S. Oishi: Numerical Validation for Ordinary Differential Equations — Iterative Method by Power Series Arithmetic, Proc. 1994 Symposium on Nonlinear Theory and its Applications (NOLTA'94 Symposium, 1994.10.7), 243–246.

3) M. Kashiwagi: Power Series Arithmetic and its Application to Numerical Validation, Proc. 1995 International Symposium on Nonlinear Theory and its Applications (NOLTA '95 Symposium, 1995.12.10–14), 251–254.

4) 柏木 啓一郎, 柏木 雅英：平均値形式とアフィン演算を用いた常微分方程式の精度保証法, 日本応用数理学会論文誌, **21**:1 (2011), 37–58.

5) S. M. Rump: INTLAB — INTerval LABoratory, In T. Csendes (ed.), Developments in Reliable Computing, Kluwer Academic Publishers, 1999, 77–104.

6) 久保田 光一, 伊理 正夫：アルゴリズムの自動微分と応用, コロナ社, 1998.

7) M. V. A. Andrade, J. L. D. Comba, J. Stolfi: Affine Arithmetic, INTERVAL'94, St. petersburg (Russia, 1994.3.5–10).

8) M. Kashiwagi: An algorithm to reduce the number of dummy variables in affine arithmetic, 15'th GAMM-IMACS International Symposium on Scientific Computing, Computer Arithmetic and Verified Numerical Computations (SCAN2012).

8 偏微分方程式の精度保証付き数値解法

偏微分方程式は，電磁気学や波動現象などさまざまな現象を記述する際に現れ，その解を知ることで現象への理解が深まる。しかし，偏微分方程式の厳密解は特別な条件下（領域の形状や，係数の値など）でしか得られないことが多い。より一般的な条件で定義される偏微分方程式の解を考察するために，数値計算手法を利用して得られた近似解から微分方程式の解の挙動を議論することは重要である。

一般的に，偏微分方程式の厳密解は無限次元の関数空間に属するため，有限次元の空間（情報）しか表現できない計算機を利用して近似解を求める場合にさまざまな近似誤差が生じている。近似解からもともとの偏微分方程式の厳密解を検討するためには，各種の誤差を厳密に評価することは不可欠である。近似解を得るために，差分法，有限要素法など多種の数値計算手法が開発されている。特に，有限要素法は変分法などの基礎数学理論があり，有限要素法で得られる近似解の誤差評価には多数の理論と手法が存在し，精度保証付き数値計算によく使用されている。

この章では，偏微分方程式のいくつかのモデル問題を中心にして，有限要素法を利用した方程式の解に対する精度保証付き数値計算手法を紹介する。8.1 節では三つのモデル問題を紹介して，それぞれのモデル問題の背景，難点を簡明に説明する。その後，補間関数の誤差評価方法など数値解析の基礎理論（8.3 節）から始めて，線形微分方程式の境界値問題（8.4 節）と微分作用素の固有値問題（8.5 節）を検討する。最後に，8.6 節で半線形楕円型偏微分方程式を中心とした非線形偏微分方程式の解の検証方法を説明する。

本章を読むために最低限必要な記号は，8.2 節で簡明に説明する。偏微分方程式を離散化して近似解を求める方法は，連立方程式の解や行列の固有値の計算に帰着されることがある。そのため，前章までに紹介された数値線形代数の精度保証付き数値計算法は不可欠である。

8.1 偏微分方程式のモデル問題

偏微分方程式は幅広い研究分野に関わり，多くのモデル問題が検討されている。本節では偏微分方程式の三つの基本的なモデル問題を紹介し，それぞれのモデル問題に対する精度保証付き数値計算法の研究課題を解説する。最初の二つのモデル問題はポアソン方程式の境界値問題とラプラス作用素の固有値問題であり，どちらも線形問題である。最後のモデル問題は半線形楕円型偏微分方程式であり，精度保証付き数値計算の魅力を一見できるだろう。

8.1.1 ポアソン方程式の境界値問題

最初の例として，2 次元空間上の有界多角形領域 Ω におけるポアソン方程式を考える。領域 Ω の点を (x, y) と書く。既知関数 f に対して，つぎの境界値問題の解 u を考える。

$$-\Delta u = f \text{ in } \Omega, \quad u = 0 \text{ on } \partial\Omega \tag{8.1}$$

ただし，$\partial\Omega$ は領域 Ω の境界，Δ はラプラス作用素

$$\Delta = \frac{\partial^2}{\partial x^2} + \frac{\partial^2}{\partial y^2}$$

とする。境界値問題 (8.1) の解に課される 2 階微分の可能性という強い条件を緩和するために，以下のソボレフ関数空間 $H_0^1(\Omega)$ を用意し，より広い範囲で微分式の解を求める（関数空間 $H_0^1(\Omega)$ の詳細な定義は，8.2 節または文献 1) を参照)。

$$H_0^1(\Omega) := \left\{ u \;\middle|\; u, \frac{\partial u}{\partial x}, \frac{\partial u}{\partial y} \in L^2(\Omega); u = 0 \text{ on } \partial\Omega \right\}$$

式 (8.1) の両辺にテスト関数 v を掛けて領域 Ω 上で積分をすると，境界値問題 (8.1) の解は以下の弱形式の解となることがわかる。

$$\int_\Omega \nabla u \cdot \nabla v \, dxdy = \int_\Omega fv \, dxdy, \quad \forall v \in H_0^1(\Omega) \tag{8.2}$$

ここで $\nabla = (\partial_x, \partial_y)$ とする。弱形式 (8.2) で定義される問題の解の存在と一意性は関数解析の理論であるリースの表現定理や Lax–Milgram の定理などを利用することで容易に証明できる。領域 Ω を三角形などの要素（あるいはメッシュとも呼ぶ）に分割して有限要素法を利用すれば，弱形式 (8.2) の近似解（u_h と書く）が得られる。近似解の誤差評価について，以下の式が期待される。

$$\|u - u_h\|_{H^1} \leqq C_h \|f\|_{L^2} \tag{8.3}$$

ただし，C_h は領域とメッシュのみに依存する定数であり，メッシュのサイズ（三角形要素の場合，最大辺長と理解してもよい）が小さくなるとともに，C_h も小さくなることが期待される。

従来の数値解析では，C_h の有界性など定性的な誤差評価のみ考えることが多かった。精度保証付き数値計算を行うためには，丸め誤差の評価はもちろん，偏微分方程式の離散化誤差の定量的な評価（C_h の具体な値）が必要不可欠である。そのため，従来の定性的な誤差評価の理論を再検討し，定量的な誤差評価を得る方法を考えなければならない。

凸多角形領域などの特別な領域に限れば，境界値問題の弱形式 (8.2) の厳密解 u の 2 階微分も $L^2(\Omega)$ に属する。この場合，境界値問題の弱形式 (8.2) の解は H^2 正則性を持つという。非凸領域の場合，**図 8.1** のように非凸なコーナーの近傍には解の特異性が現れる。ポアソン方程式を含む楕円型微分方程式の解の特異性に関する議論は，Grisvard[2)] や Strang and Fix[3)] などを参照されたい。

問題 (8.2) の解の H^2 正則性は，近似解の誤差評価に重要な役割を果たす。問題 (8.2) の解が H^2 正則性を持っていれば，誤差評価式 (8.3) の定数 C_h は補間関数の誤差評価に帰着され，C_h の評価を簡単に得ることができる。H^2 正則性がない場合については，劉・大石が Hypercircle 法を利用して，C_h の具体的な

図 8.1 非凸なコーナーの近傍にある解の特異性

値を計算できることを示し，それにより，有限要素解の定量的な誤差評価を得た[4)]。8.4 節では，H^2 の正則性がある場合と正則性がない場合に分けて，C_h の具体的な計算方法を説明する。

8.1.2 ラプラス作用素の固有値問題

微分作用素 L に対する固有値問題は $Lu = \lambda u$ と記述され，数値解析に限らずさまざまな分野の基礎問題である。特に，精度保証付き数値計算を行う場合，補間関数の定数評価や，非線形偏微分方程式の線形化作用素のノルム評価は微分作用素の固有値問題に帰着することがある。本項では，ラプラス作用素の固有値問題に対し，固有値の評価方法を検討する。具体的に，以下の式を満たす領域 Ω の上の関数 u とスカラ λ を求める。

$$-\Delta u = \lambda u \text{ in } \Omega, \quad u = 0 \text{ on } \partial\Omega \tag{8.4}$$

上記の式を満たす (λ, u) を固有対と呼ぶ。固有値問題 (8.4) は可算無限個の固有対を持ち，それぞれを (λ_i, u_i)（$i = 1, 2, \cdots$）と書く。ただし，固有値の添え字は小さいものから順序付けられており，$0 < \lambda_1 \leqq \lambda_2 \leqq \cdots \to \infty$ が成り立つ。固有関数 u_i（$\in H_0^1(\Omega)$）と固有値 λ_i に関して，以下の方程式が成り立つ。

$$a(u_i, v) = \lambda_i b(u_i, v), \quad \forall v \in H_0^1(\Omega)$$

ここで，$a(\cdot,\cdot)$ と $b(\cdot,\cdot)$ は以下の双 1 次形式である。

$$a(u,v) := \int_\Omega \nabla u \cdot \nabla v \, dxdy, \quad b(u,v) := \int_\Omega uv \, dxdy \tag{8.5}$$

固有値の上下界の評価は古くから数学の重要なテーマの一つである。固有値の上界はレイリー-リッツの方法を利用して簡単に評価できる。レイリー-リッツの方法では，固有値問題の計算を以下のレイリー商 R の停留点に帰着して検討する。

$$R(u) := \frac{a(u,u)}{b(u,u)} \tag{8.6}$$

レイリー商を用いて，固有値 λ_k に関わる min-max 原理は以下のように書かれる。

$$\lambda_k = \min_{S_k \subset H_0^1(\Omega)} \max_{v \in S_k} R(v)$$

ここで，S_k は $H_0^1(\Omega)$ の k 次元部分空間である。よって，任意の有限次元部分空間 $V^h \subset H_0^1(\Omega)$（例えば，有限要素法の関数空間）において，以下の λ_k^h は λ_k の上界になることがわかる。実際の計算では，λ_k^h はある行列の一般化固有値問題を解いてからわかる。

$$\lambda_k^h = \min_{S_k^h \subset V^h} \max_{v \in S_k^h} R(v)$$

ここで，S_k^h は V^h の k 次元部分空間である。

固有値の上界の評価は容易にできるが，固有値の下界の評価は現在でも難しい問題として残っている。過去の研究ではさまざまな固有値の下界の評価手法が提案されているが，汎用的な手法とはいえない。近年，劉・大石は前記の Hypercircle 法を利用することで得られた誤差評価 (8.3) の定量的な定数 C_h に基づき，適合有限要素法と混合有限要素法を巧妙に組み合わせることで，任意の多角形領域におけるラプラス作用素の固有値問題 (8.4) の固有値の下界を評価する方法を提案した[4)]。さらに，この手法の拡張として，一般的なコンパクト自己共役作用素の固有値評価に対応した方法も開発された[5)]。固有値の下界評価の計算方法は 8.5 節に解説されている。

8.1.3 非線形偏微分方程式の境界値問題

前記の二つのモデル問題は線形問題であり，解の存在と一意性を理論的に検討することは容易である。一方で非線形問題の場合，解の存在と一意性に対する汎用的な理論は少ない。アメリカのクレイ数学研究所の「ミレニアム問題」の一つである「ナビエ-ストークス方程式の解の存在と滑らかさ」という問題なども含め，数学分野における多くの未解決問題は非線形偏微分方程式に関わっている。偏微分方程式の近似解は数値計算の手法で得られるが，その解の真偽性を保証することは難しい。場合によっては，数値計算で得られる解が「幻影解」となる可能性もある（序論の離散化誤差で紹介した Emden 方程式の例を参照されたい)。すなわち，有限次元の方程式の数値解として収束する解でも，偏微分方程式の厳密解としては良い近似にならない場合がある。

これらの問題を解決するためには，従来の解析手法だけではない，なにか新しい概念や発見が必要と予想される。一方，精度保証付き数値計算は，計算機を利用して計算中に生じる近似誤差（離散化誤差，丸め誤差など）をすべて評価し，数学的に正しい結果を得られる有用な方法である。

8.6 節では，モデル問題である Emden 方程式を含めた半線形楕円型偏微分方程式のディリクレ境界値問題

$$-\Delta u = f(u) \text{ in } \Omega, \quad u = 0 \text{ on } \partial\Omega$$

の解を中心に，精度保証付き計算による厳密解の検証方法を解説する。特に，ニュートン-カントロヴィッチの定理を中心にして，いくつかの解の検証フレームワーク（解析手法のための枠組み）を紹介する。

8.2 関数空間の設定と記号

本章ではソボレフ関数空間の利用が議論の基礎となるため，本節でソボレフ関数空間の設定と記号について説明する。ユークリッド空間 $\mathbb{R}^n$ の領域 Ω 上で定義される p $(1 \leqq p < \infty)$ 乗ルベーグ積分が有界である関数集合を $L^p(\Omega)$ と

書く。$L^p(\Omega)$ 空間には，つぎのノルムを導入する。

$$\|u\|_{0,p,\Omega} := \left(\int_\Omega |u(x)|^p \, d\Omega \right)^{\frac{1}{p}}$$

$p = 2$ において，$L^2(\Omega)$ の内積をつぎのように導入する。

$$(u, v)_\Omega := \int_\Omega u(x)v(x) \, d\Omega$$

$W^{k,p}(\Omega)$ を k（$k = 1, 2, \cdots$）階までの微分の L^p ノルムが有界である関数の集合とする。$W^{k,p}(\Omega)$ のセミノルムとノルムを以下のように定義する。

$$|u|_{k,p,\Omega} := \left(\sum_{|\alpha|=k} \binom{k}{\alpha} \|D^\alpha u\|^p_{0,p,\Omega} \right)^{\frac{1}{p}}, \quad \|u\|_{k,p,\Omega} := \left(\sum_{0 \leqq i \leqq k} |u|^p_{i,p,\Omega} \right)^{\frac{1}{p}}$$

ただし，$\alpha = (\alpha_1, \alpha_2, \cdots, \alpha_n)$（$\alpha_i$ を非負整数とする），$|\alpha| = \alpha_1 + \cdots + \alpha_n$ かつ

$$D^\alpha u = \frac{\partial^{|\alpha|}}{\partial x_1^{\alpha_1} \cdots \partial x_n^{\alpha_n}}, \quad \binom{k}{\alpha} = \frac{k!}{\alpha_1! \, \alpha_2! \, \cdots \alpha_n!}$$

とする。特に $p = 2$ の場合，つぎのように記号を省略する。

$$\|u\|_{k,\Omega} := \|u\|_{k,2,\Omega}, \quad |u|_{k,\Omega} := |u|_{k,2,\Omega}$$

さらに，領域 Ω が明らかである場合，以下のような記号の省略も行う。

$$\|u\|_k := \|u\|_{k,\Omega}, \quad |u|_k := |u|_{k,\Omega}$$

また，$p = 2$ の場合，ソボレフ関数空間 $W^{k,2}(\Omega)$ はヒルベルト空間 $H^k(\Omega)$ と表記する。

ベクトル関数の空間 $H(\mathrm{div}, \Omega)$ を以下のように定義する。

$$H(\mathrm{div}, \Omega) = \left\{ \mathbf{q} \in \left(L^2(\Omega) \right)^n \,\middle|\, \mathrm{div}\, \mathbf{q} \in L^2(\Omega) \right\} \tag{8.7}$$

ただし，$\mathrm{div}\, \mathbf{q} := \partial_{x_1} q_1 + \cdots + \partial_{x_n} q_n$，$\mathbf{q} = (q_1, \cdots, q_n)$ である。

以下の関数空間 $H_0^1(\Omega)$ は斉次ディリクレ境界条件の偏微分方程式の問題によく使用される。$H_0^1(\Omega)$ のノルムを $\|u\|_{H_0^1(\Omega)} := |u|_{1,\Omega}$ とする。

$$H_0^1(\Omega) := \left\{ u \in H^1(\Omega) : u = 0 \text{ on } \partial\Omega \right\}$$

$H_0^1(\Omega)$ の有界線形汎関数が張る双対関数空間は $H^{-1}(\Omega)$ と書く。任意の $\mathcal{F} \in H^{-1}$ に対して，$\mathcal{F}$ のノルムを以下のように定義する。

$$\|\mathcal{F}\|_{H^{-1}} := \sup_{v \in H_0^1(\Omega)\setminus\{0\}} \frac{|\mathcal{F}(v)|}{\|v\|_{H_0^1}}$$

X, Y をバナッハ空間とする。$L(X,Y)$ を X から Y へのすべての有界線形作用素からなる空間とし，$L(X,Y)$ の作用素 $\mathcal{T}$ のノルムをつぎのように定義する。

$$\|\mathcal{T}\|_{L(X,Y)} := \sup_{u \in X\setminus\{0\}} \frac{\|\mathcal{T}u\|_Y}{\|u\|_X}$$

有限要素空間　有限要素法は，分割された領域の上に一定の連続性を持つ区分的な多項式を利用して有限次元の関数空間を作ることができる。領域の分割方法や関数連続性などの多様性によって，多くの有限要素空間が提案されている。ここでは，2 次元領域の三角形分割を使用している有限要素空間の一種の概要を紹介する。より入門的な内容は菊地[6),7)] と Johnson[8)] を参照されたい。有限要素法の数学理論の専門書として，菊地[9)] と Brenner and Scott[10)] も薦める。

領域 Ω の三角形分割を $\mathbf{T}^h$ と記し，$\mathbf{T}^h$ を構成する三角形要素 K を $K \in \mathbf{T}^h$ と表す。ただし，K は開集合とする。以下の条件を満たしている分割を正則な分割と呼ぶ。

1) $\Omega = \cup_{K\in\mathbf{T}^\mathbf{h}} \overline{K}$
2) 異なる三角形要素 K の共通部分は空集合
3) 三角形要素の各辺は全領域の境界の一部か，ただ二つの三角形要素の共通な辺になる

図 8.2 は L 字形領域の一様三角形分割と非一様三角形分割の例である。

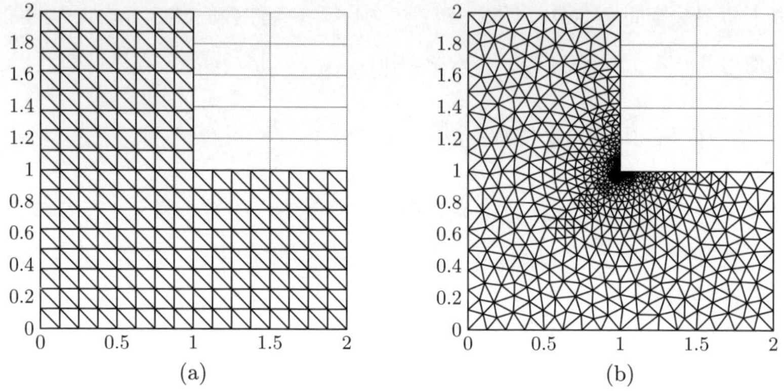

図 **8.2**　一様分割 (a) と非一様分割 (b)

三角形分割 $\mathbf{T}^h$ に対して，以下の性質を持つ関数の集合を V^h とする。

1)　全領域 $\overline{\Omega}$ 上で連続である。

2)　各三角形要素上で 1 次多項式である。

3)　全領域 Ω の境界 $\partial\Omega$ 上での値が 0 である。

V^h に $H_0^1(\Omega)$ と同じような内積とノルムを導入する。V^h は $H_0^1(\Omega)$ の部分空間となるため，適合有限要素空間（conforming finite element space）と呼ばれる。

注意 1：メッシュ分割の各要素上で k 次多項式にして，要素と要素の共通辺での連続性を保持する上で，より近似能力の高い有限要素空間 V^h を作成できる。この場合，V^h を k 次適合有限要素空間と呼ぶ。本章では，特別な場合を除き，V^h は 1 次適合有限要素空間とする。

8.3　補間関数の誤差定数

微分方程式の有限要素解の誤差評価を行うとき，数値解析の基本手法である補間関数がよく使用されている。特に，補間関数の誤差評価に現れる誤差定数の評価は，有限要素法の近似解における定量的な誤差評価に重要な役割を果たす。本節では有限要素法の誤差評価の準備として，三角形要素上の補間関数に関わるいくつかの重要な誤差定数の値や評価式を説明する。

2 次元領域の三角形 K に対して，以下の記号を準備する（図 **8.3** 参照）。

- 三つの頂点を p_i $(i = 1, 2, 3)$ とする。
- 三つの辺を e_i または $p_j p_k$ $(i = 1, 2, 3)$ とする。ただし，(i, j, k) は $(1, 2, 3)$ の偶置換である。すなわち，$(i, j, k) = (1, 2, 3), (2, 3, 1), (3, 1, 2)$ である。
- 辺 $e_i = p_j p_k$ の中点を p_{jk} とする。

K 上で定義される n 次までの多項式の関数の集合を $P^n(K)$ とする。

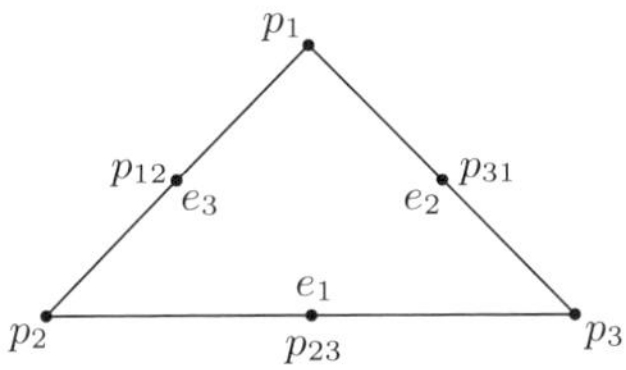

図 **8.3**　三角形要素のパラメータ

初めに代表的な 1 次ラグランジュ補間を紹介する。連続関数 u のラグランジュ補間関数 Πu は以下の式を満たす 1 次多項式である。

$$(\Pi u - u)(p_i) = 0 \quad (i = 1, 2, 3)$$

ここで，Π はラグランジュ補間作用素という。ソボレフ関数空間の埋め込みの定理によって，$H^2(K) \subset C(\overline{K})$ がわかる[1)]。よって，ラグランジュ補間作用素 Π は $H^2(K)$ の関数に適用できる。任意の $H^2(K)$ の関数 u に対する補間関数 Πu について，以下の誤差評価式がある。

$$|u - \Pi u|_{1,K} \leqq C(K)|u|_{2,K}$$

ただし，$C(K)$ は三角形の形状にのみ依存する定数である。$C(K)$ の具体的な値の計算や上界の評価は精度保証付き数値計算の重要なテーマの一つである。

最適な誤差定数 $C(K)$（すなわち，上記の誤差評価式が成り立つための最小の定数）をつぎのように定義できる。

$$C(K) := \sup_{u \in H^2(K), |u|_{2,K} \neq 0} \frac{|u|_{1,K}}{|u|_{2,K}}$$

有限要素法において，領域分割は，2 次元領域の場合には三角形要素や四角形要素などの要素があり，3 次元領域の場合には四面体や平行六面体などの要素がある。また，補間関数に使用される多項式の次数も変わるため，実際に有限要素法を利用して方程式を解く場合，有限要素解の誤差解析には，多くの補間関数に関わる誤差定数についての検討が必要である。**表 8.1** に，三角形要素 K 上で定義されている 2 次までの補間作用素 $\Pi_k^{(i)}$ を示す。ここで k は補間関数の次数を示し，$\Pi_k^{(i)}u$ は k 次多項式である。本節の最初に紹介したラグランジュ補間作用素は，$\Pi_1^{(1)}$ に対応する。

表 8.1　K における k 次補間作用素：$\Pi_k^{(i)}u$（$k = 0, 1, 2$）

補間作用素	定　義	誤差評価式
$\Pi_0^{(1)}$	$\Pi_0^{(1)}u := \int_K u\,dxdy/\lvert K\rvert$	$\lVert u - \Pi_0^{(1)}u\rVert_{0,K} \leqq C_0^{(1)}\lvert u\rvert_{1,K}$
$\Pi_0^{(2)}$	$\Pi_0^{(2)}u := \int_{e_1} u\,ds/\lvert e_1\rvert$	$\lVert u - \Pi_0^{(2)}u\rVert_{0,K} \leqq C_0^{(2)}\lvert u\rvert_{1,K}$
$\Pi_1^{(1)}$	$(\Pi_1^{(1)}u - u)(p_i) = 0\ \ (i = 1, 2, 3)$	$\lvert u - \Pi_1^{(1)}u\rvert_{1,K} \leqq C_1^{(1)}\lvert u\rvert_{2,K}$
$\Pi_1^{(2)}$	$\int_{e_i} \left(\Pi_1^{(2)}u - u\right)\,ds = 0\ \ (i = 1, 2, 3)$	$\lvert u - \Pi_1^{(2)}u\rvert_{1,K} \leqq C_1^{(2)}\lvert u\rvert_{2,K}$
$\Pi_2^{(1)}$	$(\Pi_2^{(1)}u - u)(p_i) = 0$ $(i = 1, 2, 3, \{12\}, \{23\}, \{31\})$	$\lvert u - \Pi_2^{(1)}u\rvert_{1,K} \leqq C_2^{(1)}\lvert u\rvert_{2,K}$

以下で，補間作用素の誤差定数の評価によく使用される二つの手法を説明する。

（1）補間誤差定数の高精度な評価　　補間誤差定数の評価はラプラス作用素または重調和微分作用素の固有値問題に帰着する。例えば，0 次補間関数の誤差定数 $C_0^{(1)}(K)$ は，つぎの三角形 K 上で定義されるラプラス作用素の固有値問題に関係している。

$$\text{Find } u \in H^1(K), \lambda \in R, \text{ s.t. } (\nabla u, \nabla v)_K = \lambda(u, v)_K,\ \ \forall v \in H^1(K) \tag{8.8}$$

具体的には，$C_0^{(1)}(K)$ と上記の固有値問題の正の最小固有値 λ_1 については，以下の関係式がある。

$$C_0^{(1)}(K) = \frac{1}{\sqrt{\lambda_1}}$$

特別な三角形の場合に限り，理論解析の手法を利用することで，固有値問題の固有値を具体的な式で与えることが可能である。例えば，単位二等辺直角三角形の場合（$|e_1| = \dfrac{|e_2|}{\sqrt{2}} = |e_3| = 1$），菊地・劉は以下のことを証明した[11),12)]。

1) $C_0^{(1)} = \dfrac{1}{\pi}$

2) $C_0^{(2)} = 0.49291\cdots$（超越方程式 $\dfrac{1}{x} + \tan\dfrac{1}{x} = 0$ の正の最大の根）

しかし，一般的な三角形要素の場合は，固有値の厳密な値を求めることは難しい。この場合，有限要素法を用いて定数に対応する固有値問題 (8.8) の固有値の上下界を厳密に評価すれば，定数の高精度な評価ができる。高精度な固有値の評価方法の詳細は，8.5 節で説明する。

(2) 補間誤差定数の上界に関する評価式　有限要素法で得られる近似解の誤差評価を行う場合，三角形分割 $\mathbf{T}^h$ の各要素 K における誤差定数 $C(K)$ の上界 $C_h = \max_{K \in \mathbf{T}^h} C(K)$ が必要である。一様メッシュ分割の場合，各要素は同じ形状であるため，一つの要素 K に対して定数 $C(K)$ の高精度な評価ができれば $C_h = C(K)$ の値がわかる。非一様メッシュ分割の場合，各要素は異なる形状を持ち，一つずつの要素について固有値問題を解くことは難しい。この場合，各要素に対する簡単な計算で定数 $C(K)$ の正しい上界（粗くてもよい）を与える計算式が望まれる。

三角形要素における補間誤差定数の公式を説明するために，三角形要素上の記号を導入する（**図 8.4** 参照）。三角形 K の頂点を O, A, B とする。$|OB| \leqq |OA| \leqq |AB|$ を満たすと仮定し，$|OA| = L$，$|OB| = \alpha L$（$0 < \alpha \leqq 1$）とする。また，三角形 K の最大内角を θ とする。

以下で，表 8.1 で定義した補間誤差定数 $C_k^{(i)}$ の上界評価式を説明する。

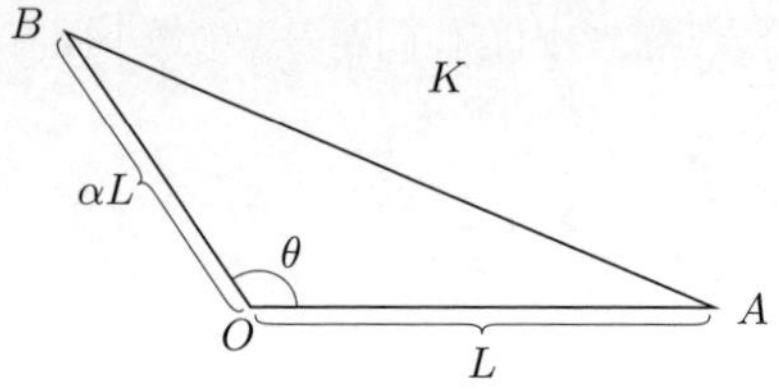

図 8.4　三角形 K の記号

0 次補間関数の誤差定数　　補間誤差定数 $C_0^{(1)}$ の上界に対し，つぎのような公式が与えられている[13),14)]。

$$C_0^{(1)}(K) \leqq \frac{L}{\pi}\sqrt{1+|\cos\theta|}, \quad \text{または} \quad C_0^{(1)}(K) \leqq \frac{|AB|}{j_{1,1}}$$

ただし，$j_{1,1}$ はベッセル関数 J_1 の正の最小の根で，$j_{1,1} \approx 3.8317$ という近似値がある。定数 $C_0^{(2)}$ の定義に e_1 を辺 OA とするとき，つぎの評価式がある[11)]。

$$C_0^{(2)}(K) \leqq 0.493L\sqrt{1+|\cos\theta|}$$

1 次補間関数の誤差定数　　誤差定数 $C_1^{(1)}$ に対して，菊地・劉は以下の公式を提案した[11)]。

$$C_1^{(1)}(K) \leqq 0.493L\frac{1+\alpha^2+\sqrt{1+2\alpha^2\cos 2\theta+\alpha^4}}{\sqrt{2\left(1+\alpha^2-\sqrt{1+2\alpha^2\cos 2\theta+\alpha^4}\right)}}$$

上記の評価式以外に，下記の小林によって提案された式もある[15)]。

$$C_1^{(1)}(K) \leqq \sqrt{\left(\frac{abc}{4s}\right)^2 - \frac{s^2}{5}\left(\frac{1}{a^2}+\frac{1}{b^2}+\frac{1}{c^2}\right) - \frac{1}{32}\left(a^2+b^2+c^2\right)}$$

ただし，$a=|OA|$，$b=|OB|$，$c=|AB|$，$s=|K|$ である。

定数 $C_1^{(2)}$ について，$\displaystyle\int_K \frac{\partial}{\partial x_i}(\Pi_1^{(2)}u-u)\,dK=0$ $(i=1,2)$ が成立するため，以下の関係式がわかる。

$$C_1^{(2)}(K) \leqq C_0^{(1)}(K)$$

よって，$C_0^{(1)}$ の評価式を用いて，定数 $C_1^{(2)}$ の上界は簡単に得られる。

2 次補間関数の誤差定数 誤差定数 $C_2^{(1)}$ の評価について，三角形要素が単位二等辺直角三角形である場合，以下の評価がある[16)]。

$$0.2571 \leqq C_2^{(1)} \leqq 0.2598$$

他の定数の評価式については，劉・菊地[11),13)]，小林[15)] を参照されたい。

8.4 ポアソン方程式の境界値問題と有限要素法

本節では，ポアソン方程式の境界値問題に対し，有限要素法を用いて得られる近似解の事前誤差評価を説明する。具体的には，有界な 2 次元多角形領域 Ω 上で定義されている $f \in L^2(\Omega)$ に対して，つぎの変分方程式を満たす $u \in H_0^1(\Omega)$ を求めるという問題を考える。

$$\text{Find } u \in H_0^1(\Omega) \text{ s.t. } (\nabla u, \nabla v)_\Omega = (f, v)_\Omega, \quad \forall v \in H_0^1(\Omega) \tag{8.9}$$

8.4.1 有 限 要 素 法

これから紹介するリッツ-ガレルキン法は有限要素法の基礎であり，関数空間 $H_0^1(\Omega)$ の代わりに，有限要素関数空間 V^h（8.2 節の定義を参照）で変分方程式 (8.9) を満たす近似解を求める手法である。リッツ-ガレルキン法に基づく有限要素法は，つぎの式を満たす $u_h \in V^h$ を求める。

$$(\nabla u_h, \nabla v_h)_\Omega = (f, v_h)_\Omega, \quad \forall v_h \in V^h \tag{8.10}$$

当該変分式の解の存在と一意性は，リースの表現定理によって容易に証明される。

射影作用素 $P_h : H_0^1(\Omega) \to V^h$ を導入する。任意の $u \in H_0^1(\Omega)$ に対して，$P_h u \in V^h$ はつぎの式を満たす。

$$(\nabla u - \nabla P_h u, \nabla v_h)_\Omega = 0, \quad \forall v_h \in V^h \tag{8.11}$$

式 (8.9) と式 (8.10) を比較すると，近似解 u_h は真の解 u の直交射影 $P_h u$ であることがわかる。すなわち，$u_h = P_h u$ である。以下は正則解と特異性のある解の二つの場合に分けて有限要素解 u_h の事前誤差評価を検討する。

注意 2：領域を分割する細かさを表すために，メッシュサイズ h というパラメータを使う。分割の種類によっては，h の定義が変わる。例えば，図 8.2 (b) の非一様分割の場合，h を分割の最大辺長とし，図 8.2 (a) の一様分割の場合，h を直角三角形要素の底辺の長さとすることが勧められる。

8.4.2　正則な解の場合

有界な凸領域の場合，弱形式 (8.9) で定義される問題の解 u は，$H^2(\Omega)$ に属することが知られている[2)]。以下，射影作用素 P_h に伴う直交性と前節で定義した補間関数 $\Pi_1^{(1)}$ を利用することで，有限要素解 u_h の誤差評価を行う。三角形要素上で定義される補間作用素 $\Pi_1^{(1)}$ を三角形分割 $\mathbf{T}^h$ に拡張し，$\Pi_{1,h}^{(1)}: H^2(\Omega) \to V^h$ を定義する。すなわち

$$(\Pi_{1,h}^{(1)} u)|_K = \Pi_1^{(1)}(u|_K), \quad \forall K \in \mathbf{T}^h$$

とする。さらに，C_1 をつぎのように定義する。

$$C_1 = \max_{K \in \mathbf{T}^h} \frac{C_1^{(1)}(K)}{h}$$

ただし，h は各三角形要素に対応するメッシュサイズである。一般的に，定数 C_1 は分割された要素の形状に依存しているが，要素の大きさ h にはよらない。C_1 を用い，任意の $u \in H^2(\Omega)$ について，以下の補間関数の誤差評価が成り立つ。

$$\|\nabla(u - \Pi_{1,h}^{(1)} u)\|_{0,\Omega} \leqq C_1 h |u|_{2,\Omega}$$

有限要素解の誤差評価には，下記の $|u|_{2,\Omega}$ と $\|\Delta u\|_{0,\Omega}$ の関係を利用する[2)]。

補題 8.1　領域 Ω が多角形領域ならば，以下のいずれかの条件を満たす $H^2(\Omega)$ の関数 u について，$|u|_{2,\Omega} = \|\Delta u\|_{0,\Omega}$ が成り立つ。

(a)　$u|_{\partial\Omega} = 0$

(b)　$\left.\dfrac{\partial u}{\partial \vec{n}}\right|_{\partial\Omega} = 0$　（$\vec{n}$ は単位法線方向である）

補題 8.1 によって，$u \in H^2(\Omega)$ が変分方程式 (8.9) の解であれば，$|u|_{2,\Omega} = \|\Delta u\|_{0,\Omega} = \|f\|_{0,\Omega}$ が成り立つ。したがって，つぎのような u の補間関数の誤差評価が得られる。

$$\|\nabla(u - \Pi_{1,h}^{(1)} u)\|_{0,\Omega} \leqq C_1 h |u|_{2,\Omega} = C_1 h \|f\|_{0,\Omega} \tag{8.12}$$

射影作用素 P_h の直交性 (8.11) から，以下の不等式が成り立つ。

$$\begin{aligned}\|\nabla(u - u_h)\|_{0,\Omega}^2 &= (\nabla(u - u_h), \nabla(u - u_h))_\Omega = (\nabla(u - u_h), \nabla(u - v_h))_\Omega \\ &\leqq \|\nabla(u - u_h)\|_{0,\Omega} \cdot \|\nabla(u - v_h)\|_{0,\Omega}\end{aligned}$$

よって，以下の最小原理がわかる。

$$\|\nabla(u - u_h)\|_{0,\Omega} \leqq \|\nabla(u - v_h)\|_{0,\Omega}, \quad \forall v_h \in V^h \tag{8.13}$$

式 (8.13) の v_h を $\Pi_{1,h}^{(1)} u$ とすれば，式 (8.12) より，有限要素解の誤差評価が得られる。

$$\|\nabla(u - u_h)\|_{0,\Omega} \leqq C_1 h \|f\|_{0,\Omega}, \quad \forall f \in L^2(\Omega) \tag{8.14}$$

$\|u - u_h\|_{0,\Omega}$ を評価するために，Aubin–Nitsche の技巧を使用する[8)]。関数 $e := u - u_h$ を用意する。以下の双対問題の解を $\phi \in H_0^1(\Omega)$ とする。

$$(\nabla\phi, \nabla v) = (e, v), \quad \forall v \in H_0^1(\Omega)$$

上記の式のテスト関数 v を $v = e$ とすると

$$\begin{aligned}\|e\|_{0,\Omega}^2 &= (\nabla\phi, \nabla e)_\Omega = (\nabla(P_h\phi - \phi), \nabla e)_\Omega \\ &\leqq \|\nabla(P_h\phi - \phi)\|_{0,\Omega} \cdot \|\nabla e\|_{0,\Omega}\end{aligned}$$

となる。式 (8.14) で得られる P_h の誤差評価を利用し，$\|u - u_h\|_{0,\Omega}$ の評価が得られる。

$$\|u - u_h\|_{0,\Omega} \leqq C_1 h \|\nabla(u - u_h)\|_{0,\Omega} \leqq (C_1 h)^2 \|f\|_{0,\Omega}$$

本節で論じた誤差評価を，以下の定理にまとめておく。

定理 8.1　式 (8.10) で得られた有限要素解 u_h は，以下のように評価できる。

$$|u - u_h|_{1,\Omega} \leqq C_1 h \|f\|_{0,\Omega} \tag{8.15a}$$

$$\|u - u_h\|_{0,\Omega} \leqq C_1 h |u - u_h|_{1,\Omega} \leqq (C_1 h)^2 \|f\|_{0,\Omega} \tag{8.15b}$$

注意 3：定理 8.1 の誤差評価は，有限要素法の計算を行う前に近似解の誤差評価をすることが可能であるため，「事前誤差評価」と呼ばれる。定数 C_1 とメッシュサイズ h の厳密な値は簡単な計算でわかるため，定量的な事前誤差評価が容易に得られる。

注意 4：2 次有限要素空間で近似解を求める場合，定理 8.1 の証明に 2 次補間関数 $\Pi_2^{(2)} u$ の誤差評価を利用し，定数 C_1 を以下の定数 C_2 に入れ替えることで，誤差評価ができる。図 8.2 (a) の一様分割の場合，C_2 は C_1 の約 $\dfrac{1}{2}$ になるので，有限要素解の事前誤差評価を小さくすることが可能である。

$$C_2 = \max_{K \in \mathbf{T}^h} \frac{C_2^{(1)}(K)}{h} \tag{8.16}$$

8.4.3　解に特異性のある場合

前項の事前誤差評価は $u \in H^2(\Omega)$ という条件を使用している。しかし，非凸な領域の場合，一般には厳密解 u が $H^2(\Omega)$ に属さず，事前誤差評価が難しい。それに対し，近年 Hypercircle 法の手法を利用することで，非凸な領域にも自然に対応できる事前誤差評価が可能であることがわかった。

Hypercircle 法　　u を変分方程式 (8.9) の厳密解とし，任意の $v \in H_0^1(\Omega)$ と $\operatorname{div} \mathbf{p} + f = 0$ を満たす $\mathbf{p} \in H(\operatorname{div}, \Omega)$ に対して，Prager–Synge の定理に現れる以下の Hypercircle 方程式が成り立つ[17)]。

$$\|\nabla(u - v)\|_{0,\Omega}^2 + \|\mathbf{p} - \nabla u\|_{0,\Omega}^2 = \|\nabla v - \mathbf{p}\|_{0,\Omega}^2 \tag{8.17}$$

上記の Hypercircle 方程式は $\displaystyle\int_\Omega (\mathbf{p} - \nabla u) \cdot \nabla(u - v)\, dxdy$ に部分積分を応用することで簡単に証明でき，ピタゴラスの式の一種とも見なせる。

Hypercircle 法は多くの研究者に歓迎され，多くの有限要素解の事後誤差評価に応用された[18),19)]。劉・大石は Hypercircle 法を初めて有限要素解の事前誤差評価に応用し，解に特異性のある問題にも適用できる定量的な誤差評価を得た[4)]。

Hypercircle 法を利用するために，いくつかの有限要素空間の準備が必要である。

- 区分定数関数空間 X^h：

$$X^h := \left\{ v \in L^2(\Omega) \,\middle|\, v \text{ は各要素上で定義される定数関数} \right\}$$

- Raviart–Thomas 混合有限要素空間 W^h：

$$W^h := \left\{ \mathbf{p_h} \in H(\mathrm{div}, \Omega) \,\middle|\, \mathbf{p_h} = \begin{pmatrix} a_K + c_K x \\ b_K + c_K y \end{pmatrix} \text{ in } K \in \mathbf{T}^h \right\}$$

ただし，係数 a_K, b_K, c_K は各要素 K に依存する定数である。$H(\mathrm{div}, \Omega)$ の定義は式 (8.7) を参照。

- $f_h \in X^h$ に対して，$W^h_{f_h}$ は W^h の部分空間のアフィン部分空間である。

$$W^h_{f_h} := \left\{ \mathbf{p_h} \in W^h \,\middle|\, \mathrm{div}\ \mathbf{p_h} + f_h = 0 \right\}$$

関数空間 X^h と W^h に関して，$\mathrm{div}(W^h) = X^h$ が成り立つ[20)]。

射影作用素 $\pi_{0,h} : L^2(\Omega) \to X^h$ を定義する。任意の $v \in L^2(\Omega)$ に対して

$$\int_\Omega (v - \pi_{0,h} v) v_h dxdy = 0, \quad \forall v_h \in X^h \tag{8.18}$$

とする。作用素 $\pi_{0,h}$ を三角形分割 $\mathbf{T}^h$ の各要素 K に制限すると，前節で紹介した補間作用素 $\Pi_0^{(1)}$ と一致する。すなわち，$(\pi_{0,h} u)|_K = \Pi_0^{(1)}(u|_K)$ である。よって，$v \in H^1(\Omega)$ に対して，以下の誤差評価が得られる。

$$\|(I - \pi_{0,h}) v\|_{0,\Omega} \leqq C_0 h |v|_{1,\Omega}, \quad \forall v \in H^1(\Omega) \tag{8.19}$$

ただし，C_0 はつぎのように定義される定数である。

$$C_0 = \max_{K \in \mathbf{T}^h} \frac{C_0^{(1)}(K)}{h} \tag{8.20}$$

つぎに，定量的な事前誤差評価に重要な役割を果たす項 κ_h を定義する。

$$\kappa_h := \max_{f_h \in X^h \setminus \{0\}} \min_{v_h \in V^h,\ \mathbf{p_h} \in W^h_{f_h}} \frac{\|\nabla v_h - \mathbf{p_h}\|_{0,\Omega}}{\|f_h\|_{0,\Omega}} \tag{8.21}$$

定理 8.2　X^h の関数 f_h に対して，$\tilde{u} \in H_0^1(\Omega)$ と $\tilde{u}_h \in V^h$ をそれぞれ以下の変分方程式の解とする。

$$(\nabla \tilde{u}, \nabla v)_\Omega = (f_h, v)_\Omega,\ \ \forall v \in H_0^1(\Omega) \tag{8.22a}$$

$$(\nabla \tilde{u}_h, \nabla v_h)_\Omega = (f_h, v_h)_\Omega,\ \ \forall v_h \in V^h \tag{8.22b}$$

このとき，$\tilde{u}_h$ は $\tilde{u}$ の近似解であり，つぎの誤差評価が得られる。

$$|\tilde{u} - \tilde{u}_h|_{1,\Omega} \leqq \kappa_h \|f_h\|_{0,\Omega} \tag{8.23}$$

証明　式 (8.17) から，$\tilde{u} \in H_0^1(\Omega)$ と $v_h \in V^h (\subset H_0^1(\Omega))$ と $\mathbf{p_h} \in W^h_{f_h}$ に関して，以下の Hypercircle 方程式が成り立つ。

$$\|\nabla \tilde{u} - \nabla v_h\|_0^2 + \|\mathbf{p_h} - \nabla \tilde{u}\|_0^2 = \|\nabla v_h - \mathbf{p_h}\|_0^2 \tag{8.24}$$

よって

$$\|\nabla \tilde{u} - \nabla v_h\|_0 \leqq \|\nabla v_h - \mathbf{p_h}\|_0, \quad \forall v_h \in V^h,\ \forall \mathbf{p_h} \in W^h_{f_h}$$

を得る。$\tilde{u}_h$ は $\tilde{u}$ の V^h への射影であるから，$\tilde{u} - \tilde{u}_h$ の評価がつぎのようになる。

$$\|\nabla \tilde{u} - \nabla \tilde{u}_h\|_0 = \min_{v_h \in V^h} \|\nabla \tilde{u} - \nabla v_h\|_0 \leqq \min_{v_h \in V^h,\ \mathbf{p_h} \in W^h_{f_h}} \|\nabla v_h - \mathbf{p_h}\|_0$$

最後に，κ_h の定義によって，誤差評価 (8.23) を得る。 □

つぎの定理は，一般的な $f \in L^2(\Omega)$ に対して，有限要素解 u_h の事前誤差評価を与える。

定理 8.3　（事前誤差評価[4]）　$f \in L^2(\Omega)$ 対して，$u \in H_0^1(\Omega)$ と $u_h \in V^h$ はそれぞれ変分方程式 (8.9) と式 (8.10) の解であるとする。そのとき，以下の誤差評価が得られる。

$$|u-u_h|_{1,\Omega} \leqq C_h\|f\|_{0,\Omega}, \quad \|u-u_h\|_{0,\Omega} \leqq C_h^2\|f\|_{0,\Omega} \tag{8.25}$$

ただし，$C_h := \sqrt{C_0^2h^2+\kappa_h{}^2}$ とする。

証明　定理 8.2 の f_h を $\pi_{0,h}f$ にし，変分方程式 (8.22) の解 $\tilde{u}$ と $\tilde{u}_h$ を用いてこの定理の証明を行う。u_h は u の V^h への射影であるから，$|u-u_h|_1 \leqq |u-\tilde{u}_h|_1$ が成り立つ。つぎに，$u-\tilde{u}_h=(u-\tilde{u})+(\tilde{u}-\tilde{u}_h)$ という分解に対して，$|u-\tilde{u}|_1$ と $|\tilde{u}-\tilde{u}_h|_1$ の評価を与える。

$|\tilde{u}-\tilde{u}_h|_1$ の評価　$|\tilde{u}-\tilde{u}_h|_1$ は定理 8.2 によって以下のように評価できる。

$$|\tilde{u}-\tilde{u}_h|_1 \leqq \kappa_h\|\pi_{0,h}f\|_0 \tag{8.26}$$

$|u-\tilde{u}|_1$ の評価　u と $\tilde{u}$ の定義より，任意の $v \in V$ に対して

$$(\nabla(u-\tilde{u}), \nabla v)_\Omega = (f-\pi_{0,h}f, v)_\Omega = ((I-\pi_{0,h})f, (I-\pi_{0,h})v)_\Omega$$

が成り立つ。$v=u-\tilde{u}$ とし，$\pi_{0,h}$ の補間誤差評価 (8.19) を利用することで，以下の式がわかる。

$$\begin{aligned} |u-\tilde{u}|_1^2 &\leqq \|(I-\pi_{0,h})f\|_0 \cdot \|(I-\pi_{0,h})(u-\tilde{u})\|_0 \\ &\leqq \|(I-\pi_{0,h})f\|_0 \; C_0h|u-\tilde{u}|_1 \end{aligned}$$

よって，以下の評価を得る。

$$|u-\tilde{u}|_1 \leqq C_0h\|(I-\pi_{0,h})f\|_0 \tag{8.27}$$

評価式 (8.26), (8.27) と合わせて，以下の評価が得られる。

$$|u-u_h|_1 \leqq C_0h\|(I-\pi_{0,h})f\|_0 + \kappa_h\|\pi_{0,h}f\|_0 \leqq \sqrt{C_0^2h^2+\kappa_h{}^2}\;\|f\|_0$$

$\|u-u_h\|_0$ の評価は Aubin–Nitsche の技巧[8] を使って容易に証明できる。　□

注意 5: この項では斉次ディリクレ境界条件の境界値問題のみを検討したが，Hypercircle 法は混合斉次ディリクレ-ノイマン境界条件にも自然に対応できる。詳しい議論は劉・大石[4] を参照されたい。

注意 6：山本・中尾は 1 次適合有限要素空間の直和空間を利用することで，L 字形領域における定量的な事前誤差評価方法を提案した[21]。この方法は複雑な手間が必要になるため，一般的な非凸な領域に拡張するには工夫が必要である。本項で紹介した手法は一般的な領域に自然に対応でき，山本・中尾の手法に比べて，より正確な誤差評価ができる[4]。

8.4.4 計　算　例

この項では，L 字形領域におけるポアソン方程式の有限要素解を計算し，有限要素解の事前誤差評価を検討する。

領域 $\Omega = (0,2)\times(0,2)\setminus[1,2]\times[1,2]$ 上で，ポアソン方程式の斉次ディリクレ境界値問題を考える。

$$-\Delta u = f \text{ in } \Omega, \quad u = 0 \text{ on } \partial\Omega$$

このモデル問題の厳密解の特異性はよく知られている[2]。極座標系の原点をコーナー $(1,1)$ に移動して，厳密解の特異性を以下のように表現することができる。

$$u(r,\theta) = c\, r^{\frac{2}{3}} \sin\left(\frac{2}{3}\left(\theta - \frac{\pi}{2}\right)\right) + O\left(r^{\frac{4}{3}}\right)$$

係数 c が 0 ではない場合，上式の右辺の 1 番目の項は $H^2(\Omega)$ に属さない。

1 次適合有限要素法を利用して，上記のモデル問題の近似解を計算した。**表 8.2** と**表 8.3** はそれぞれ一様分割と非一様分割を使って計算した結果である。三角形分割の要素数 N，射影作用素 P_h の誤差評価に関わる定数 κ_h, $C_0 h$, C_h をこれらの表に書いておく。

厳密解の特異性の影響により，一様メッシュでの計算結果の収束オーダ（$|u-u_h|_{1,\Omega} \approx Ch^\gamma$ を満たす γ）が $\gamma \approx \dfrac{3}{4}$ に落ちることがわかる。最適な収束オーダ（$\alpha = 1$）を得るために，非一様メッシュを用意する。具体的に，非凸なコーナー $(1,1)$ までの距離が r である要素のサイズ $h(r)$ を $h(r) = O\left(r^{\frac{1}{3}}\right)$ とする。この場合，$\tilde{h} := \dfrac{1}{\sqrt{\text{要素の数}}}$ としておくと，κ_h の収束オーダは $\kappa_h = O(\tilde{h}^\gamma)$ を満たす γ で確認でき，表 8.3 の結果から，収束オーダが $\gamma = 1$ に近づいている。

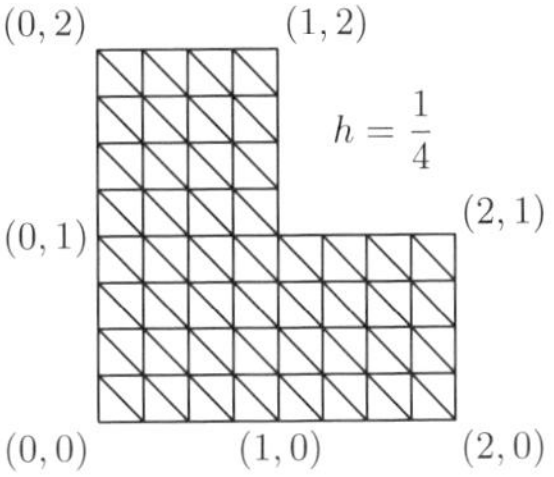

表 8.2　一様分割と事前誤差評価

h	N	$C_0 h$	κ_h	C_h	$\gamma(\kappa_h)$
1/4	96	0.080	0.147	0.167	-
1/8	384	0.040	0.0882	0.0968	0.73
1/16	1536	0.020	0.0538	0.0574	0.71
1/32	6144	0.010	0.0332	0.0348	0.70

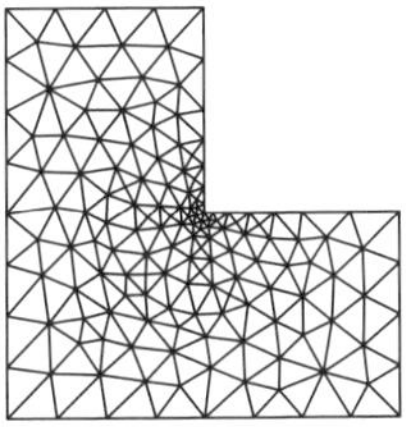

表 8.3　非一様分割と事前誤差評価

N	$C_0 h$	κ_h	C_h	$\gamma(\kappa_h)$
278	0.0959	0.0777	0.1234	-
982	0.0536	0.0440	0.0694	0.90
3748	0.0297	0.0233	0.0377	0.95
14666	0.0151	0.0119	0.0192	0.98

8.5　微分作用素の固有値評価

補間関数の誤差定数の評価や，非線形微分方程式の解の存在と一意性の検証などの多くの問題は，微分作用素の固有値評価に密接に関係している。本節では，コンパクトな自己共役微分作用素の固有値評価の理論を紹介する。

一般的な固有値問題に適用できるフレームワーク（枠組み）を検討するために，以下の仮定を利用する。

A1　V を領域 Ω 上の無限次元実ヒルベルト空間とする。V の内積は $M(\cdot,\cdot)$，ノルムは $\|\cdot\|_M := \sqrt{M(\cdot,\cdot)}$ のように記す。

A2　$N(\cdot,\cdot)$ を V の別の内積とし，それに対応するノルムを $\|\cdot\|_N := \sqrt{N(\cdot,\cdot)}$ と書く。$\|\cdot\|_N$ を導入した空間 V は $\|\cdot\|_M$ を導入した空間 V に対してコンパクトである。すなわち，ノルム $\|\cdot\|_M$ に対して有界な関数列はノルム $\|\cdot\|_N$ でコーシー列となる部分列を持つ。

有限要素空間（適合または非適合有限要素）を利用して近似固有値を計算す

るために，以下の有限次元関数空間の設定を導入する。

A3　V^h を領域 Ω の上で定義される有限な n 次元関数空間とする。すなわち，$\mathrm{Dim}(V^h) = n$ $(< \infty)$。ここで，V^h は V の部分空間に限らない。$V(h) := V + V^h = \left\{ v + v_h \,\middle|\, v \in V, v_h \in V^h \right\}$ を定義する。

A4　$V(h)$ の対称双 1 次形式 $M_h(\cdot,\cdot)$ と $N_h(\cdot,\cdot)$ は $M(\cdot,\cdot)$ と $N(\cdot,\cdot)$ の拡張であり，以下の性質を持っている。

- $M_h(u,v) = M(u,v)$，$N_h(u,v) = N(u,v)$ $(\forall u, v \in V)$
- $M_h(\cdot,\cdot)$ と $N_h(\cdot,\cdot)$ は正定値である。すなわち，任意の $V(h)$ の関数 $u \neq 0$ について，$M_h(u,u) > 0$，$N_h(u,u) > 0$ である。

仮定 A4 によって，$M_h(\cdot,\cdot)$ と $N_h(\cdot,\cdot)$ は $V(h)$ の内積となることがわかる。$M_h(\cdot,\cdot)$，$N_h(\cdot,\cdot)$ に対応するノルムをそれぞれ $\|\cdot\|_{M_h}$，$\|\cdot\|_{N_h}$ とする。V^h は有限次元空間であるため，$V(h)$ もヒルベルト空間となり，$\|\cdot\|_{N_h}$ は $\|\cdot\|_{M_h}$ に対してコンパクトである。誤解がない限り，本節では M_h, N_h をそれぞれ M，N と略記する。

（1）　固有値問題　　以下では，$M(\cdot,\cdot)$ と $N(\cdot,\cdot)$ を用いて定義される固有値問題，すなわちつぎの式を満たす $u \in V$ と $\lambda > 0$ を求める問題を考える。

$$M(u,v) = \lambda N(u,v), \quad \forall v \in V \tag{8.28}$$

この場合，コンパクト性より，固有値問題 (8.28) の固有対 $\{\lambda_k, u_k\}_{k=1}^{\infty}$ を以下のように書くことができる（Babuška and Osborn[22] の §8 を参照）。

$$0 < \lambda_1 \leqq \lambda_2 \leqq \cdots, \quad N(u_i, u_j) = \delta_{ij} \quad (\delta_{ij}：\text{クロネッカーのデルタ})$$

ここで，λ_i は固有値，u_i は固有値 λ_i に対応する固有関数という。

注意 7：コンパクトな自己共役作用素の固有値問題は，式 (8.28) のように書ける。例えば，境界値問題 (8.1) では，f を解 u に写すラプラス作用素の逆作用素 Δ^{-1} は L^2 上のコンパクトな自己共役作用素である。作用素 Δ^{-1} の性質を調べるために，固有値問題 (8.28) に変形してから検討することが多い。

（2）　離散化固有値問題　　固有値問題 (8.28) を有限次元空間 V^h で近似的

に解くことができる。すなわち，つぎの式を満たす $u_h \in V^h$ と $\lambda_h > 0$ を求める。

$$M(u_h, v_h) = \lambda_h N(u_h, v_h), \quad \forall v_h \in V^h \tag{8.29}$$

離散化固有値問題 (8.29) の固有対を $\{\lambda_{h,k}, u_{h,k}\}_{k=1}^n$ と書く。さらに，固有値の順序について，$0 < \lambda_{h,1} \leqq \lambda_{h,2} \leqq \cdots \leqq \lambda_{h,n}$ を仮定する。V^h の基底関数を $\{\phi_k\}_{k=1}^n$ と記す。$n \times n$ 行列 A と B の成分を

$$A_{ij} := M(\phi_i, \phi_j), \quad B_{ij} := N(\phi_i, \phi_j) \qquad (i, j = 1, \cdots, n)$$

のように定義すると，固有値問題 (8.29) は行列の固有値問題 $Ax = \lambda Bx$ となる。行列の厳密な固有値を計算するには，3.4 節で紹介されている行列の固有値問題に対する精度保証付き数値計算が必要である。

（3） min-max 原理と max-min 原理　任意の $v \in V(h)$ に対してレイリー商 $R(\cdot)$

$$R(v) := \frac{M(v, v)}{N(v, v)}$$

を導入する。V（または V^h）上の R の停留点と停留点での極限値は，それぞれ固有値問題 (8.28)（または固有値問題 (8.29)）の固有関数と固有値に一致する。固有値の検討には，以下の min-max 原理と max-min 原理がよく使用される。

$$\text{min-max 原理：}\quad \lambda_k = \min_{S^k \subset V} \max_{v \in S^k} R(v) \tag{8.30}$$

$$\text{max-min 原理：}\quad \lambda_k = \max_{W \subset V,\ \dim(W) \leqq k-1} \min_{v \in W^\perp} R(v) \tag{8.31}$$

ここで，S^k は V の k 次元部分空間，$W^\perp$ は V における W の内積 M に関する直交補空間である。特に，$E_k = \mathrm{span}\{u_1, \cdots, u_k\}$ に対して，λ_k はつぎの式になる。

$$\lambda_k = \max_{v \in E_k} R(v) = \min_{v \in E_{k-1}^\perp} R(v) \tag{8.32}$$

上記の議論の中で V を V^h に入れ替えれば，離散化固有値問題の固有値 $\lambda_{h,k}$ も同じように検討できる。

(4) 固有値の上界評価　　有限次元空間 V^h が V の部分空間となる場合，min-max 原理によって，$\lambda_{h,k}$ は λ_k の上界を与えることがわかる。有限要素法などの手法を用いて V の部分空間 V^h を作ることで，固有値の上界評価は容易に得られる。具体的な例として，8.5.3 項にある，ラプラス作用素の固有値の上界評価の例を参考にされたい。

8.5.1　固有値の下界評価

固有値の上界評価とは違い，固有値の下界評価は難しい課題である。以下の定理では，劉・大石の固有値の下界評価に関する結果を紹介する。

定理 8.4 (固有値の下界評価[4),5)])　P_h を $V(h)$ から V^h までの射影作用素とする。すなわち，$u \in V(h)$ に対して，$P_h u$ は

$$M(u - P_h u, v_h) = 0, \quad \forall v_h \in V^h \tag{8.33}$$

を満たす。P_h に関して以下の誤差評価を仮定する。

$$\|u - P_h u\|_N \leqq C_h \|u - P_h u\|_M, \quad \forall u \in V \tag{8.34}$$

λ_k と $\lambda_{h,k}$ をそれぞれ固有値問題 (8.28), (8.29) の固有値とする。そのとき，λ_k の下界評価はつぎの式で与えられる。

$$\frac{\lambda_{h,k}}{1 + \lambda_{h,k} C_h^2} \leqq \lambda_k \quad (k = 1, 2, \cdots, n) \tag{8.35}$$

証明　空間 $V(h)$ に対して，以下の固有値 $\{\overline{\lambda}_k\}_{k=1}^{\infty}$ を考える。

$$\overline{\lambda}_k = \min_{S^k \subset V(h)} \max_{v \in S^k} R(v) = \max_{W \subset V(h),\ \dim(W) \leqq k-1} \ \min_{v \in W^\perp} R(v) \tag{8.36}$$

ここで，S^k は $V(h)$ の k 次元部分空間であり，$W^\perp$ は内積 $M(\cdot,\cdot)$ の意味で $V(h)$ における W の直交補空間である。$V \subset V(h)$ から，固有値の min-max 原理によって，$\lambda_k \geqq \overline{\lambda}_k$ がわかる。さらに，式 (8.36) の中の W を $E_{h,k-1} :=$ span$\{u_{1,h}, \cdots, u_{h,k-1}\}$ とすると，max-min 原理によって，つぎのような λ_k の下界が得られる。

$$\lambda_k \geqq \overline{\lambda}_k \geqq \min_{v \in E_{h,k-1}^{\perp}} R(v) \tag{8.37}$$

$E_{h,k-1}^{\perp,h}$ を V^h における $E_{h,k-1}$ の（内積 M に関する）直交補空間とする。すなわち，$V^h = E_{h,k-1} \oplus E_{h,k-1}^{\perp,h}$ である。よって，以下のような関数空間の分解ができる。

$$V(h) = V^h \oplus V^{h\perp} = E_{h,k-1} \oplus E_{h,k-1}^{\perp,h} \oplus V^{h\perp}$$

よって，V における $E_{h,k-1}$ の直交補空間 $E_{h,k-1}^{\perp} = E_{h,k-1}^{\perp,h} \oplus V^{h\perp}$ がわかる。

任意の $v \in E_{h,k-1}^{\perp}$ に対して，以下の分解をする。

$$v = P_h v + (I - P_h)v, \quad P_h v \in E_{h,k-1}^{\perp,h}, \quad (I - P_h)v \in V^{h\perp}$$

$P_h v \in E_{h,k-1}^{\perp,h}$ から，max-min 原理によって，$\lambda_{h,k}$ に関する不等式がわかる。

$$\lambda_{h,k} = \min_{v \in E_{h,k-1}^{\perp,h}} R(v) \leqq R(P_h v)$$

よって

$$\|P_h v\|_N \leqq \lambda_{h,k}^{-\frac{1}{2}} \|P_h v\|_M \tag{8.38}$$

となる。つぎに，評価式 (8.38) と定理 8.4 の評価式 (8.34) を使って，以下の関係式が得られる。

$$\begin{aligned}
\|v\|_N &\leqq \|P_h v\|_N + \|v - P_h v\|_N \leqq \lambda_{h,k}^{-\frac{1}{2}} \|P_h v\|_M + C_h \|v - P_h v\|_M \\
&\leqq \sqrt{\lambda_{h,k}^{-1} + C_h^2} \sqrt{\|P_h v\|_M^2 + \|v - P_h v\|_M^2} \\
&= \sqrt{\lambda_{h,k}^{-1} + C_h^2} \|v\|_M
\end{aligned}$$

よって

$$R(v) \geqq \frac{\lambda_{h,k}}{1 + C_h^2 \lambda_{h,k}}, \quad \forall v \in E_{h,k-1}^{\perp}$$

すなわち

$$\min_{v \in E_{h,k-1}^{\perp}} R(v) \geqq \frac{\lambda_{h,k}}{1 + C_h^2 \lambda_{h,k}}$$

を得る。最後に，式 (8.37) から固有値の下界 (8.35) が簡単に求められる。 □

注意 8：論文 4), 23) では，ラプラス作用素の固有値に対して，適合有限要素法を利用して，任意形状を持つ多角形領域に適用できる固有値の下界評価式が得られている。その結果の拡張として，論文 5)（本項の定理 8.4）では，非適合有限要素法も利用できるように，一般的な自己共役微分作用素の固有値評価式を得ている。

8.5.2 ラプラス作用素の固有値問題

前項で紹介した理論は，固有値評価の一般的なフレームワークである。定理 8.4 を実際の問題に応用するとき，関数空間の設定や，射影作用素 P_h の定義および C_h の具体的な値の計算にはさまざまな工夫が必要である。本項では，ラプラス作用素の例を介して固有値の評価方法を紹介する。

$\mathbf{R}^2$ の有界多角形領域 Ω 上のラプラス作用素の固有値問題を考える。

$$-\Delta u = \lambda u \text{ in } \Omega, \quad u = 0 \text{ on } \partial\Omega \tag{8.39}$$

定理 8.4 を使うために，以下を準備する。

$$V = H_0^1(\Omega) = \{v \in H^1(\Omega) \mid v = 0 \text{ on } \partial\Omega\}$$
$$M(u,v) = \int_\Omega \nabla u \cdot \nabla v dx, \quad N(u,v) = \int_\Omega uv dx$$

固有値問題 (8.39) を弱形式に変換すると，つぎの式を満たす $u \in V$ と $\lambda \in \mathbf{R}$ を求める問題となる。

$$M(u,v) = \lambda N(u,v), \quad \forall v \in V \tag{8.40}$$

定理 8.4 を利用してラプラス作用素の固有値の下界を評価するためには，適合有限要素法と非適合有限要素法の両方が使える。それぞれの方法に関して，以下のメリットとデメリットがある。

- 適合有限要素法の場合，8.4 節で検討した射影作用素の事前誤差評価（定理 8.1 と定理 8.3）を利用することで，固有値の評価ができる。固有関数に特異性がある場合，事前誤差評価に使用される項 κ_h の計算には密行列の計算が含まれるので，計算量が多いことが欠点になる。
- 非適合有限要素法を利用する場合，Crouzeix–Raviart などの有限要素法は「射影作用素＝補間作用素」という特別な性質を持っているので，射影作用素 P_h の誤差評価式は，各要素における補間作用素を検討することで簡単に求められる。この方法は，固有関数の特性にかかわらず，軽い計算で固有値の評価が得られる。しかし，より一般的な微分作用素の固有値問題について，「射影作用素＝補間作用素」という関係が成り立つとは限らないので，この方法を利用できない場合がある。

適合有限要素法の誤差評価は前節を参考にされたい。以下では，非適合有限要素法の誤差評価を説明する。8.5.3 項では，適合有限要素法と非適合有限要素法という二つの方法を利用した固有値の計算例を検討する。

非適合有限要素空間　非適合有限要素法の一種である Crouzeix–Raviart 要素法を紹介する。三角形分割 $\mathbf{T}^h$ 上で定義された Crouzeix–Raviart 要素空間 V^h の元 v_h は以下の性質を持っている。

1) 各要素 K 上で v_h は 1 次多項式。
2) 隣り合う要素 K_1 と K_2 の共有辺 e の中点で v_h が連続である。すなわち，共有辺 e では，$\displaystyle\int_e (v_h|_{K_1} - v_h|_{K_2})\,ds = 0$。
3) 三角形要素の辺 e が領域の境界にある場合，e の中点で $v_h = 0$。

要素の間における関数の不連続性から，V^h は $H^1(\Omega)$ の部分空間にならないことがわかる。このような場合，V^h を「非適合有限要素空間」と呼ぶ。V の内積 $N(\cdot,\cdot)$ をそのまま V^h に適用できるが，$M(\cdot,\cdot)$ を以下のように拡張する必要がある。

$$M_h(u,v) = \sum_{K\in\mathbf{T}^h} \int_K \nabla u \cdot \nabla v \, dxdy$$

補間作用素 $\boldsymbol{\Pi}^h_{\mathrm{CR}}$　V^h への射影作用素の誤差評価は補間作用素 $\Pi^h_{\mathrm{CR}} : V \to V^h$ に関係している。Π^h_{CR} の準備として，要素 K 上の Crouzeix–Raviart 補間作用素 $\Pi_{\mathrm{CR}} : H^1(K) \to P^1(K)$ を考える。K の三つの辺を e_i（$i = 1,2,3$）とする。$u \in H^1(K)$ の補間関数 $\Pi_{\mathrm{CR}} u$ は，つぎの式を満たす 1 次多項式である。

$$\int_{e_i} (u - \Pi_{\mathrm{CR}} u) \;\; ds = 0 \quad (i = 1,2,3)$$

補間関数の誤差評価は，つぎの式で与えられる。

$$\|u - \Pi_{\mathrm{CR}} u\|_{0,K} \leqq C(K) |u - \Pi_{\mathrm{CR}} u|_{1,K} \tag{8.41}$$

定数 $C(K)$ は上記の不等式が成り立つときの最適な値であり，以下の評価が与えられる[5)]。

$$C(K) = \sup_{v \in H^1(K)} \frac{\|u - \Pi_{\text{CR}} u\|_{0,K}}{|u - \Pi_{\text{CR}} u|_{1,K}} \leqq 0.1893 h_K$$

ここで，h_K は K の最大辺長である。

補間作用素 $\Pi_{\text{CR}}^h : V \to V^h$ は Π_{CR} の拡張である。

$$(\Pi_{\text{CR}}^h u)|_K = \Pi_{\text{CR}}(u|_K), \quad \forall u \in V$$

補間作用素 Π_{CR} の誤差評価 (8.41) を用い，Π_{CR}^h の誤差評価が得られる。

$$\|u - \Pi_{\text{CR}}^h u\|_N \leqq 0.1893 h \|u - \Pi_{\text{CR}}^h u\|_M, \quad \forall u \in V \tag{8.42}$$

ただし，$h = \max_{K \in \mathbf{T}^h} h_K$ である。

補間作用素と射影作用素の関係　　Crouzeix–Raviart 要素空間の重要な性質の一つは $\Pi_{\text{CR}}^h = P_h$ である。これを確認するために，任意の $v_h \in V^h$ について，$M(\Pi_{\text{CR}}^h u - u, v_h) = 0$ を示せればよい。すなわち

$$\sum_{K \in \mathbf{T}^h} \int_K \nabla(\Pi_{\text{CR}}^h u - u) \nabla v_h \, dxdy = 0$$

である。各要素 K について

$$\begin{aligned}
&\int_K \nabla(\Pi_{\text{CR}}^h u - u) \nabla v_h \, dxdy \\
&\qquad = \int_{\partial K} (\Pi_{\text{CR}}^h u - u) \cdot (\nabla v_h \cdot \overrightarrow{n}) \, ds - \int_K (\Pi_{\text{CR}}^h u - u) \Delta v_h \, dxdy
\end{aligned}$$

となる。K の中で $\Delta v_h = 0$，および K の各辺 e_i $(i = 1, 2, 3)$ で $\nabla v_h \cdot \overrightarrow{n}$ が定数であるので，以下の結果がわかる。

$$\int_{e_i} (\Pi_{\text{CR}}^h u - u) \cdot (\nabla v_h \cdot \overrightarrow{n}) \, ds = (\nabla v_h \cdot \overrightarrow{n}) \int_{e_i} (\Pi_{\text{CR}}^h u - u) ds = 0$$

$$\int_K (\Pi_{\text{CR}}^h u - u) \Delta v_h \, dxdy = 0$$

よって，$M(\Pi_{\text{CR}}^h u - u, v_h) = 0$ がわかる。

$\Pi^h_{\mathrm{CR}} = P_h$ なので，P_h は評価式 (8.42) と同じ誤差評価式を持つ。定理 8.4 から，λ_k の下界が得られる。

$$\frac{\lambda_{h,k}}{1+(0.1893h)^2\lambda_{h,k}} \leqq \lambda_k \quad (k=1,\cdots,n) \tag{8.43}$$

注意 9：重調和作用素の場合，Fujino–Morley 要素空間とそれに関わる補間関数の誤差定数の評価を利用することで，固有値の下界評価が得られる[5]。

8.5.3 固有値評価の計算例

以下では，2 種類の境界条件の固有値問題の計算例を説明する。

(1) L 字形領域での固有値問題 8.4.4 項と同じ L 字形領域 Ω におけるラプラス作用素の固有値問題を考える。

$$-\Delta u = \lambda u \text{ in } \Omega, \quad u = 0 \text{ on } \partial\Omega$$

ここで，1 次適合有限要素法と Crouzeix–Raviart 非適合有限要素法の二つの方法に関わる射影作用素の誤差評価を利用し，定理 8.4 のフレームワークで固有値の下界評価を行う。領域の分割は 8.4.4 項の計算例と同じ一様分割を利用している。適合有限要素法を使う場合，8.4.4 項で計算した事前誤差評価の結果を使う。非適合有限要素法を利用する場合，固有値の下界評価 (8.43) を利用することで，簡単な手順でより精度の良い結果が得られる。

L 字形領域における固有値問題は，モデル問題として多くの研究者に検討されている。例えば，Fox[24] や Yuan and He[25] などの結果がある。これらは固有値の近似計算しかできなかったが，本節で紹介した劉・大石の方法[4]（定理 8.4）によって固有値の厳密な評価が可能になった。

表 8.4 と**表 8.5** には，ラプラス作用素の最小固有値から 5 番目の固有値までの固有値評価結果が表示されている。固有値の上界評価は適合有限要素法で得られる近似固有値を使っている。この計算例では，相対誤差は $\dfrac{\text{上界}-\text{下界}}{\text{近似解}}$ としている。

表 8.4　適合有限要素法によるラプラス作用素の固有値評価（一様分割 $h = 1/32$, $C_h = 0.0348$）

λ_i	下界	近似解[24)]	上界	相対誤差
1	9.5585	9.63972	9.6699	0.012
2	14.950	15.1973	15.225	0.018
3	19.326	19.7392	19.787	0.024
4	28.605	29.5215	29.626	0.035
5	30.866	31.9126	32.058	0.038

注：3 番目の固有対は $\{\lambda_3 = 2\pi^2, u_3 = \sin \pi x \sin \pi y\}$ である。

表 8.5　非適合有限要素法によるラプラス作用素の固有値評価（一様分割 $h = 1/32$, $C_h = 0.00837$）

λ_i	下界	近似解	上界	相対誤差
1	9.6090	9.6155	9.6398	0.0032
2	15.1753	15.1915	15.1973	0.0014
3	19.7067	19.7339	19.7392	0.0016
4	29.4395	29.5003	29.5215	0.0028
5	31.7618	31.8326	31.9126	0.0047

（2） き裂がある領域における固有値の計算　　領域 Ω をき裂のある正方形 $(0,1)^2$ とする。き裂の場所は $\{(x, 0.5) | 0 \leqq x < 0.5\}$ とする。領域 Ω の境界を二つに分ける。

$$\Gamma_D = \partial\Omega \cap \{\, (x,y) \mid y = 1 \text{ or } y = 0 \text{ or } x = 1 \,\},\ \Gamma_N = \partial\Omega \setminus \Gamma_D$$

以下の混合境界条件付きの固有値問題を考える。

$$-\Delta u = \lambda u \text{ in } \Omega, \quad u = 0 \text{ on } \Gamma_D, \quad \frac{\partial u}{\partial n} = 0 \text{ on } \Gamma_N$$

領域の中心では，固有関数は $r^{\frac{1}{2}}$ のような特異性を持つ可能性がある。特異性に配慮して事前評価を行うために，8.4.3 項の Hypercircle 式の方法は有効である。8.4.3 項では斉次ディリクレ境界条件のみを説明したが，Hypercircle 式の方法は混合境界条件にも自然に対応できる。詳細は劉・大石[4)]を参照されたい。実際の固有値計算では，**図 8.5** のような非一様三角形分割を用いた。また，**表 8.6** の計算結果には，以下のような要素数と C_h を用いた。

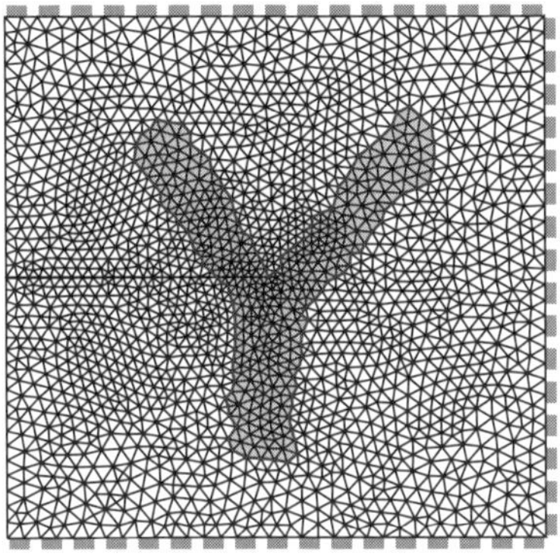

図 **8.5** 領域の三角形分割例

表 **8.6** 固有値の評価結果

λ_i	下界	上界	相対誤差
1	12.233	12.343	0.009
2	16.087	16.276	0.012
3	31.392	32.119	0.022
4	51.049	52.998	0.037
5	68.241	71.768	0.050

$$\text{要素数} = 5312, \quad C_h = 0.027$$

表8.6では，定理8.4の中のV^hを1次適合有限要素法とし，$P_h : H_0^1(\Omega) \to V^h$の射影誤差評価に定理8.3の結果を用いることで，固有値の下界を得ている。**図8.6**に，最小固有値から4番目までの固有値に対する固有関数のカラーマップを示す。

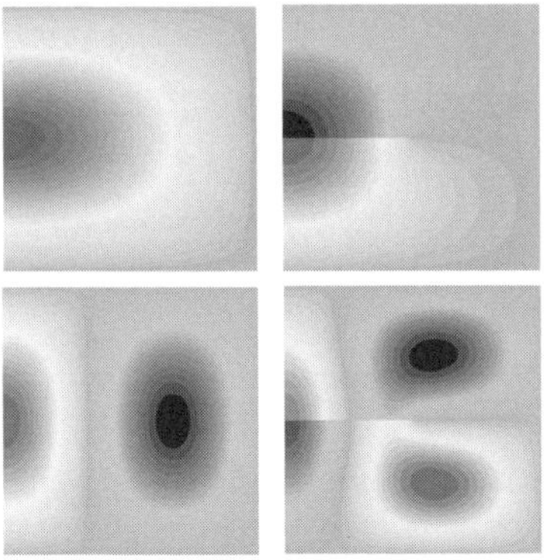

図 **8.6** 固有関数のカラーマップ

8.6　半線形楕円型偏微分方程式問題の解の存在検証

本節では，$\Omega \subset \mathbb{R}^2$ の有界な多角形領域として，以下のような半線形楕円型偏微分方程式

$$-\Delta u = f(u) \text{ in } \Omega, \quad u = 0 \text{ on } \partial\Omega \tag{8.44}$$

の解 u の存在検証を検討する。ただし，$f(u)$ は u の非線形関数である。本節の計算例では $f(u) = u^2$ となる Emden 方程式の解の検証を検討する。

式 (8.44) のような半線形楕円型偏微分方程式の解の存在の証明は，解析的に行うことは難しく，現代では計算機における数値計算で得られる近似解を利用して解の性質を考察することは重要な手法となっている。特に，精度保証付き数値計算は計算途中の丸め誤差，関数の離散化誤差などすべての誤差を把握して，近似解をもとに非線形問題の解の性質（存在，一意性など）を厳密に検討することができる。

Emden 方程式 (8.44) の解の存在検証は 8.5 節の微分作用素の固有値評価と密接に関係する。例えば，8.6.3 項で定義される埋め込み定数 $C_{e,2}$ や，8.6.4 項の非線形問題を線形化した作用素の逆作用素のノルム評価には，ある微分作用素の固有値評価が必要となる。

本節では，Emden 方程式を含めたより一般的な微分方程式の解の存在検証理論と計算手法を紹介するために，バナッハ空間における不動点定理に基づく一般的な検証フレームワークを説明する。

8.6.1　対象とする問題と準備

問題 (8.44) を以下の弱形式に変形する。

$$(\nabla u, \nabla v)_\Omega = (f(u), v)_\Omega, \ \forall v \in H_0^1(\Omega) \tag{8.45}$$

特に，非線形作用素 $f : H_0^1(\Omega) \to L^2(\Omega)$ はフレシェ微分可能とし，$\hat{u} \in H_0^1(\Omega)$ におけるフレシェ微分を $f'[\hat{u}]$ と表記する。

関数空間 $H^{-1}(\Omega)$ を $H_0^1(\Omega)$ の双対関数空間とする。任意の $u \in H_0^1(\Omega)$ について，線形作用素 $\mathcal{A}: H_0^1(\Omega) \to H^{-1}(\Omega)$ を

$$\langle \mathcal{A}u, v\rangle := (\nabla u, \nabla v)_\Omega,\ \ \forall v \in H_0^1(\Omega) \tag{8.46}$$

とし，非線形作用素 $\mathcal{N}: H_0^1(\Omega) \to H^{-1}(\Omega)$ を

$$\langle \mathcal{N}(u), v\rangle := (f(u), v)_\Omega,\ \ \forall v \in H_0^1(\Omega) \tag{8.47}$$

とする。式 (8.46) と式 (8.47) を用いて弱形式 (8.45) を書き直すと

$$\mathcal{A}u = \mathcal{N}(u) \tag{8.48}$$

となる。さらに，非線形作用素 $\mathcal{F}: H_0^1(\Omega) \to H^{-1}(\Omega)$ を

$$\mathcal{F}(u) := \mathcal{A}u - \mathcal{N}(u) \tag{8.49}$$

と定義すると，半線形楕円型偏微分方程式の境界値問題 (8.44) は以下のように変形できる。

$$\mathcal{F}(u) = 0 \tag{8.50}$$

つぎに，非線形作用素 $\mathcal{F}$ のフレシェ微分について述べる。まず，非線形作用素 f はフレシェ微分可能であるため非線形作用素 $\mathcal{N}$ もフレシェ微分可能であり，$\hat{u} \in H_0^1(\Omega)$ における非線形作用素 $\mathcal{N}$ のフレシェ微分を

$$\langle \mathcal{N}'[\hat{u}]u, v\rangle := (f'[\hat{u}]u, v)_\Omega,\ \forall v \in H_0^1(\Omega) \tag{8.51}$$

とする。そのとき，$\mathcal{F}$ の $\hat{u} \in H_0^1(\Omega)$ におけるフレシェ微分は

$$\mathcal{F}'[\hat{u}] := \mathcal{A} - \mathcal{N}'[\hat{u}] \tag{8.52}$$

と書ける。

最後に $H_0^1(\Omega)$ の内積とノルムを導入する。

$$(\cdot,\cdot)_{H_0^1(\Omega)} = (\nabla\cdot, \nabla\cdot)_\Omega, \quad \|\cdot\|_{H_0^1(\Omega)} = \sqrt{(\cdot,\cdot)_{H_0^1(\Omega)}} \tag{8.53}$$

この内積は 8.6 節を通して利用する。このような設定で，線形作用素 $\mathcal{A}$ が $H_0^1(\Omega)$ と $H^{-1}(\Omega)$ で等長同型写像になることがわかる。

8.6.2 フレームワーク

8.6.1 項で定義された問題を一般化し，適当なフレームワークで解の検証を考える。X, Y をバナッハ空間とする。非線形作用素 $\mathcal{F}: X \to Y$ はフレシェ微分可能とする。8.6.1 項での問題を考える場合，$X := H_0^1(\Omega)$，$Y = H^{-1}(\Omega)$ とし，$\mathcal{F}$ を式 (8.49) のように定義すればよい。

つぎの非線形方程式を満たす解 $u \in X$ を求める問題

$$\mathcal{F}(u) = 0 \tag{8.54}$$

を考える。このとき，精度保証付き数値計算手法を用いて非線形問題 (8.54) を満たす真の解 u の存在を検証することが目的である。

まず，非線形問題 (8.44) の計算機援用証明を行う際によく使用される仮定を紹介する。

仮定

A1　$\hat{u} \in X$ を非線形問題 (8.54) の近似解とする。

A2　線形作用素 $\mathcal{A}: X \to Y$ は $\|v\|_X = \|\mathcal{A}v\|_Y$，$\forall v \in X$ を満たす。

A3　非線形作用素 $\mathcal{N}: X \to Y$ に対して，$\mathcal{F}(u) := \mathcal{A}u - \mathcal{N}(u)$ とする。

A4　$\mathcal{N}$ はフレシェ微分可能とし，$\hat{u}$ におけるフレシェ微分を $\mathcal{N}'[\hat{u}]$ とする。$\mathcal{N}'[\hat{u}]$:$X \to Y$ はコンパクト作用素である。

A5　線形化作用素 $\mathcal{F}'[\hat{u}] := \mathcal{A} - \mathcal{N}'[\hat{u}]$ とし，$\mathcal{F}'[\hat{u}]$ は Y から X までの逆作用素を持つ。

計算機を用いた非線形問題 (8.54) の解の存在証明法は，1988 年に中尾充宏によって初めて提唱された[26)]。中尾の研究を皮切りに，1991 年に Plum[27)] が，1995 年に大石[28)] が，それぞれ非線形問題 (8.54) の解の存在の検証法を考案した。それぞれの手法はニュートン法に関わる不動点定理を利用しているが，検証に不可欠な作用素のノルム評価においておのおの独自の方法が開発された。本節は 6.1 節で紹介したニュートン-カントロヴィッチの定理を利用して，解の検証方法を解説する。特に，大石の方法はその定理を利用して解の検証を検討した[28)]。

定理 8.5 (ニュートン-カントロヴィッチの定理[29]) ある $\hat{u} \in X$ に対して，$\mathcal{F}'[\hat{u}]$ は正則であり，つぎの不等式を満たす定数 $\alpha > 0$ が存在すると仮定する。

$$\|\mathcal{F}'[\hat{u}]^{-1}\mathcal{F}(\hat{u})\|_X \leqq \alpha$$

$B(\hat{u}, 2\alpha)$ を，$\hat{u}$ を中心とし，半径 2α の X の閉球とする。開球 D が $B(\hat{u}, 2\alpha) \subset D$ を満たし，かつ以下の不等式を満たす ω が存在すると仮定する。

$$\|\mathcal{F}'[\hat{u}]^{-1}(\mathcal{F}'[v] - \mathcal{F}'[w])\|_{X,X} \leqq \omega\|v - w\|_X, \ \forall v, w \in D$$

もし $\alpha\omega \leqq \dfrac{1}{2}$ ならば，ρ を

$$\rho := \frac{1 - \sqrt{1 - 2\alpha\omega}}{\omega}$$

とし，非線形方程式 $\mathcal{F}(u) = 0$ を満たす $u \in X$ が $B(\hat{u}, \rho)$ に一意に存在する。

ニュートン-カントロヴィッチの定理を利用して非線形方程式 $\mathcal{F}(u) = 0$ の解を検証する場合，以下の式を満たす定数の具体的な値を算出する必要がある。

1) $\mathcal{F}'[\hat{u}]$ の逆作用素のノルム評価：$\|\mathcal{F}'[\hat{u}]^{-1}\|_{Y,X} \leqq K$

2) $\hat{u}$ の残差：$\|\mathcal{F}(\hat{u})\|_Y \leqq \delta$

3) $\mathcal{F}'$ の局所連続性：$\|\mathcal{F}'[v] - \mathcal{F}'[w]\|_{X,Y} \leqq G\|v - w\|_X, \ \forall v, w \in D$

定数 K, δ, G がわかると，定理 8.5 の中の数値は以下のようにおくことができる。

$$\alpha := K\delta, \quad \omega := KG$$

さらに，上記の定数が $K^2G\delta \leqq \dfrac{1}{2}$ を満たせば，$B(\hat{u}, \rho)$ の中で $\mathcal{F}(u) = 0$ の解が一意に存在することがわかる。

注意 10：定数 K と G は方程式に依存した値を持ち，その値を小さくすることはできない。一方で，残差 δ は近似解 $\hat{u}$ と真の解 u との誤差に依存するため，$\hat{u}$ の計算に良い近似手法を使うことで，δ の値を小さくすることが可能である。特に，有限要素法を利用して u の近似解を求める場合，領域分割のメッシュサイズを細かくし，有限要素空間の次数（各要素での多項式の次数）を上げるほど，δ の値を小さくすることができる。

補足　ニュートン-カントロヴィッチの定理とは別に，以下は中尾の方法と Plum の方法の概略を紹介する。

中尾の方法は複数の種類がある。ここでは，2005 年の文献 30) で提案されている中尾の方法を紹介する。他の中尾の手法については，丁寧にまとめてある和書 31) を是非参照されたい。$w = u - \hat{u}$ とすると，仮定より非線形問題 (8.54) は

$$w = -\mathcal{F}'[u]^{-1}(\mathcal{F}(\hat{u}) - \mathcal{N}(\hat{u} + w) + \mathcal{N}(\hat{u}) + \mathcal{N}'[\hat{u}]w) \tag{8.55}$$

となる。非線形作用素 $T : X \to X$ を

$$T(w) := -\mathcal{F}'[u]^{-1}(\mathcal{F}(\hat{u}) - \mathcal{N}(\hat{u} + w) + \mathcal{N}(\hat{u}) + \mathcal{N}'[\hat{u}]w)$$

とすると，式 (8.55) は $w \in X$ に対する不動点問題となる。不動点問題 (8.55) に不動点が存在することと非線形問題 (8.54) が解を持つことは同値であるので，不動点 $w \in X$ の存在を不動点定理を用いて検証することが中尾の方法の一つである。

Plum はニュートン-カントロヴィッチの定理と似たつぎの定理を用いて解の存在を検証した。

定理 8.6　(Plum[32])　X, Y をバナッハ空間とする。$\hat{u} \in X$ とする。$W(\subset X)$ を中心が零元，半径 ρ の閉球とする，すなわち，$W := \{w \in X : \|w\|_X \leqq \rho\}$，$\mathcal{F} : X \to Y$ を非線形問題 (8.54) を満たす非線形作用素とする。$\mathcal{F}$ のフレシェ微分 $\mathcal{F}'[\hat{u}]$ は正則で

$$\|\phi\|_X \leqq K\|\mathcal{F}'[\hat{u}]\phi\|_Y,\ \forall \phi \in X \tag{8.56}$$

を満たす正の定数 K が存在すると仮定する。δ を

$$\|\mathcal{F}(\hat{u})\|_Y \leqq \delta \tag{8.57}$$

を満たす正の定数とする。非線形関数 g と G は，それぞれ

$$\sup_{w\in W} \|\mathcal{F}'[\hat{u}+w]-\mathcal{F}'[\hat{u}]\|_{L(X,Y)} \leqq g(\|w\|_X) \tag{8.58}$$

と

$$G(t) := \int_0^t g(s)ds \tag{8.59}$$

を満たすと仮定する。ただし，$g(t)$ は

$$g(t) \to 0 \ \ \text{as} \ \ t \to 0$$

を満たすとする。

もし，定数 ρ が

$$K\delta \leqq \frac{\rho}{K} - G(\rho), \ \ Kg(\rho) < 1 \tag{8.60}$$

を満たすなら，そのとき $\mathcal{F}(u) = 0$ を満たす解 $u^* \in \hat{u} + W$ は存在し，$\hat{u} + W$ 内で局所一意である。

注意 11：定理 8.6 の中で $g(s) := s$ とした場合，定理 8.5 に定理 8.6 と同じ条件を適用すれば，二つの定理で得られた解の存在範囲は同じである。

三つのフレームワークを通して，線形化作用素 $\mathcal{F}'[\hat{u}]$ の正則性，線形化作用素の逆作用素のノルム評価，残差 $\mathcal{F}(\hat{u})$ のノルム評価，$\mathcal{F}'$（あるいは $\mathcal{N}'$）の局所的な連続性が必要になる。そこで本節では，8.6.3 項で $\mathcal{F}'$（あるいは $\mathcal{N}'$）の局所的な連続性，8.6.4 項で線形化作用素 $\mathcal{F}'[\hat{u}]$ の正則性と線形化作用素の逆作用素のノルム評価方法，8.6.5 項で残差 $\mathcal{F}(\hat{u})$ のノルム評価を紹介する。

8.6.3 ソボレフの埋め込み定理と線形化作用素の局所連続性

ここでは，Emden 方程式の解の検証に使用される定数 G の具体的な求め方

を紹介する。その中で，ソボレフの埋め込み定理とその定数の算出および線形化作用素の局所連続性の検討が必要である。

2 次元空間上の有界な多角形領域 Ω を考える。ソボレフの埋め込み定理より $p \in [2,\infty)$ において $H_0^1(\Omega)$ は $L^p(\Omega)$ に埋め込まれ

$$\|u\|_{0,p,\Omega} \leqq C_{e,p}|u|_{1,\Omega}, \ \forall u \in H_0^1(\Omega) \tag{8.61}$$

を満たす定数 $C_{e,p}$ が存在する。定数 $C_{e,p}$ の具体的な計算方法は，Plum や中尾らによって，それぞれつぎのように与えられている。

まず $p=2$ の場合，埋め込み定数 $C_{e,2}$ は式 (8.39) で定義されるラプラス作用素の最小固有値 λ_1 を用いて

$$C_{e,2} = \frac{1}{\sqrt{\lambda_1}} \tag{8.62}$$

と最良定数が与えられる。そのため，8.5.2 項を参照すれば $C_{e,2}$ は容易に求められる。その上で $p \in [2,\infty)$ の場合は，Plum によって埋め込み定数 $C_{e,p}$ が与えられる。

補題 8.2　(Plum[33])　$p \in [2,\infty)$ とする。ν を $\dfrac{p}{2}$ 以下の最も大きい整数とすると

$$C_{e,p} := \lambda_1^{-\frac{1}{p}} \cdot \left(\frac{1}{2}\right)^{\frac{1}{2}+\frac{2\nu-3}{p}} \cdot \left(\frac{p}{2}\left(\frac{p}{2}-1\right)\cdots\left(\frac{p}{2}-\nu+2\right)\right)^{\frac{2}{p}}$$

となる。ただし，$\nu=1$ ならば $\dfrac{p}{2}\left(\dfrac{p}{2}-1\right)\cdots\left(\dfrac{p}{2}-\nu+2\right)=1$ とする。

注意 12：$\mathbb{R}^n$（$n \geqq 3$）の場合の $C_{e,p}$ の評価は，Plum[33] の Appendix を参考にされたい。また，中尾・山本も Talenti の $\mathbb{R}^2$ の空間におけるソボレフの埋め込み定理の最良定数を用いて $C_{e,p}$ を導出している[34]。一般的には，中尾らの方法で得られる $C_{e,3}$ の精度は Plum の方法に比べて良いが，原著論文 33) にある Plum の方法は $H_0^1(\Omega)$ に導入するノルムに重みを付けることが可能であるという特徴がある。

埋め込み定理に関わる定数 $C_{e,p}$ を利用して，線形化作用素の局所連続性を定量化することができる。f' が開球 $D(\bar{B}(\hat{u},2\alpha) \subset D \subset B(\hat{u},2\alpha+\epsilon))$ 内でリプ

シッツ連続であるとし，C_L を，任意の $u, v \in D$ について次式が成り立つような定数とする。

$$|((f'[u] - f'[v])\phi, \psi)_\Omega| \leqq C_L \|u - v\|_{H_0^1} \|\phi\|_{H_0^1} \|\psi\|_{H_0^1}, \ \forall \phi, \psi \in H_0^1(\Omega)$$

この場合，任意の $u, v \in D$ について

$$\begin{aligned} &\|\mathcal{F}'[u] - \mathcal{F}'[v]\|_{L(H_0^1, H^{-1})} \\ &= \sup_{\phi \in H_0^1(\Omega) \setminus \{0\}} \sup_{\psi \in H_0^1(\Omega) \setminus \{0\}} \frac{|((f'[u] - f'[v])\phi, \psi)_\Omega|}{\|\phi\|_{H_0^1} \|\psi\|_{H_0^1}} \\ &\leqq C_L \|u - v\|_X \end{aligned} \tag{8.63}$$

となる。よって，ニュートン-カントロヴィッチの定理によって Emden 方程式の解の検証を行う際に，C_L を定数 G として使用できる。

具体的な定数 C_L は非線形作用素 f を決定すれば定まる。例えば $\alpha, \beta, \gamma \in \mathbb{R}$ とし，$f(u) = \alpha u + \beta u^2 + \gamma u^3$ とすると，C_L はつぎのように評価できる。$u, v \in D$ と $\phi, \psi \in H_0^1(\Omega)$ について，ヘルダーの不等式とソボレフの埋め込み定理から

$$\begin{aligned} |((f'[u] - f'[v])\phi, \psi)_\Omega| \ \leqq\ & 2|\beta| C_{e,3}^3 \|u - v\|_{H_0^1} \|\phi\|_{H_0^1} \|\psi\|_{H_0^1} \\ & + 3|\gamma| C_{e,4}^4 \|u + v\|_{H_0^1} \|u - v\|_{H_0^1} \|\phi\|_{H_0^1} \|\psi\|_{H_0^1} \end{aligned}$$

となる。$u, v \in D$ から

$$\|u + v\|_{H_0^1} < 2\|\hat{u}\|_{H_0^1} + 4\alpha + 2\epsilon$$

となるため

$$C_L = 2|\beta| C_{e,3}^3 + 6|\gamma| C_{e,4}^4 (\|\hat{u}\|_{H_0^1} + 4\alpha + 2\epsilon)$$

となる。特に，Emden 方程式の場合，$f(u) = u^2$ から以下の定数 G を使用できる。

$$G := C_L = 2C_{e,3}^3 \tag{8.64}$$

8.6.4 線形化作用素 $\mathcal{F}'[\hat{u}]$ の正則性とその逆作用素のノルム評価

線形化作用素 $\mathcal{F}'[\hat{u}]$ の正則性とその逆作用素は，$\mathcal{N}'[\hat{u}]$ が自己共役作用素であれば固有値問題に帰着してから検討できる。特に，以下の式を満たす正定数 K が存在するならば，$\mathcal{F}'[\hat{u}]$ が正則であることは容易に証明される。

$$\|u\|_{H_0^1} \leqq K\|\mathcal{F}'[\hat{u}]u\|_{H^{-1}}, \ \ \forall u \in X$$

上記の K を定めるために，上の不等式を自己共役作用素に対するスペクトル分解定理を用いて固有値問題に書き直す。$\mathcal{F}'[\hat{u}] = \mathcal{A} - \mathcal{N}'[\hat{u}]$ であるので

$$\sup_{u \in H_0^1(\Omega)} \frac{\|u\|_{H_0^1}}{\|(\mathcal{A} - \mathcal{N}'[\hat{u}])u\|_{H^{-1}}} \tag{8.65}$$

$$= \sup_{u \in H_0^1(\Omega)} \frac{\|u\|_{H_0^1}}{\|\mathcal{A}^{-1}(\mathcal{A} - \mathcal{N}'[\hat{u}])u\|_{H_0^1}}$$

$$\leqq \sup_{\mu \in \mathrm{Spec}(\mathcal{A}^{-1}(\mathcal{A} - \mathcal{N}'[\hat{u}]))} \frac{1}{|\mu|} =: K \tag{8.66}$$

となる。ここで，$\mathrm{Spec}(\cdot)$ はスペクトルを意味し，いまの場合は $\mathcal{A}^{-1}(\mathcal{A} - \mathcal{N}'[\hat{u}])$ の点スペクトル，または $\{1\}$ となる。よって

$$\text{Find } \mu \in R \text{ and } u \in H_0^1(\Omega) \text{ s.t. } (\mathcal{A} - \mathcal{N}'[\hat{u}])u = \mu \mathcal{A} u \tag{8.67}$$

を考えればよい。さらに固有値問題 (8.67) を書き換えることで

$$\text{Find } \lambda \in R \text{ and } u \in H_0^1(\Omega) \text{ s.t. } \mathcal{A}u = \lambda \mathcal{N}'[\hat{u}]u \tag{8.68}$$

を得る。ここで，μ と λ の関係は

$$\frac{1}{\mu} = \frac{\lambda}{\lambda - 1} \tag{8.69}$$

となる。特に，仮定される $\mathcal{N}'[\hat{u}]$ のコンパクト性と $\mathcal{A}^{-1}$ の有界性によって，$\mathcal{A}^{-1}\mathcal{N}'[u]$ はコンパクト作用素であることがわかる。よって，固有値問題 (8.68) を満たす λ の逆が $\mathcal{A}^{-1}N'[\hat{u}]$ の固有値になって，λ は以下のように分布することがわかる。

$$0 < \lambda_1 \leqq \lambda_2 \leqq \cdots$$

よって，K の評価は以下の式となる。

$$K = \sup_{u \in X} \frac{\|u\|_X}{\|\mathcal{F}'[\hat{u}]\|_Y} = \max_i \left| \frac{\lambda_i}{1-\lambda_i} \right| \tag{8.70}$$

固有値問題 (8.68) の固有値評価　Emden 方程式を考える場合の固有値問題 (8.68) の具体的な固有値評価方法を説明する。

$H_0^1(\Omega)$ の離散化空間として有限要素空間 V^h を使用し，$n = \mathrm{Dim}(V^h)$ とする。8.5 節の固有値評価方法を使用するために，以下の設定を用意する。

$$M(u,v) = (u,v)_{H_0^1}, \quad N(u,v) = (\mathcal{N}'[\hat{u}]u, v)_\Omega \tag{8.71}$$

K の評価には，以下の固有値問題を解くことが必要となる。

$$\text{Find } \lambda \in R,\ u \in H_0^1(\Omega) \text{ s.t. } M(u,v) = \lambda N(u,v),\ \forall v \in H_0^1(\Omega) \tag{8.72}$$

Emden 方程式の右辺が $f(u) = u^2$ であることと，近似解 $\hat{u}$ は $\hat{u} > 0$ であるという前提の上で，上記の M, N は 8.5 節の固有値評価方法における M, N の条件を満たすことが容易にわかる。定理 8.4 によって，射影作用素 $P_h : H_0^1(\Omega) \to V^h$ に関するつぎの式

$$\|u - P_h u\|_N \leqq C_h \|u - P_h u\|_M \tag{8.73}$$

を満たす C_h を見つければ，固有値の下界評価が得られる。

$N'[\hat{u}] = 2\hat{u}$ であるので，$\|u\|_N$ と $\|u\|_{0,\Omega}$ は以下の関係を持つ。

$$\|u\|_N \leqq \sqrt{2\|\hat{u}\|_{L^\infty}} \|u\|_{0,\Omega}$$

よって，8.5 節で考えた適合有限要素法や非適合有限要素法に関わる評価式

$$\|u - P_h u\|_{0,\Omega} \leqq \tilde{C}_h \|\nabla(u - P_h u)\|_{0,\Omega} \tag{8.74}$$

を利用すれば，不等式 (8.73) を満たす C_h を以下のように評価できる。

$$C_h \leqq \sqrt{2\|\hat{u}\|_{L^\infty}} \tilde{C}_h$$

特に，特異性のある固有値問題に対して，非適合有限要素法を利用することで，特異性の処理における複雑な計算が不要になり，$\tilde{C}_h \leqq 0.1893h$ のように $\tilde{C}_h$ の評価がわかる。

よって，V^h で計算した固有値問題 (8.72) の近似固有値を $\lambda_{h,k}$ とすれば，真の固有値 λ_k の下界が以下のように得られる。

$$\frac{\lambda_{h,k}}{1+2\|\hat{u}\|_{L^\infty}\tilde{C}_h^2\lambda_{h,k}} \leqq \lambda_k \quad (k=1,\cdots,n) \tag{8.75}$$

また，適合有限要素法を利用することで，λ_k の上界となる近似固有値 $\lambda_{h,k}$ が得られる。すなわち

$$\lambda_k \leqq \lambda_{h,k} \quad (k=1,2,\cdots,n) \tag{8.76}$$

となる。

補足　　大石の定理によれば，無限次元固有値評価を回避できる。

定理 8.7　(大石[28])　作用素 $P_h\mathcal{A}^{-1}\mathcal{N}'[\hat{u}]$ に対し，正定数 ν がつぎを満たすとする。

$$\|P_h\mathcal{A}^{-1}\mathcal{N}'[\hat{u}]\|_{L(H_0^1,H_0^1)} \leqq \nu \tag{8.77}$$

また，作用素 $(I-P_h)\mathcal{A}^{-1}\mathcal{N}'[\hat{u}]$ に対し，正定数 L_h がつぎを満たすとする。

$$\|(I-P_h)\mathcal{A}^{-1}\mathcal{N}'[\hat{u}]\|_{L(H_0^1,H_0^1)} \leqq L_h \tag{8.78}$$

さらに，作用素 $P_h(I-\mathcal{A}^{-1}\mathcal{N}'[\hat{u}])|_{V^h} : V^h \to V^h$ は正則で，つぎを満たす正定数 τ が存在すると仮定する。

$$\|P_h(I-\mathcal{A}^{-1}\mathcal{N}'[\hat{u}])|_{V^h}^{-1}\|_{L(H_0^1,H_0^1)} \leqq \tau \tag{8.79}$$

もし，$(1+\tau\nu)L_h < 1$ を満たすなら

$$\|u\|_{H_0^1} \leqq K\|\mathcal{F}'[\hat{u}]u\|_{H^{-1}},\ \forall u \in H_0^1(\Omega)$$

となる。ただし

$$K = \frac{1 + \tau\nu}{1 - (1 + \tau\nu)L_h}$$

である。

1995 年に続き，2005 年に中尾・橋本・渡部による評価も，文献 30) で与えられた。中尾らの評価は有限次元部分と無限次元部分に問題を分けることで，定数 $C_{e,2}$ と C_h を効率良く使用し，精度の改善を図っている。詳しい証明については例えば書籍 31) も参照されたい。

定理 8.8 (中尾・橋本・渡部[30])　ν_1, ν_2, ν_3 をそれぞれつぎを満たす正の定数とする。

$$\|P_h \mathcal{A}^{-1}\mathcal{N}'[\hat{u}]u_c\|_{H_0^1} \leqq \nu_1 \|u_c\|_{H_0^1}, \ \forall u_c \in V^\perp \tag{8.80}$$

$$\|f'[\hat{u}]u\|_{0,\Omega} \leqq \nu_2 \|u\|_{H_0^1}, \ \forall u \in H_0^1(\Omega) \tag{8.81}$$

$$\|f'[\hat{u}]u_c\|_{0,\Omega} \leqq \nu_3 \|u_c\|_{H_0^1}, \ \forall u_c \in V^\perp \tag{8.82}$$

ここで，$V^\perp$ は $H_0^1(\Omega)$ における V^h の直交補空間である。さらに，作用素 $P_h(I - \mathcal{A}^{-1}\mathcal{N}'[\hat{u}])|_{V^h} : V^h \to V^h$ は正則で，つぎを満たす正定数 τ が存在すると仮定する。

$$\left\| \left(P_h(I - \mathcal{A}^{-1}\mathcal{N}'[\hat{u}])|_{V^h} \right)^{-1} \right\|_{L(H_0^1, H_0^1)} \leqq \tau \tag{8.83}$$

$\kappa := C_h(\nu_1 \tau \nu_2 + \nu_3)$ とする。もし，$\kappa < 1$ を満たすなら，つぎの不等式が成立する。

$$\|u\|_{H_0^1} \leqq K \|\mathcal{F}'[\hat{u}]u\|_{H^{-1}}, \ \forall u \in H_0^1(\Omega)$$

ただし

$$K = \left\| \begin{pmatrix} \tau \left(1 + \dfrac{C_h \nu_1 \tau \nu_2}{1 - \kappa} \right) & \dfrac{\tau \nu_1}{1 - \kappa} \\ \dfrac{C_h \nu_2 \tau}{1 - \kappa} & \dfrac{1}{1 - \kappa} \end{pmatrix} \right\|_E$$

である。ここで，$\|\cdot\|_E$ は有限次元のユークリッドノルムとする。

8.6.5 残差ノルムの評価方法

つぎに，Raviart–Thomas 有限要素法を用いた $\|\mathcal{F}(\hat{u})\|_{H^{-1}}$ の残差評価方法を紹介する。

$$\mathcal{F}(\hat{u}) = \mathcal{A}\hat{u} - \mathcal{N}(\hat{u})$$

準備として，$f_h \in X^h$ と $p_h \in RT^h(\subset H(\mathrm{div}, \Omega))$ を紹介する。ただし，X^h の定義は 8.4.3 項を参照されたい。

1) f_h を $f(\hat{u})$ の X^h への射影とする。すなわち，$f_h = \pi_{0,h} f(\hat{u})$ である。任意の $w \in H_0^1(\Omega)$ について

$$\begin{aligned}(f(\hat{u}) - f_h, w)_\Omega &= (f(\hat{u}) - f_h, (I - \pi_{0,h})w)_\Omega \\ &\leqq C_0 h \|f(\hat{u}) - f_h\| \|\nabla w\|_{L_2}\end{aligned}$$

を得る。ここで，$\pi_{0,h}$ の誤差評価は不等式 (8.19) を利用している。

2) $p_h \in RT^h$ を以下のようにする。

$$\min_{\mathrm{div}\ \hat{u} + f_h = 0} \|p_h - \nabla \hat{u}\|$$

上記の f_h と p_h を用い，$\|\mathcal{F}(\hat{u})\|_{H^{-1}}$ の評価を検討する。

$$\begin{aligned}&\|\mathcal{F}(\hat{u})\|_{H^{-1}} \\ &\quad = \sup_{w \in H_0^1(\Omega)\setminus\{0\}} \frac{|(\nabla\hat{u}, \nabla w)_\Omega - (f(\hat{u}), w)_\Omega|}{\|w\|_{H_0^1}} \\ &\quad = \sup_{w \in H_0^1(\Omega)\setminus\{0\}} \frac{|(\nabla\hat{u} - p_h, \nabla w)_\Omega - (f(\hat{u}) + \mathrm{div}\ p_h, w)_\Omega|}{\|w\|_{H_0^1}} \\ &\quad \leqq \|\nabla\hat{u} - p_h\|_{0,\Omega} + \sup_{w \in H_0^1(\Omega)\setminus\{0\}} \frac{|(f(\hat{u}) - f_h, w)_\Omega|}{\|w\|_{H_0^1}} \\ &\quad \leqq \|\nabla\hat{u} - p_h\|_{0,\Omega} + C_0 h \|f(\hat{u}) - f_h(\hat{u})\|_{0,\Omega} \end{aligned} \tag{8.84}$$

よって，定理 8.5 の適用に必要となる定数 δ（$\|\mathcal{F}(\hat{u})\|_{H^{-1}} \leqq \delta$ を満たすもの）は以下のようになる。

$$\delta := \|\nabla\hat{u} - p_h\|_{0,\Omega} + C_0 h \|f(\hat{u}) - f_h(\hat{u})\|_{0,\Omega} \tag{8.85}$$

上式の中の $\hat{u}$, p_h, f, f_h は具体的な計算式を持っているので，δ の値を算出できる。

8.6.6 解の検証例

領域 $\Omega = (0,2) \times (0,1)$ とし，半線形楕円型偏微分方程式

$$\begin{cases} -\Delta u = u^2 & \text{in } \Omega \\ u = 0 & \text{on } \partial\Omega \end{cases} \tag{8.86}$$

を考える。領域の三角形分割は，直角二等辺三角形要素を持つ一様分割を使用する。図 **8.7** (a) の三角形分割はメッシュサイズ $h = 2^{-4}$ の場合を示している。ただし，この例では，メッシュサイズ h は三角形要素の直角を挟む辺の長さとする。有限要素空間 V^h は 2 次適合有限要素法に基づく関数空間とする。メッシュサイズ $h = 2^{-6}$ のとき，得られた有限要素近似解 $\hat{u}$（$\in V^h$）の一つを図 8.7 (b) に示す。

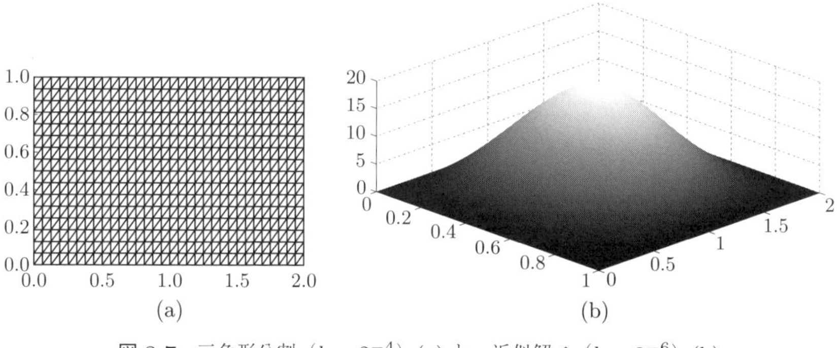

図 **8.7**　三角形分割（$h = 2^{-4}$）(a) と，近似解 $\hat{u}$（$h = 2^{-6}$）(b)

以下では，定理 8.5 を用いて近似解 $\hat{u}$ の近傍における厳密解の存在を証明する手順を説明する。特に，証明に使用される定数の算出式を表 **8.7** にまとめておく。

表 8.7　定数の算出

定数	算出式
G	8.6.3 項の式 (8.64)
K	8.6.4 項の式 (8.70), (8.75), (8.76)
δ	8.6.5 項の式 (8.85)

定数 G の評価　領域 $\Omega = (0,2) \times (0,1)$ におけるソボレフの埋め込み定理の不等式 (8.61) を満たす定数 $C_{e,p}$ の評価を，**表 8.8** にまとめる。その中で，$C_{e,2}$ は 8.5.2 項の手法を用いてラプラス作用素の最小固有値を求める。$C_{e,3}$ は定理 8.2 や中尾・山本による Talenti のソボレフの埋め込み定理の最良定数を利用する方法で求められた。$C_{e,3}$ を利用することで，定数 G の計算が 8.6.3 項より可能である。実際に計算すると，**表 8.9** の G のようになる。

表 8.8　ソボレフの埋め込み定理を満たす定数

$C_{e,2}$	$C_{e,3}$
0.2848	0.3857

表 8.9　精度保証付き数値計算結果

G	K	δ	$K^2\delta G$
8.1598×10^{-2}	11.074	8.6079×10^{-3}	0.0862

定数 K の評価　$\mathcal{F}'$ の逆作用素ノルム評価に関する定数 K の評価を行うために，固有値問題 (8.72) を 2 次適合有限要素空間で解く。この例の領域が凸であるため，誤差評価式 (8.74) の定数 $\tilde{C}_h$ を以下のように選ぶことができる。

$$\tilde{C}_h := C_2^{(1)} h = 0.26h$$

よって，問題 (8.86) の近似解 $\hat{u}$ とその最大値ノルム $\|\hat{u}\|_{L^\infty}$ と無限次元固有値問題 (8.68) の近似固有値が得られれば，評価式 (8.75) を用いて真の無限次元固有値 λ を包含する区間が得られる。その結果，式 (8.69) より μ の包含区間が得られ，K の計算が可能となる。数値実験した結果は表 8.9 の K のようになる。また，$\mathcal{F}'$ の逆作用素ノルム評価に関する定数 K の評価は，無限次元固有値 μ を用いて評価式 (8.66) によって計算する。

定数 δ の評価　残差ノルム δ の計算には，評価式 (8.84) を利用する。残差ノルムの評価式 (8.84) は，プログラムが非常に大変ではあるが，非凸領域のような特異性を持つ解でも対応できる評価式になっている。数値実験をした結果は，表 8.9 の δ のようになる。

最後に，ニュートン-カントロヴィッチの定理の十分条件である $K^2\delta G$ が 0.5 以下であることを確認する。今回の例では，表 8.9 に示しているように，$K^2\delta G \leqq 0.0862$ と 0.5 以下であるために，精度保証付き数値計算が完了している。この計算の結果と定理 8.5 によって，近似解 $\hat{u}$ の近傍 $B(\hat{u}, \rho)$ の中に唯一の厳密解が存在することがわかる。

章　末　問　題

【1】 三角形要素 K が単位二等辺直角三角形である場合，0 次補間関数の誤差定数 $C_0^{(1)}(K)$ は $C_0^{(1)}(K) = \dfrac{1}{\pi}$ であることを証明せよ。

【2】 $\Omega = (0,1) \times (0,1)$ とする。そのとき，ラプラス作用素の固有値問題

$$\begin{cases} -\Delta u = \lambda u & \text{in } \Omega \\ u = 0 & \text{on } \partial\Omega \end{cases} \tag{8.87}$$

の真の固有値を求めよ。さらに，有限要素法によって，固有値の近似固有値を計算せよ。

【3】 問【2】の結果を用いて，ラプラス作用素の固有値問題 (8.87) の固有値 λ の最小固有値の包含区間を求めよ。

【4】 $\Omega = (0,1) \times (0,1)$ とする。そのとき，ディリクレ境界値問題

$$\begin{cases} -\Delta u = \varepsilon^2(u - u^3) & \text{in } \Omega \\ u = 0 & \text{on } \partial\Omega \end{cases} \tag{8.88}$$

の近似解 $\hat{u}$ を求めよ。ただし，$\varepsilon = 10, 100$ とする。

【5】 $\Omega = (0,1) \times (0,1)$ とする。そのとき

$$\|u\|_{0,p,\Omega} \leqq C_{e,p}|u|_{1,\Omega}, \ \forall u \in H_0^1(\Omega)$$

を満たす定数 $C_{e,p}$ を求めよ。ただし，$p = 2, 3, 4$ とする。

【6】 問【4】の問題 (8.88) にニュートン-カントロヴィッチの定理を適用した場合に必要となる定数 G, K, δ を評価し，ニュートン-カントロヴィッチの定理の十分条件 $K^2\delta G \leqq 0.5$ を満たすか判定せよ。

引用・参考文献

1) R. A. Adams, J. J. F. Fournier: Sobolev Spaces, 2nd ed., Pure and Applied Mathematics, **140**, Academic Press, 2003.
2) P. Grisvard: Elliptic Problems in Nonsmooth Domains, Monographs and Studies in Mathematics, **24**, Pitman, 1985.
3) G. Strang, G. Fix: An Analysis of the Finite Element Method, Prentice Hall, 1973.
4) X. Liu, S. Oishi: Verified eigenvalue evaluation for the Laplacian over polygonal domains of arbitrary shape, SIAM J. Numer. Anal., **51**:3 (2013), 1634–1654.
5) X. Liu: A framework of verified eigenvalue bounds for self-adjoint differential operators, Appl. Math. Comput., **267** (2015), 341–355.
6) 菊地 文雄：有限要素法概説—理工学における基礎と応用, サイエンス社, 1999.
7) 菊地 文雄, 齋藤 宣一：数値解析の原理—現象の解明をめざして, 岩波書店, 2016.
8) C. Johnson: Numerical Solution of Partial Differential Equations by the Finite Element Method, Dover Publications, 2009.
9) 菊地 文雄：有限要素法の数理—数学的基礎と誤差解析, 培風館, 1994.
10) S. C. Brenner, L. R. Scott: The Mathematical Theory of Finite Element Methods, 3rd ed., Springer, 2008.
11) F. Kikuchi, X. Liu: Estimation of interpolation error constants for the P_0 and P_1 triangular finite element, Comput. Methods Appl. Mech. Eng., **196** (2007), 3750–3758.
12) F. Kikuchi, X. Liu: Determination of the Babuska-Aziz constant for the linear triangular finite element, Jpn. J. Ind. Appl. Math., **23** (2006), 75–82.
13) X. Liu, F. Kikuchi: Analysis and estimation of error constants for P_0 and P_1 interpolations over triangular finite elements, J. Math. Sci. Univ. Tokyo, **17** (2010), 27–78.
14) L. E. Payne, H. F. Weinberger: An optimal Poincare Inequality for Convex Domains, Arch. Ration. Mech. Anal., **5** (1960), 286–292.

15) 小林 健太：三角形要素上の補間誤差定数について, 数理解析研究所講究録, **1733** (2011), 58–77.

16) X. Liu, C. You: Explicit bound for quadratic Lagrange interpolation constant on triangular finite elements, Appl. Math. Comput., **319** (2018), 693–701.

17) W. Prager, J. L. Synge: Approximations in elasticity based on the concept of function space, Quart. Appl. Math, **5**:3 (1947), 1–21.

18) F. Kikuchi, H. Saito: Remarks on a posteriori error estimation for finite element solutions, J. Comput. Appl. Math., **199** (2007), 329–336.

19) D. Braess: Finite Elements: Theory, Fast Solvers, and Applications in Solid Mechanics, Cambridge University Press, 2007.

20) D. Boffi, F. Brezzi, M. Fortin: Mixed Finite Element Methods and Applications, Springer, 2013.

21) N. Yamamoto, M. T. Nakao: Numerical verifications of solution for elliptic equations in nonconvex polygonal domains, Numer. Math., **65** (1993), 503–521.

22) I. Babuška, J. Osborn: Eigenvalue problems, In P. G. Ciarlet, J. L. Lions (eds.), Handbook of Numerical Analysis, **2**: Finite Element Methods (Part 1), Elsevier Sci. Publ., 1991, 641–787.

23) X. Liu, S. Oishi: Guaranteed high-precision estimation for P_0 interpolation constants on triangular finite elements, Jpn. J. Ind. Appl. Math., **30** (2013), 635–652.

24) L. Fox, P. Henrici, C. Moler: Approximations and bounds for eigenvalues of elliptic operators, SIAM J. Numer. Anal., **4**:1 (1967), 89–102.

25) Q. Yuan, Z. He: Bounds to eigenvalues of the Laplacian on L-shaped domain by variational methods, J. Comput. Appl. Math., **233**:4 (2009), 1083–1090.

26) M. T. Nakao: A numerical approach to the proof of existence of solutions for elliptic problems, Jpn J. Appl. Math., **5**:2 (1988), 313–332.

27) M. Plum: Computer-assisted existence proofs for two-point boundary value problems, Computing, **46**:1 (1991), 19–34.

28) S. Oishi: Numerical verification of existence and inclusion of solutions for nonlinear operator equations, J. Comput. Appl. Math, **60**:1 (1995), 171–185.

29) L. V. Kantorovich, G. P. Akilov: Functional Analysis, Pergamon Press, 1982.

30) M. T. Nakao, K. Hashimoto, Y. Watanabe: A numerical method to verify the invertibility of linear elliptic operators with applications to nonlinear problems, Computing, **75**:1 (2005), 1–14.

31) 中尾 充宏, 渡部 善隆：実例で学ぶ精度保証付き数値計算—理論と実装, サイエンス社, 2011.

32) M. Plum: Computer-assisted proofs for semilinear elliptic boundary value problems, Jpn. J. Ind. Appl. Math., **26**:2-3 (2009), 419–442.

33) M. Plum: Existence and multiplicity proofs for semilinear elliptic boundary value problems by computer assistance, Jahresbericht der Dtsch. Math. Vereinigung, **110**:1 (2008), 1–31.

34) 中尾 充宏, 山本 野人：精度保証付き数値計算—コンピュータによる無限への挑戦, 日本評論社, 1998.

9 精度保証付き数値計算の応用

本章では，精度保証付き数値計算を応用した研究事例や，HPC（高性能計算）環境における精度保証付き数値計算アルゴリズムの実装方法，MATLAB における精度保証ツール INTLAB について紹介する。

9.1 線形計画法の精度保証

本節では，これまでに紹介した数値線形代数，区間連立 1 次方程式や，非線形連立方程式の精度保証付き数値計算法を応用した，線形計画問題に対する精度保証付き数値計算法を紹介する。初めに，線形計画問題について必要最低限の導入をし，つぎに，その精度保証付き数値計算法を紹介する。特に，線形計画問題の代表的な解法である単体法（simplex 法）・内点法による解の精度保証と，双対定理による最適値の精度保証を扱う。

9.1.1 線形計画問題の基礎

線形計画問題は「条件を満たすものの中で，最も良いものを求める」という数理計画問題（最適化問題）の一種であり，非常に多くの実問題に広く応用されている。

一般に，線形等式・線形不等式制約が課された線形計画問題は，A と C を適当なサイズの行列，b, c, d, x をベクトルとして，つぎのように記述できる。

$$\min_{x\in\mathbb{R}^n} \quad c^T x \tag{9.1a}$$

$$\text{s.t.}\quad Ax = b \tag{9.1b}$$

$$Cx \geqq d \tag{9.1c}$$

このように記述したとき,「等式制約条件 $Ax = b$ と不等式制約条件 $Cx \geqq d$ を満たすものの中で (subject to), 目的関数 $c^T x$ の値を最小 (minimize) とする $x \in \mathbb{R}^n$ を求める」と読むことにする†1。

最適化問題の解にはいろいろと用語があり†2, 教科書によって若干異なるようだが, ここでは, 制約条件をすべて満たす解 x を実行可能解, 実行可能解をすべて集めた集合を実行可能領域, 実行可能解の中で目的関数値が最も小さくなる解を最適解, そして, 最適解における目的関数値を最適目的関数値, 略して最適値と呼ぶことにする。

式 (9.1) は, つぎの「不等式標準形」

$$\min_{x \in \mathbb{R}^n} c^T x \tag{9.2a}$$

$$\text{s.t.}\ Ax \leqq b \tag{9.2b}$$

$$x \geqq 0 \tag{9.2c}$$

や「等式標準形」

$$\min_{x \in \mathbb{R}^n} c^T x \tag{9.3a}$$

$$\text{s.t.}\ Ax = b \tag{9.3b}$$

$$x \geqq 0 \tag{9.3c}$$

に変形することができる†3。

---

†1　「目的関数の値を最大とする x を求める」最大化問題の形式で記述されることもよくあるが, このときは目的関数にマイナスを付けるなどして最小化問題に変形すれば, 同様の議論ができる。

†2　本節の用語の一部は, 大石[1)], 福島[2),3)] を参考にしている。

†3　例えば, 式 (9.1) について, 変数 x を $x^+ = \max(x, 0)$ と $x^- = -\min(x, 0)$ に分割して $x = x^+ - x^-$ と置き換え制約に $x^+ \geqq 0$ と $x^- \geqq 0$ を加える, $y = Cx - d \geqq 0$ を変数と制約に加える, $Ax = b$ を $Ax \geqq b$ かつ $-Ax \geqq -b$ に置き換える, などの操作を行えば, 標準形に変形できる。

ここでは,「等式標準形」や「不等式標準形」の基本的な性質を，例を見ながら，証明なしで紹介する（定理は Dantzig and Thapa[4] から引用するので，証明はこれを見ればよい)。例としては，以下の特に簡単な問題を扱う。

- 不等式標準形 (9.2) の例：

$$A = \begin{pmatrix} 2 & 1 \\ 1 & 1 \end{pmatrix}, \quad b = \begin{pmatrix} 6 \\ 4 \end{pmatrix}, \quad c = \begin{pmatrix} 1 & -1 \end{pmatrix}^T$$

とおいて

$$\min_{x \in \mathbb{R}^n} \quad x_1 - x_2 \tag{9.4a}$$

$$\text{s.t.} \quad 2x_1 + x_2 \leqq 6 \tag{9.4b}$$

$$x_1 + x_2 \leqq 4 \tag{9.4c}$$

$$x_1 \geqq 0, \ x_2 \geqq 0 \tag{9.4d}$$

- 等式標準形 (9.3) の例：

$$A = \begin{pmatrix} 2 & 1 & 1 & 0 \\ 1 & 1 & 0 & 1 \end{pmatrix}, \quad b = \begin{pmatrix} 6 \\ 4 \end{pmatrix}, \quad c = \begin{pmatrix} 1 & -1 & 0 & 0 \end{pmatrix}^T$$

とおいて

$$\min_{x \in \mathbb{R}^n} \quad x_1 - x_2 \tag{9.5a}$$

$$\text{s.t.} \quad 2x_1 + x_2 + x_3 = 6 \tag{9.5b}$$

$$x_1 + x_2 + x_4 = 4 \tag{9.5c}$$

$$x_1 \geqq 0, \ x_2 \geqq 0, \ x_3 \geqq 0, \ x_4 \geqq 0 \tag{9.5d}$$

等式標準形 (9.5) は不等式標準形 (9.4) を変形したものである。不等式標準形 (9.4) に対し，目的関数はそのままで，不等式制約 (9.4b), (9.4c) の左辺に $x_3 = 6 - (2x_1 + x_2)$, $x_4 = 4 - (x_1 + x_2)$ となる変数 $x_3 \geqq 0$ と $x_4 \geqq 0$ を加えることで，等式制約 (9.5b), (9.5c) に変形している。

定理 9.1　(Theorem 1.1（Set of Feasible Points for an LP is Convex）[4])

線形等式・不等式の制約条件は凸多面体となる†。

不等式標準形の例 (9.4) の制約条件 (9.4b), (9.4c) を図示すると，**図 9.1** のとおり，凸多角形となっている。

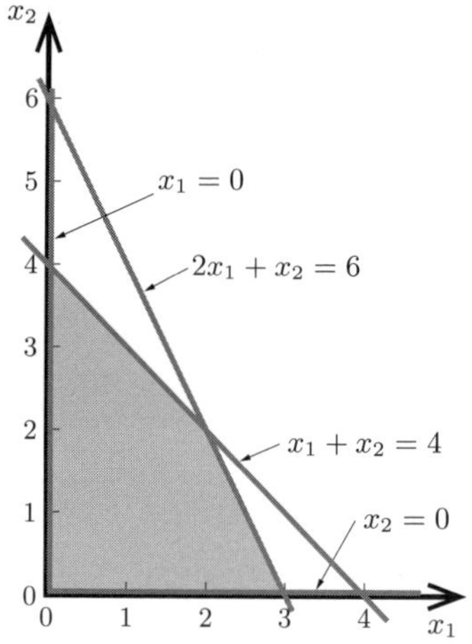

図 9.1　例 (9.4) の実行可能領域

定理 9.2　(Lemma 1.4（A Local Minimum of an LP is Global）[4])

線形計画では，局所最適解は（大域）最適解となる。

定理 9.3　(Theorem 1.5（Basic Feasible Solution is an Extreme Point）[4])

$Ax = b$（$x \geqq 0$）なる制約では，線形計画の最適解は実行可能領域の頂点にある。

† 有界とは限らない。細かく分類しても本節の内容とはあまり関係しないので，凸錐なども含めて多面体とした。

図 9.2 を見てみよう。線形計画では目的関数 $c^T x$ は平面となる。この平面に実行可能領域の凸多角形を写してみると，最も目的関数値が小さくなる点（最適解）は実行可能領域の頂点にあることがわかる。

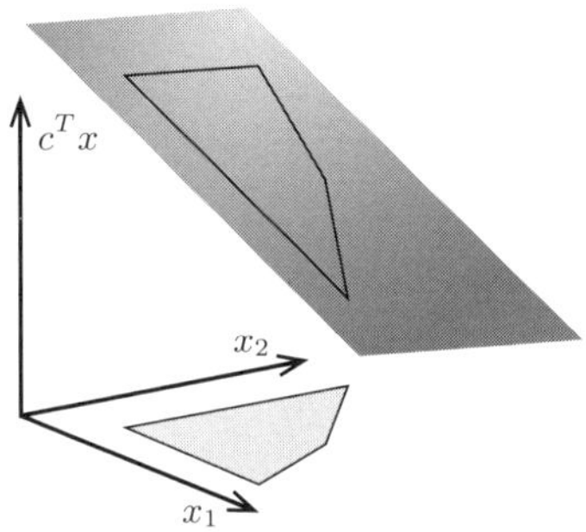

図 9.2 実行可能領域を目的関数の平面に写してみる

ただし，最適解が 1 頂点だけとは限らない。複数の頂点（を含む線分・面）が最適解となる場合もある。

定理 9.3 より，線形計画問題の最適解を求めるには，実行可能領域の頂点を確かめればよい。

線形計画問題の代表的な解法に，単体法（simplex 法）と内点法がある。単体法は実行可能領域の頂点を調べて解にたどり着く方法（**図 9.3**），内点法は実行可能領域の内部を探索して解にたどり着く方法（**図 9.4**）といえる。

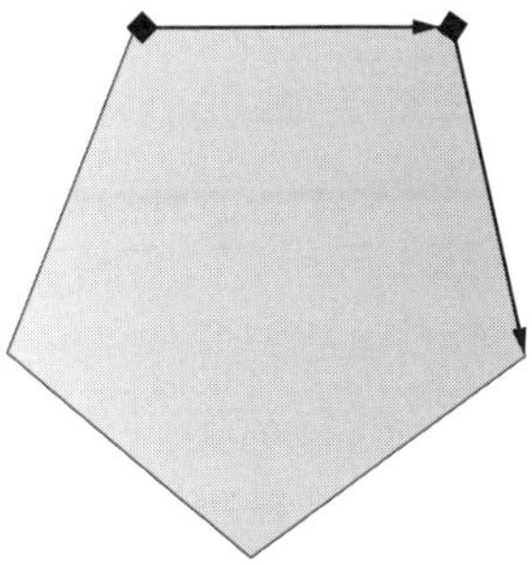

図 9.3 単体法：頂点を見つけて境界上を探索

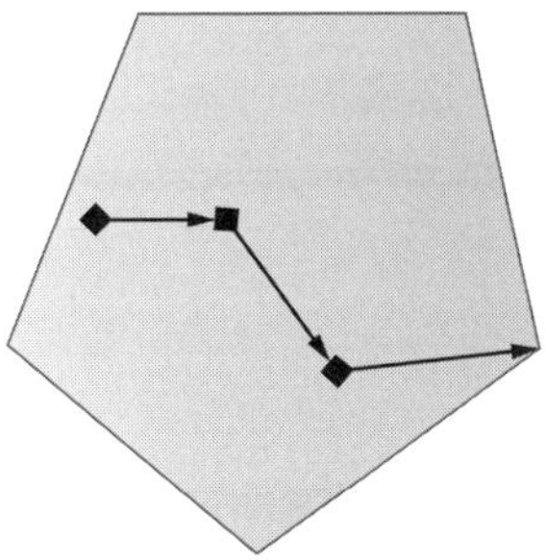

図 9.4 内点法：内点を見つけて内側から探索

9.1.2 単体法における解の条件と精度保証付き数値計算法

ここで，単体法における解の条件と精度保証付き数値計算法について紹介する。

単体法を基礎とした精度保証付き数値計算法の例として，単体法の解の条件を区間演算や有理数演算で確認する手法が知られている。大石[1)] や Hammer et al.[5)] では，単体法の終了条件を区間演算で確認する手法を紹介している。Jansson[6)] では，さらに退化なども考慮して場合分けを行い，自動的に解を検証するアルゴリズムを提案している。ここでは，これらの手法に共通する基本的な部分を紹介する[†1]。

ここでは等式標準形を扱うものとする。そして，制約条件 $Ax = b$ について，「$A \in \mathbb{R}^{m \times n}$ は，$m < n$ かつ $\mathrm{rank}(A) = m$」と仮定する[†2]。このとき，$Ax = b$ の解 x は不定である。

単体法では，実行可能基底解というものを求めることで，実行可能領域の頂点を見つけていく。

定義 9.1　$x_1, \cdots, x_n$ から $n - m$ 個を選んで値を 0 とおき，残りの m 個の値を適当に定めることにより，$Ax = b$ の解が求められたとする。このようにして得られた解 x を基底解という。このとき，値を 0 とおいた変数を非基底変数，それ以外の変数を基底変数と呼ぶことにする。

定義 9.2　基底解のうち，$x \geqq 0$ を満たす解を実行可能基底解という。

---

†1　大石[1)] は，改訂単体法の説明とともに，本節と同様の手法を紹介している。

†2　このように仮定しても，数学的には一般性を失わない。$m > n$ のときは制約条件が過剰であるため解がないか，不要な等式があるため解いて行数を減らしてやればよい。$m = n$ かつ $\mathrm{rank}(A) = m$ のときは，等式制約を満たす領域は 1 点 $x = A^{-1}b$ のみであり，これを解くだけで最適解が得られるので，考えなくてよいものとする。

定理 9.4 (Corollary 1.6 (Extreme Point is a Basic Feasible Solution)[4])

実行可能領域の頂点は，実行可能基底解となる。

等式標準形の例 (9.5) で，x_1 と x_2 を基底変数として基底解を求めてみよう。$x_3 = 0$，$x_4 = 0$ とおくと，残る x_1 と x_2 は $\begin{pmatrix} 2 & 1 \\ 1 & 1 \end{pmatrix} \begin{pmatrix} x_1 \\ x_2 \end{pmatrix} = \begin{pmatrix} 6 \\ 4 \end{pmatrix}$ を満たす。これを解くことで，基底解 $x = (2, 2, 0, 0)^T$ が得られる。同様にして，例 (9.5) では，${}_4C_2 = 6$ 個の基底解が得られる（**図 9.5**）。ここで，基底解の二つの成分 (x_1, x_2) は，四つの制約条件（図 9.1）から二つを選んだときの交点となっている。

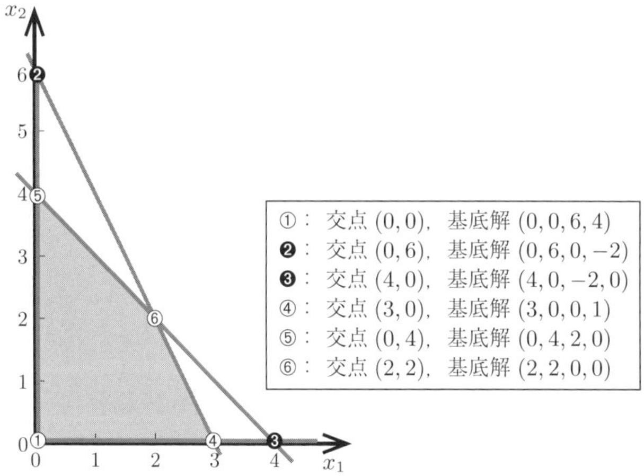

図 9.5 制約条件の交点と基底解

図 9.5 では，6 個の基底解のうち，実行可能領域の頂点となるものを白丸，それ以外を黒丸で表している。これらから白丸（実行可能基底解）だけを抜き出すには，基底解が $x \geqq 0$ を満たすかを確認すればよい。

いま四つの実行可能基底解が得られたので，これらが最適解となる判定条件を考える。

ある実行可能基底解 $x \in \mathbb{R}^n$ について，$x_N \in \mathbb{R}^{n-m}$ を，非基底変数を抜き出して並べたベクトル，$x_B \in \mathbb{R}^m$ を，基底変数を抜き出して並べたベクトルとする。このとき，x_N と x_B にそれぞれ対応する A の列を抜き出して並べた行列を A_N と A_B とすると

$$Ax = A_B x_B + A_N x_N$$

と表現でき，対応する c の行を抜き出して並べたベクトルを c_N と c_B とすると

$$c^T x = {c_B}^T x_B + {c_N}^T x_N$$

と表現できる。

$A_B \in \mathbb{R}^{m \times m}$ が正則ならば

$$\begin{aligned} x_B &= {A_B}^{-1}(Ax - A_N x_N) = {A_B}^{-1} b - {A_B}^{-1} A_N x_N \\ c^T x &= {c_B}^T {A_B}^{-1} b - {c_B}^T {A_B}^{-1} A_N x_N + {c_N}^T x_N \\ &= {c_B}^T {A_B}^{-1} b + (c_N - {A_N}^T {A_B}^{-T} c_B)^T x_N \end{aligned}$$

が成立する。実行可能基底解は $x_N = 0$ かつ $x_B \geqq 0$ を満たすため

$$x_B = {A_B}^{-1} b \geqq 0$$

が実行可能基底解となる条件である。最適値については，$(c_N - {A_N}^T {A_B}^{-T} c_B) \geqq 0$ でないときは，目的関数 $c^T x$ を小さくする $x_N \geqq 0$ が存在するため

$$c_N - {A_N}^T {A_B}^{-T} c_B \geqq 0$$

が最適解となる条件である。

以上のことから，${A_B}^{-1} b$ と $c_N - {A_N}^T {A_B}^{-T} c_B$ を調べれば最適解であることが判定できる。これらを線形連立方程式の精度保証付き数値計算法を用いて厳密に計算することで，最適解であることを厳密に判定できる。

例 9.1　MATLAB と INTLAB を用いて，等式標準形の例 (9.5) について，精度保証された数値解を求めてみよう。

MATLAB の線形計画法ソルバ `linprog` を用いて近似解を求めたところ

$$x = \begin{pmatrix} 0.00000000000001614 \\ 3.99999999999997800 \\ 1.99999999999998700 \\ 0.00000000000000523 \end{pmatrix}$$

が得られた。近似解の絶対値が小さい x_1 と x_4 を非基底変数とすると

$$A_B = \begin{pmatrix} 1 & 1 \\ 1 & 0 \end{pmatrix},\ A_N = \begin{pmatrix} 2 & 0 \\ 1 & 1 \end{pmatrix},\ c_B = \begin{pmatrix} -1 \\ 0 \end{pmatrix},\ c_N = \begin{pmatrix} 1 \\ 0 \end{pmatrix}$$

となる。区間演算パッケージ INTLAB を用いて，精度保証付きで最適解の条件を確認すると

$$A_B{}^{-1}b \ \in \ \begin{pmatrix} [3.9999999999999964,\ 4.0000000000000000] \\ [1.9999999999999971,\ 2.0000000000000009] \end{pmatrix} \geqq 0$$

$$c_N - A_N{}^T A_B{}^{-T} c_B \ \in \ \begin{pmatrix} [2.0,\ 2.0] \\ [1.0,\ 1.0] \end{pmatrix} \geqq 0$$

より，$x_B = A_B{}^{-1}b$，$x_N = 0$ なる最適解が精度保証付きで求められ，このとき最適値は

$$\begin{aligned} c^T x &= c_B{}^T A_B{}^{-1} b \\ &\in [-4.0000000000000000,\ -3.9999999999999964] \end{aligned}$$

となる。

9.1.3 最適値（最適目的関数値）の精度保証付き数値計算法

いま，例 9.1 の最後に，最適解における目的関数値を精度保証付きで求めたが，これは双対定理を用いてより高精度に計算できる場合がある。また，最適解は存在するが一意でない場合も，最適値の上限と下限だけは精度保証付きで求められることがある。

最適値に対する精度保証付き数値計算法の例としては，単体法と丸め方向の制御を考慮したアルゴリズム[†1]や，双対性を用いた最適値の包み込み[†2]などが知られている。

与えられた数理計画問題に対して，双対問題と呼ばれる数理計画問題を定義することができる。このとき，双対問題に対してもとの問題を主問題と呼ぶ。

例えば

$$
\begin{aligned}
&\min_{x \in \mathbb{R}^n} c^T x \\
&\text{s.t. } Ax = b \\
&\qquad x \geqq 0
\end{aligned}
$$

を主問題とするとき，これに対する双対問題を

$$
\begin{aligned}
&\max_{y \in \mathbb{R}^m} b^T y \\
&\text{s.t. } A^T y \leqq c
\end{aligned}
$$

で定義できる。適当な主・双対問題の解について以下の二つの定理が成り立つ。

定理 9.5　(Theorem 2.3（Weak Duality Theorem）[4)])

主問題と双対問題の実行可能解 x^o, y^o について，弱双対性 $b^T y^o \leqq c^T x^o$ が成立する。

定理 9.6　(Theorem 2.6（Strong Duality Theorem）[4)])

主問題と双対問題の最適解 x^*, y^* について，（強）双対性 $b^T y^* = c^T x^*$ が成立する。

---

†1　堂脇・柏木[7)] は，精度保証付き単体法で目的関数値の下限・上限を精度保証付き数値計算する手法を提案した。

†2　Jansson[8)] は，定理 9.6 のような双対定理（Duality Theorem）などをもとに目的関数値の包み込みを行う手法を提案した。

最適解 x^*, y^* や，最適解が得られなかったとしても実行可能解 x^o, y^o を精度保証付きで求めることができれば，これらの関係を用いて，最適値 $b^T y^* = c^T x^*$ の上限と下限を精度保証付きで求めることができる。

例 9.2

例 9.1 では

$$c^T x^* \in [-4.0000000000000000,\ -3.9999999999999964]$$

が得られた。近似解 $y = \begin{pmatrix} 0.0000000000000000507 \\ 1.0000000000000002000 \end{pmatrix}$ を用いて，$b^T y^*$ を含む区間を求め，これらの共通部分を計算すると

$$c^T x^* = b^T y^* \ \in\ \boldsymbol{c^T x^*} \cap \boldsymbol{b^T y^*} \ =\ [-4.0,\ -4.0]$$

と，この例では区間幅 0 で精度保証付きの最適値が得られた。

9.1.4 内点法を基礎とした解の精度保証付き数値計算法

内点法を基礎とした手法としては，最適解が満たすべき非線形方程式の精度保証付き数値解を求める手法が知られている。例えば，内点法の考え方で非線形方程式 $f(x) = 0$ を導出して，Krawczyk 法†1やカントロヴィッチの定理†2を応用することで，精度保証付き数値解を求めることができる。

ここでは，不等式標準形 (9.2) の問題を例に，大石-田邉[10] の手法を紹介する。この手法は，主双対内点法とカントロヴィッチの定理を基礎としている。主問題

---

†1 Idriss[9] は，Krawczyk 法を用いて線形計画問題の精度保証付き数値解を求めるアルゴリズムを提案している。

†2 大石-田邉[10] は，カントロヴィッチの定理を応用した線形計画問題の精度保証付き数値解法を提案している。

$$\begin{aligned}&\max_{x\in\mathbb{R}^n} c^T x\\ &\text{s.t. } Ax \leqq b\\ &\qquad x \geqq 0\end{aligned}$$

に対し，双対問題を

$$\begin{aligned}&\min_{y\in\mathbb{R}^m} b^T y\\ &\text{s.t. } A^T y \geqq c\\ &\qquad y \geqq 0\end{aligned}$$

と定めることができ，$z^* = \begin{pmatrix} x^* \\ y^* \end{pmatrix} \in \mathbb{R}^{n+m}$ が

$$f(z^*) := \begin{pmatrix} x^*\ (A^T y^* - c) \\ y^*\ (b - Ax^*) \end{pmatrix} = 0 \tag{9.6a}$$

かつ

$$b \geqq Ax^*, \quad x^* \geqq 0, \quad A^T y^* \geqq c, \quad y^* \geqq 0 \tag{9.6b}$$

をすべて満たすことは解の条件となる。ここで，$f(z)$ のように縦ベクトルを二つ並べたものはアダマール積を意味する†。

田邉[11] などの内点法により

$$f(z) = \gamma e, \quad \gamma = \frac{b^T y - c^T x}{m+n} \approx 0, \quad e = \begin{pmatrix} 1 \\ \vdots \\ 1 \end{pmatrix}$$

かつ

$$b > Ax, \quad x > 0, \quad A^T y > c, \quad y > 0$$

† n 次ベクトル x と y のアダマール積 $x\ y$ は，第 i 成分が $(x\ y)_i = x_i\ y_i$ となる n 次ベクトルである。

をすべて満たす近似解 $z = \begin{pmatrix} x \\ y \end{pmatrix} \in \mathbb{R}^{n+m}$ が得られたとする。

この近似解 z の周りでの解の検証を考える。式 (9.6a) だけならば，6 章で紹介されている非線形方程式の解の精度保証付き数値計算法を利用すればよい。カントロヴィッチの定理（系 6.1）を式 (9.6a) に適用する場合は

$$f'(z) = \begin{pmatrix} \mathrm{diag}(A^T y - c) & \mathrm{diag}(x) A^T \\ -\mathrm{diag}(y) A & \mathrm{diag}(b - Ax) \end{pmatrix}$$

$$|f'(v) - f'(w)| \leqq \|v - w\|_\infty \begin{pmatrix} \|A\|_1 \, I_n & |A|^T \\ |A| & \|A\|_\infty \, I_m \end{pmatrix}$$

$$\|f'(v) - f'(w)\|_\infty \leqq 2 \ \max(\|A\|_1, \ \|A\|_\infty) \, \|v - w\|_\infty$$

がいえるため，精度保証付きで解の存在条件を確認することは難しくない。ただし，それだけでは制約条件 (9.6b) が考慮されていないため，注意が必要である。大石-田邉[10] では，カントロヴィッチの定理の条件を厳しくし，田邉による主双対内点法（中心化ニュートン法（centered Newton method））の解析[11),12)] を応用することで，制約条件 (9.6b) を満たす式 (9.6a) の解について，つぎの定理を導出した。

定理 9.7 （大石-田邉[10]）
$f(z) := \begin{pmatrix} x \, (A^T y - c) \\ y \, (b - Ax) \end{pmatrix} \approx 0$ の近似解 $z = \begin{pmatrix} x \\ y \end{pmatrix} \in \mathbb{R}^{n+m}$ は

$$b > Ax, \quad x > 0, \quad A^T y > c, \quad y > 0 \tag{9.7}$$

を満たすとする。

定数 α, ω は以下を満たすとする。

$$\|f'(z)^{-1}\|_\infty \|f(z)\|_\infty \leqq \alpha$$

$$2 \ \max(\|A\|_1, \ \|A\|_\infty) \, \|f'(z)^{-1}\|_\infty \leqq \omega$$

$$\alpha\omega \leqq \frac{1}{4}$$

このとき

$$\rho := \frac{1-\sqrt{1-3\alpha\omega}}{\omega}$$

について，$f(z^*)=0$，$b \geqq Ax^*$，$x^* \geqq 0$，$A^T y^* \geqq c$，$y^* \geqq 0$ をすべて満たす $z^* \in B(z,\rho)$ が一意に存在する。

この定理により，最適解の精度保証付き数値計算ができる。

例 9.3　MATLAB と INTLAB を用いて，不等式標準形の例 (9.4) について，精度保証付きの数値解を求めてみよう。

内点法を用いて近似解を求めた†ところ

$$x = \begin{pmatrix} 1.214646024630208 \times 10^{-15} \\ 3.999999999999998 \end{pmatrix}$$

$$y = \begin{pmatrix} 1.214646024568557 \times 10^{-15} \\ 9.999999999999998 \times 10^{-1} \end{pmatrix}$$

が得られた。これは

$$\begin{pmatrix} 1.999999999999999 \\ 4.440892098500625 \times 10^{-16} \end{pmatrix} \leqq b - Ax$$

$$\leqq \begin{pmatrix} 2.000000000000000 \\ 8.881784197001254 \times 10^{-16} \end{pmatrix}$$

$$\begin{pmatrix} 2.000000000000000 \\ 8.881784197001250 \times 10^{-16} \end{pmatrix} \leqq A^T y + c$$

$$\leqq \begin{pmatrix} 2.000000000000004 \\ 1.110223024625157 \times 10^{-15} \end{pmatrix}$$

† 制約条件 (9.7) を満たす必要があるため，制約条件をずらす，丸め誤差解析を行うなどして，近似解を求める。

より制約条件を満たし，残差は以下となる。

$$\begin{pmatrix} 2.429292049260417 \times 10^{-15} \\ 3.552713678800499 \times 10^{-15} \\ 2.429292049137111 \times 10^{-15} \\ 4.440892098500624 \times 10^{-16} \end{pmatrix} \leqq f(z)$$

$$\leqq \begin{pmatrix} 2.429292049260421 \times 10^{-15} \\ 4.440892098500626 \times 10^{-15} \\ 2.429292049137114 \times 10^{-15} \\ 8.881784197001252 \times 10^{-16} \end{pmatrix}$$

定理 9.7 に必要な値を区間演算すると

$$\|f(z)\|_\infty \leqq 4.440892098500626 \times 10^{-15}$$

$$\|f'(z)^{-1}\|_\infty \leqq 1.500000000000002$$

$$\|A\|_1 \leqq 3, \quad \|A\|_\infty \leqq 3$$

$$\|f'(z)^{-1}\|_\infty \|f(z)\|_\infty \leqq \alpha = 6.661338147750944 \times 10^{-15}$$

$$2\ \max(\|A\|_1,\ \|A\|_\infty)\,\|f'(z)^{-1}\|_\infty \leqq \omega = 9.000000000000011$$

が得られた。ここで

$$\alpha\omega \leqq 5.995204332975858 \times 10^{-14} \leqq \frac{1}{4}$$

より，解の一意存在の条件が確認できる。このとき近似解の誤差限界

$$\|z - z^*\|_\infty \leqq \rho = \frac{1 - \sqrt{1 - 3\alpha\omega}}{\omega} \leqq 1.333501210688661 \times 10^{-14}$$

が得られる。さらに最適値を求めると

$$-4.000000000000026 \leqq b^T y^* = c^T x^* \leqq -3.999999999999969$$

となる。

近似解法としては，計算量の観点から，大規模問題では単体法よりも内点法が有効といわれている。しかし，得られた近似解を用いて精度保証付き数値計算を行う際は，単体法を基礎とした手法と主双対内点法を基礎とした手法とを単純に比較することはできない。主双対内点法を基礎とした手法は，主問題のみでなく双対問題をくっつけて計算を行うため，計算時間が大きくなることがある。単体法を基礎とした手法のほうが高速に計算できる場合も多い。

9.2　計算幾何の精度保証

浮動小数点演算が有限精度に起因する誤差の問題を抱えていることは，1 章で述べたとおりである。計算科学におけるアルゴリズムは，計算に誤差が入ることを想定していないものが多い。不正確な計算値によって正反対の分岐処理が実行され，アルゴリズムが出力する結果は本来得られるべきものとは大きく異なることもある。

ここで凸包の例を挙げる。**図 9.6** は，8 点に対して逐次添加法を用いて凸包を求めようとした結果である[13)]。凸包とは，すべての点を包含する最小の凸多角形であるから，左下の点が包含されない凸多角形は凸包ではない。問題によっ

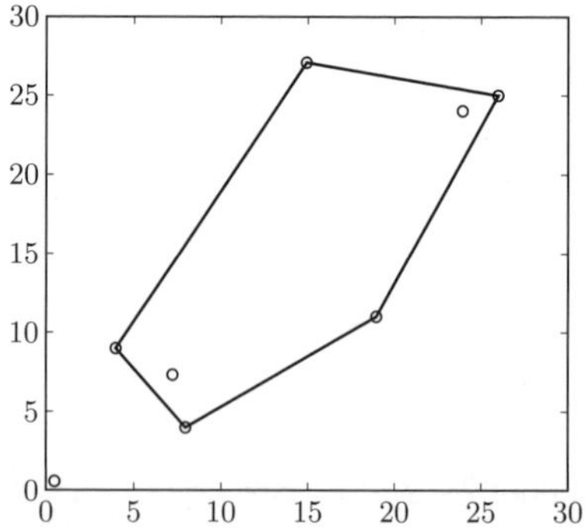

図 9.6　実装に浮動小数点演算を用いた場合の凸包の失敗例

ては，凸な多角形すら結果として出力されないこともある。精度保証付き数値計算はこの問題の回避に有用であることを紹介する。

9.2.1 位置関係の判定問題

計算幾何学によく使用される基礎判定問題の例を挙げる。本節で使用する $\mathtt{fl}(\cdot)$, $\mathtt{u}$, $\mathbb{F}$ は，1 章で定義したものと同じである。平面上に 3 点 $A=(a_x,a_y)$, $B=(b_x,b_y)$，$C=(c_x,c_y)\in\mathbb{F}^2$ を与える。点 A から B へ向かう「向きがある直線」（有向直線）に対して，点 C がその左側にあるか，右側にあるか，直線上にあるかを判定する問題を，点と有向直線の位置関係の判定問題という。これは線分と線分の交差判定，点とポリゴンの内外判定，点集合に対する凸包の計算などを行うアルゴリズムには必要不可欠な基礎判定問題である。この問題はつぎの行列式

$$D=\begin{vmatrix} a_x & a_y & 1 \\ b_x & b_y & 1 \\ c_x & c_y & 1 \end{vmatrix} \tag{9.8}$$

の符号で判定することができる。D の符号が正ならば，点 C は有向直線 AB の左側に，負なら右側に，0 ならば直線上に存在する。例えば，式 (9.8) の行列式を浮動小数点演算により

$$d := \mathtt{fl}((a_x-c_x)(b_y-c_y)-(a_y-c_y)(b_x-c_x)) \tag{9.9}$$

と近似計算できるが，式 (9.9) の評価では，最大で 7 回の誤差が発生する可能性があり，d の符号と D の符号は一致しないことがある。なお，d の計算を

$$\mathtt{fl}(a_xb_y+a_yc_x+b_xc_y-a_xc_y-a_yb_x-b_yc_x) \tag{9.10}$$

とすることも可能である。次項の議論では, 計算回数の観点から式 (9.9) を使用するが, 誤差の観点からは式 (9.9) と式 (9.10) ではどちらが良いと断言することはできない。例を挙げれば, $(a_x,a_y)=(0,0)$, $(b_x,b_y)=(1,1)$, $(c_x,c_y)=(2^{100},2^{90})$ とすると，真の行列式の符号は負である。倍精度浮動小数点数を用いた場合，式

(9.9) では $\mathtt{fl}(a_x - c_x) = \mathtt{fl}(b_x - c_x) = -c_x$，$\mathtt{fl}(a_y - c_y) = \mathtt{fl}(b_y - c_y) = -c_y$ となることから計算結果は 0 となるが，式 (9.10) では $-2^{100} + 2^{90}$ となる。

誤った行列式の符号が計算により得られた場合，プログラム中の条件分岐の処理が逆になり，記号処理計算ではうまく機能するアルゴリズムが数値計算では破綻することが知られている。**図 9.7** (a) のように点が与えられた場合，凸包計算の際にほぼ一直線上に並ぶ 3 点の位置関係を多く判定する必要がある。3 点が一直線上に近い配置である場合は行列式の値は 0 に近くなり，計算誤差の影響で符号を間違えやすくなる。結果として，図 9.7 (b) のような結果が得られてしまう。

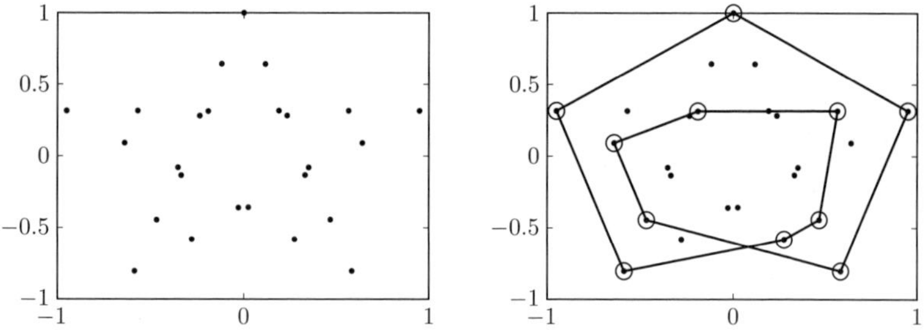

(a)　　(b)

図 9.7　凸包に対する失敗例

数値計算の誤差の問題は，多倍長精度計算や数式処理のような実数演算を用いれば解決はできる。ただし

- 多倍長精度計算や数式処理が数値計算に対して低速であること
- 浮動小数点演算でも正しい符号を得られることが多いこと

から，多倍長精度計算をそのまま利用することは推奨されない。多倍長精度計算を本当に使用すべきかどうかを判断するための浮動小数点フィルタを，つぎに紹介する。

9.2.2　浮動小数点フィルタ

計算幾何学における浮動小数点フィルタ（floating-point filter）とは，浮動小数点演算による結果の符号が正しいことの十分条件を検証する方法である。最も簡単なフィルタは，式 (9.9) に現れる計算値の符号を確認するだけのものである。計算中にアンダーフローが起きないことを仮定すれば

$$\mathtt{fl}((a_x - c_x)(b_y - c_y)), \quad \mathtt{fl}((a_y - c_y)(b_x - c_x))$$

の符号が異なる場合は d の符号が正しい。これは，二つの浮動小数点数の和・差の演算結果については符号のみは必ず正しく，またアンダーフローが発生しなければ積についても結果の符号は正しいためである。

つぎは，誤差評価を用いたフィルタを紹介する。

$$|D - d| \leqq err \tag{9.11}$$

となる $err \in \mathbb{F}$ を浮動小数点演算で求め

$$|d| > err \tag{9.12}$$

ならば d の符号は正しい。これは，誤差の影響が符号には及ばないことを意味している。この err は，式 (9.9) に対しては

$$err := \mathtt{fl}(3\mathtt{u}(|(a_x - c_x)(b_y - c_y)| + |(a_y - c_y)(b_x - c_x)|)) \tag{9.13}$$

と計算される。式 (9.13) は 1 章で紹介した浮動小数点数 $a, b \in \mathbb{F}$ に対する性質

$$\mathtt{fl}(a + b) = (1 \pm \delta)(a + b), \quad |\delta| \leqq \frac{\mathtt{u}}{1 + \mathtt{u}} < \mathtt{u}$$

を利用して導出されるもので，浮動小数点演算のみで計算可能な値となっている。ここで，誤差の上限を得るために必要な計算回数は，近似計算に比べてほぼ同等である。

最後に，アンダーフロー，オーバーフローに対応する浮動小数点フィルタについて，結果のみを紹介しておく。

$$\begin{aligned}|d| > \mathtt{fl}\big(&(3\mathtt{u} - (\phi - 22)\mathtt{u}^2)(|(a_x - b_x)(b_y - c_y)\\ &+ (a_y - c_y)(b_x - c_x)| + \mathtt{F}_{\mathtt{min}})\big)\end{aligned}$$

が成立すれば d の符号は正しいことが知られている。定数 ϕ は

$$\phi = 2\left\lfloor \frac{-1+\sqrt{4\mathrm{u}^{-1}+45}}{4} \right\rfloor$$

と定義される。このフィルタでは $|(a_x-b_x)(b_y-c_y)+(a_y-c_y)(b_x-c_x)|$ と計算し，$|(a_x-b_x)(b_y-c_y)|+|(a_y-c_y)(b_x-c_x)|$ のように絶対値で分かれていないが，フィルタとしては正しく機能する。

9.2.3 ロバスト計算

浮動小数点フィルタが計算値 d の符号を保証できなかった場合には，計算結果 d の符号が正しいかどうかを判断できないために，高精度計算を利用して正しい符号を求める。ここでは，浮動小数点演算に関してオーバーフローやアンダーフローが発生しないと仮定する。$a, b \in \mathbb{F}$ に対して `TwoSum`（2 章の定理 2.6 を参照）を

$$[t_1, e_1] = \texttt{TwoSum}(a_x, -c_x), \quad [t_2, e_2] = \texttt{TwoSum}(b_y, -c_y)$$
$$[t_3, e_3] = \texttt{TwoSum}(a_y, -c_y), \quad [t_4, e_4] = \texttt{TwoSum}(b_x, -c_x)$$

と実行する。これらを利用し

$$\begin{aligned} D &= (t_1+e_1)(t_2+e_2)-(t_3+e_3)(t_4+e_4) \\ &= t_1t_2+t_1e_2+t_2e_1+e_1e_2-t_3t_4-t_3e_4-t_4e_3-e_3e_4 \end{aligned} \tag{9.14}$$

と式を変換する。ここで `TwoProd`（2 章の定理 2.7 を参照）を式 (9.14) にある 8 項にそれぞれ適用すると，式 (9.8) は 16 個の浮動小数点数の和と等価である。また，D の計算を式 (9.10) のように 6 回の積により計算することも可能である。この場合はそれぞれの積に `TwoProd` を適用すれば，式 (9.8) は 12 個の浮動小数点数の和と等価である。浮動小数点数の和を正しく計算する方法についてはよく議論されており，例えば 2 章で紹介した `SumK` や `AccSum` なども有用である。さらに，$|t_1| \geqq \mathrm{u}|e_1|$，$|t_1t_2| \geqq \mathrm{u}^2|e_1e_2|$ など，式 (9.14) から得られる

16 項は絶対値の大きさに差があるため，この分布を考慮した高速な総和の計算法も提案されている。

計算幾何学の他の基礎判定問題として，点と平面の位置関係，点と円の内外判定，点と球面の内外判定などの問題もあるが，同様に行列式の符号を判定する問題である。それらの行列式を浮動小数点数の和に変換し，総和を正しく計算することで，浮動小数点演算のみで正しい判定を行うことができる。

9.2.4 精度保証を用いた反復アルゴリズム

本項では，2 次元平面における凸包について，浮動小数点フィルタを利用した反復アルゴリズムを紹介する。以下を基本方針とする。

- 浮動小数点フィルタにより正しく判定できた場合のみアルゴリズムを進行
- 考慮している点について，浮動小数点フィルタにより結果が保証されない場合は，その点を除外してアルゴリズムを進行
- アルゴリズム終了後に，除外された点が現在得られている部分的な凸包の内部か外部かを判定して凸包を更新し，この作業を繰り返す

まずは，点集合 $p_i \in \mathbb{F}^2$（$0 \leqq i \leqq n-1$）に対する凸包を構成する逐次添加法を紹介する。逐次添加法は，p_0 から p_{k-1} までの点の集合に対する凸包 C_k に対して，p_k が C_k の外側か内側かを判定して C_{k+1} を構成する方法である。**図 9.8** の例の (a) にある点集合に対して，まず，p_0, p_1, p_2 を初期の凸多角形

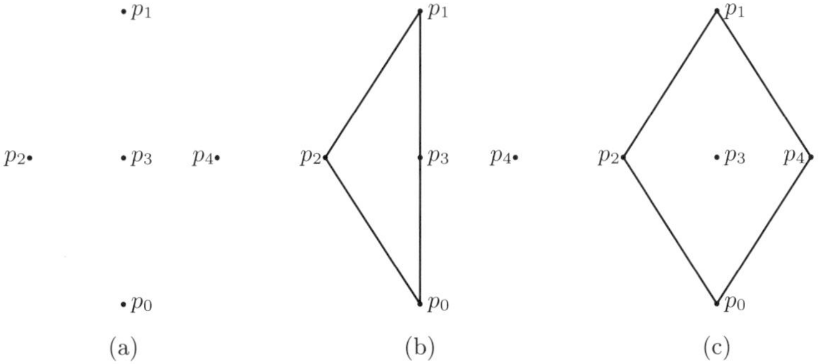

図 9.8 凸包を求める反復アルゴリズム

C'_3 とする（以後，C'_k は p_{k-1} まで処理が進んだ際の凸多角形とし，これは k 点に対する凸包ではないことがある）。p_3 を加えて凸多角形 C'_4 を構成するときには，p_3 が直線 p_0p_1 に近接しているために浮動小数点フィルタにより判定不能となる（図 9.8 の例の (b)）。よって，p_3 の処理は一時的に保留されて C'_4 は C'_3 と同じになる。つぎに，p_4 が C'_4 の外側にあることから C'_5 が構成される。ここで C'_5 は p_3 を除いた 4 点に対する凸包であることが浮動小数点フィルタにより保証されている。しかし，凸多角形 C'_5 まで構成した後に p_3 が C'_5 の内部か外部かを再考すると，近接する辺がないことから p_3 は C'_5 の内部であることが浮動小数点フィルタにより判定できる（図 9.8 の例の (c)）。点が辺に近接している場合は，浮動小数点フィルタを通らずに本来は高精度計算が必要となる。ただし，このアルゴリズムのようにあとから再判定を考えれば点が近接した状況が起こらず，高精度計算を必要とせずに精度保証が成功する場合がある。

初期の 3 点による三角形から始めて，k 回の反復操作を行う精度保証アルゴリズムを紹介する[14)]。k 回の反復によっても正しい凸包が得られない場合には，浮動小数点フィルタによって判定不能な点の集合を返すように設計されている。

アルゴリズム 9.1　(精度保証付き k 反復凸包アルゴリズム)

Input：空の凸包構成点列 CH，点列 p_i $(0 \leqq i \leqq n-1)$，継続回数 k $(\geqq 1)$

Output：凸包構成点列 CH，判定不能点列 p

`VKconvhull`(CH, p, k)

　　p のうち y 座標が最も小さい点をとり，左回りになる相異なる 3 点を選択して CH(3) を構成し，p からそれらの点を取り除く。

　　もし CH(3) を構成できなければ，すべて判定不能の点列として終了する。

　　for $1 \leqq i \leqq k$

　　　　if　length(p)! $= 0$

(a) $lp = \text{length}(p)$ とする。

(b) $[\text{CH}, p] =$ `VIconvhull`(CH, p)

% 関数 `VIconvhull` の結果を CH と p に代入。

(c) $lp == \text{length}(p)$ なら，i に対するループを抜ける。

end

end

return CH, p

つぎのアルゴリズムは，精度保証を行う逐次添加法のアルゴリズムである。下線の部分を除けば，通常の逐次添加法となる。

アルゴリズム 9.2 (Verified Incremental Convex Hull Algorithm)

Input：凸包構成点列 CH，点列 p

Output：凸包構成点列 CH，判定不能点列 v

Notation：CH_j は CH の j 番目の要素を表す。

`VIconvhull`(CH, p)

$t = 0$，p の要素の個数を n とする。

for $0 \leqq i \leqq n-1$

(a) CH の要素の個数を length，flag $= 0$ とする。

(b) **for** $1 \leqq j < \text{length}$

i. $q_j = \text{CH}_j$，$q_{j+1} = \text{CH}_{j+1}$ とし，p_i を追加点とする。

ii. q_j, q_{j+1}, p_i に対して行列式 $\texttt{fl}(\det(G))$<u>および誤差の上限</u>を計算する。

iii. <u>q_j, q_{j+1}, p_i に対して浮動小数点フィルタが成立する場合</u>

初めて $\texttt{fl}(\det(G)) < 0$ となったとき，start $= j$，flag $= 1$ とする。

flag $= 1$ かつ $\texttt{fl}(\det(G)) > 0$ となったとき，finish $= j$，flag $= 2$ とする。

浮動小数点フィルタ（不等式）が成立しない場合

p_i を判定不能点として v_t に保存し，$t = t + 1$ とする。

flag $= 0$ として j に対するループを抜ける。

end

(c)（p_i が CH の外部にある場合（flag $\neq 0$）は CH を更新する）

flag が 1 なら finish $=$ length とする。

start $< k <$ finish に対して CH_k を削除し，その間に p_i を追加する。

end

return CH, v

アルゴリズム 9.1 の実行例を挙げる。図 9.7 (a) のような点集合に対して**図 9.9** (a) は，$k = 1$ のときの実行結果である。図中，$*$ で示された 3 点が判定不能と判断された点であり，この 3 点を除いた正しい凸包が構成される。つぎに ($k = 2$)，この 3 点が部分的に正しい凸包の内部か外部かを判断して凸包を更新した結果，図 9.9 (b) のような正しい結果を得ることができた。この例では，多倍長精度計算を用いずに結果が保証された凸包が得られている。ただし，真

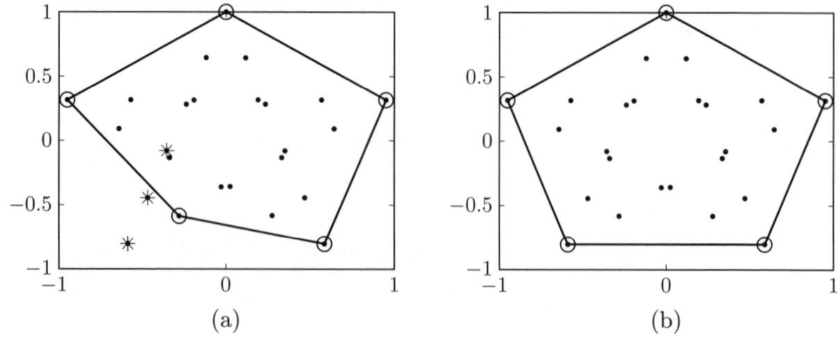

図 9.9　反復アルゴリズムの成功例

の凸包の辺に近い点がある場合は，判定不能な点がなくならない可能性があり，高精度計算・多倍長精度計算に頼らなければ完全な凸包は得られない。

入力される点があらかじめ浮動小数点数である場合は，紹介したアルゴリズムを用いなくても正しい結果を求めることは可能である。十分な精度の多倍長精度計算などにより正しい計算結果を得て，2 次元凸包のアルゴリズムを正しく進めればよい。ただし，入力が不正確（区間）である場合は，多倍長精度計算を利用しても判定不可能なことがある。このような場合でも，紹介した反復アルゴリズムは有用なことがある。

9.3　3 次元多様体の双曲性判定

本節では，精度保証付き数値計算の純粋数学への一つの応用として，トポロジー（位相幾何学）における 3 次元多様体の双曲性の判定について紹介する。

9.3.1　背　　景

トポロジー（位相幾何学）とは「柔らかい幾何学」とも呼ばれる比較的新しい幾何学の一分野である。基本として扱うのは位相空間だが，その中でも，局所的に n 次元ユークリッド空間と同一視できるものを n 次元多様体といって，特に興味深い研究対象となっている。例えば，われわれが生きているこの宇宙を考えるとき，われわれの近くでは（局所的には）「縦」「横」「高さ」の 3 次元の座標軸がとれる。もちろん宇宙のはるか彼方でどうなっているか，現在は知ることはできないけれども，願望として「宇宙には特別な場所はない」ことを仮定†すれば，この宇宙は 3 次元多様体であるといえる。

さて，この 3 次元多様体を位相幾何学的に研究した初めての数学者の一人が，トポロジーの創始者ともいわれるアンリ・ポアンカレである。ポアンカレは，1884 年から 1904 年にかけての 6 本の論文で，トポロジーにおける多くの重要な概念の基礎を導入した。その最後の論文の中で提起されたのが，今日では「ポ

† この仮定を「宇宙原理」という。また，ここでは時間軸を考えてはいない。

アンカレ予想」と呼ばれる，最も単純な3次元多様体の特徴付けに関する予想であった。この予想は，その後のトポロジーの発展の大きな駆動力となり，実際，数多くの数学者（トポロジスト）がその解決に情熱を傾けることとなった。

そして，ほぼ100年の歳月の後，2002年から2003年にかけて，ポアンカレ予想はロシアの数学者グリゴリー・ペレルマンによって肯定的に解決される[†1]。正確には，ペレルマンが解決したのは，ポアンカレ予想の大きな一般化として，ウィリアム・サーストンが提起した幾何化予想である。

サーストンは，1970年代に3次元多様体論を衝撃的に大きく変革させた。よく知られているように，2次元多様体である閉曲面は，正曲率・平坦・負曲率の3種類の幾何構造のいずれかを許容する。驚くべきことに，サーストンはこの状況が3次元多様体についても成り立つという，それまでまったく不可能だと思われていたことを，多くの場合に証明した。実際，彼は対応する3次元の幾何構造がちょうど8種類あることを示し，さらに，多くの3次元多様体がそれらの幾何構造を許容する部分に一意に分解されるということを示したのである。そして，それが一般の3次元多様体に対しても成り立つことを予想として提起した。これがサーストンの幾何化予想である。

さて，曲面の幾何構造において，最も一般的なものは，負曲率の構造，つまり双曲幾何構造[†2]だった。そして，3次元多様体に対しても，その8種類の幾何構造の中で最も興味深いと考えられているのが，やはり双曲幾何構造なのである。

では，一般に3次元多様体が与えられたとき，それがどのような幾何構造を許容するのか，特に，いつ双曲幾何構造を許容するのか，つまり，いつ双曲多様体になるのかは，どのように判定すればよいだろうか。

以下では，精度保証付き計算を用いて，与えられた3次元多様体が双曲幾何構造を許容することをコンピュータによって証明する方法について紹介する。

---

†1 ペレルマンによるポアンカレ予想の解決については，多くの解説が出版されている。例えば，文献15)を参照。

†2 平行線の公理を満たさない非ユークリッド幾何学の一つで，至るところ曲率 -1 を持つ。向き付け可能閉曲面の位相型は種数（つまり穴の数）によって決まるが，種数が0の場合が球面幾何，種数が1の場合が平坦幾何（ユークリッド幾何）に対応するのに対して，種数が2以上の場合はすべて双曲幾何構造に対応する。

9.3.2　Gluing equation ～解が双曲性を証明する～

本項では Gluing equation について解説する。まず，任意の 3 次元多様体は四面体に分割できるという事実に注意する。すなわち，任意の 3 次元多様体はいくつかの四面体の面と面を貼り合わせることで得られる。ただし，この分割はトポロジー的な分割であり，四面体のどの面と面を貼り合わせるかの組合せ的な情報のみで決まる。この多様体の四面体分割に対して，サーストンが構成した複素連立方程式が Gluing equation である。

この方程式は，各四面体が双曲構造を“きれいに貼り合うように”持つための要請をまとめたものである。双曲幾何は，いわゆる非ユークリッド幾何であるが，もちろん長さと角度の概念が存在する。Gluing equation の一つの要請は四面体の各辺の周りの面角の和が 2π となることであり，その他，完備性のための式もある。ここでは Gluing equation の詳しい導出については説明を省略する。詳しくは文献 16) を参照されたい。

実際，サーストンは以下のことを証明した。

定理 9.8　(サーストン)　各虚部が正となる Gluing equation の解が存在すれば，その多様体は有限体積完備双曲構造を持つ。

定理 9.8 の逆は成り立たない。すなわち，双曲構造を持つ多様体の四面体分割の Gluing equation が解を持たない可能性がある。多様体の四面体分割の方法は無限通りあり，すべてを探索することはできない。また,「すべての双曲構造を持つ多様体が Gluing equation が解を持つように，四面体分割できるか？」という問は未解決である。そのため，定理 9.8 を用いて，与えられた多様体の双曲構造の「存在」を証明することはできるが，双曲構造の「非存在」を証明することはできない。実際に与えられた多様体の双曲構造を探す際には，四面体分割を取り替え，いくつかの分割で証明を試みることが多い。

具体的に Gluing equation は以下のようなものである。

$$\left\{ \prod_{j=1}^{n} (z_j)^{(a_{j,k}-c_{j,k})} \cdot (1-z_j)^{(c_{j,k}-b_{j,k})} = \prod_{j=1}^{n} (-1)^{c_{j,k}} \right\}_{k=1}^{N} \tag{9.15}$$

$$\left\{ \sum_{j=1}^{n} \arg((z_j)^{(a_{j,k}-c_{j,k})}) + \arg((1-z_j)^{(c_{j,k}-b_{j,k})}) \right. \\ \left. = \epsilon_k - \sum_{j=1}^{n} c_{j,k} \cdot \pi i \right\}_{k=1}^{N} \tag{9.16}$$

変数は z_j $(j = 1, \cdots, n)$ であり，これらは複素変数である。式の数 N は各式が双曲構造のどのような性質に対応するかで $N = n + 2h_u + h_f$ と分割されるが，ここでは説明を省略する。各 $a_{j,m}$, $b_{j,m}$, $c_{j,m}$ は $\{0,1,2\}$ の元であり，ϵ_k は $k \in \{1, \cdots, n\} \cup \{n + 2h_u + 1, N\}$ のとき 2π，そうでないとき 0 である。

9.3.3 HIKMOT 〜Gluing equation を精度保証付き計算で解く〜

本項では，開発者の頭文字をとって HIKMOT [17] と名づけられた，Gluing equation を精度保証付き計算で厳密に解くプログラムについて解説する。入力データは，多様体の四面体分割である。四面体分割から Gluing equation の立式は Jeffrey Weeks により開発された SnapPea を用いている（SnapPea は現在 Nathan Dunfield と Marc Culler に引き継がれ，Python 上で動く SnapPy [18] として配布されている）。SnapPea は，ニュートン法を用いて Gluing equation の近似解を計算することができる。ここでは，SnapPea により得られた近似解から，精度保証付き計算を用いて解の収束を保証し，解を含む区間を得る。

HIKMOT では，つぎの 2 段階に分けて Gluing equation を精度保証付きで解く。

1) Krawczyk テスト（定理 6.3）を用いて，式 (9.15) を満たす解を含む区間を計算する。
2) 得られた解の区間が式 (9.16) を満たしていることを検証する。

ここでは各ステップについて詳しく解説をする。

Krawczyk テストを用いる際には，変数の数と同数の独立な方程式を得る必要がある。ここで対象にしている式 (9.15) は，n 個の変数に対して N 本の方程式がある。つぎの定理が「多様体が双曲構造を持つ」との仮定のもと，n 本の独立な方程式を持つことを保証している。

定理 9.9 (モストウ剛性定理)　3 次元多様体の完備有限体積双曲構造は，存在すれば一意である。

定理 9.8 により，Gluing equation の解は双曲構造に対応する。そのため，定理 9.9 により Gluing equation から n 本の方程式を選び，それらが連立方程式として解を持つならば，選んだ n 本は独立であることがわかる。

選んだ n 本の方程式が独立であるかは，$\alpha_{j,k} = a_{j,k} - c_{j,k}$，$\beta_{j,k} = -b_{j,k} + c_{j,k}$ とし，変数の指数からなる係数行列

$$\Lambda_M = \begin{bmatrix} \alpha_{1,1} & \cdots & \alpha_{n,1} & \beta_{1,1} & \cdots & \beta_{n,1} \\ \vdots & \ddots & \vdots & \vdots & \ddots & \vdots \\ \alpha_{1,N} & \cdots & \alpha_{n,N} & \beta_{1,N} & \cdots & \beta_{n,N} \end{bmatrix} \tag{9.17}$$

の階数を計算することによって判定できる（対数をとった連立方程式を考えればよい)。階数が n となる方程式を近似計算により予測し，方程式を選ぶ。こうして選んだ n 本の方程式と SnapPea で得られた初期値に対して，Krawczyk テスト（定理 6.3）を適用し，解の収束判定を行う。実用的には，失敗した際は n 本の方程式を選び直して，再度 Krawczyk テストにかける。

つぎに，式 (9.15) を満たす区間 $\boldsymbol{X}$ が得られたとき，どのように式 (9.16) を検証するかについて説明する。まず，式の形により式 (9.16) の右辺は必ず π の整数倍であることに注意する。偏角の計算には区間化された `atan2` 関数を用いる（4.4.4 項)。解の区間 $\boldsymbol{X}$ から式 (9.16) の左辺を計算し，得られた区間が含む π の整数倍となる値が，式 (9.16) の右辺で指定されたもののみであれば，式 (9.16) は区間 $\boldsymbol{X}$ の中に解を持つことがわかり，検証が完了する。

9.3.4 応　　　用

最後に，プログラム HIKMOT の純粋数学への応用として得られた結果について紹介したい。

（1） 双曲多様体のリストの検証　HIKMOT を用いて，知られている 3 次元多様体のリストについて，双曲性の厳密な証明が得られたので紹介しよう。`OrientableCuspedCensus` と呼ばれるこのリストは文献 19)〜21) で求められ，SnapPea における近似計算で双曲構造を持つことが予想されていた多様体のリストである。貼り合わせに用いる四面体の個数で多様体は列挙されており，現時点で高々九つの四面体の貼り合わせで得られる多様体のリストが，SnapPy の上で `OrientableCuspedCensus` として利用できる。リスト内の多様体の総数は 61911 である。つぎの定理は，文献 19), 22) で HIKMOT を用いて証明された。

定理 9.10　`OrientableCuspedCensus` のすべての多様体は，双曲構造を持つ。

（2） 交代結び目に沿った例外的デーン手術　トポロジーにおいて，結び目とは，3 次元多様体内に埋め込まれた円周を意味する（**図 9.10** を参照）。3 次元多様体とその中の結び目が与えられたとき，その結び目に沿ったデーン手術と呼ばれる操作で，新しい 3 次元多様体を生成することができる。正確には，つぎのような操作である。

3 次元多様体から，その結び目の開近傍を引き抜き，初めとは異なるように，取り除いた部分（ソリッドトーラス）を埋め戻す。

図 9.10　8 の字結び目（figure-eight knot）

任意の二つの向き付け可能閉3次元多様体は，たかだか有限回のデーン手術の繰り返しで移り合うことが知られている[23),24)]。ここで，ソリッドトーラスの埋め戻し方は無限通りあり，一つの結び目に沿っても，デーン手術により無限通りの多様体を与えうることに注意する。さて，3次元多様体の幾何構造とデーン手術に関して，以下の定理がサーストンによって証明された。

定理 9.11 (サーストン) 双曲的結び目（補空間が双曲構造を許容する結び目）に沿ったデーン手術は，高々有限個を除いて，双曲多様体を与える。

この定理によって，双曲的結び目に沿ったデーン手術で双曲多様体を与えないものは例外的デーン手術と呼ばれ，重要な研究対象となっている。

さて，3次元球面 $\mathbb{S}^3$ 内のどのような双曲的結び目がどのような例外的手術を持つかという問は，興味深い問であり，さまざまな研究がある。その中で，文献 25) では，HIKMOT を用いた大規模計算により，双曲的交代結び目に沿った例外的手術の完全分類を得ることができている。交代結び目とは，図 9.10 のように，結び目を2次元平面に射影して描いたとき，交差の上下が結び目に沿って交互に現れる結び目のことである。一見して，特殊なクラスのように見えるが，じつは知られている結び目のクラスの中ではかなり大きいものであり，また，さまざまな良い性質を持つことから，結び目理論の中でよく研究されている。

文献 25) の証明では，まず数学的な議論によって有限個の多様体をチェックすればよいことまでを示し，最後にスーパーコンピュータを用いて約 500 万個の多様体の双曲性を HIKMOT で検証している。使用されたスーパーコンピュータは，東京工業大学の TSUBAME 2.0 である。HIKMOT はフリーであり，C 言語と Python が使用できる環境であれば動くという利点も，この計算では発揮された。

9.4　HPC 環境における精度保証

本節では，HPC（high-performance computing）環境における精度保証付き数値計算について述べる。HPC 環境は GPU（graphics processing unit）やスーパーコンピュータなどのメニーコア・メニー CPU を搭載した計算機環境を対象とし，GPU における区間演算，丸めモードの変更を必要としない最近点丸めにおける精度保証付き数値計算法などを紹介する。

近年，高速な計算機環境を求める場合の CPU 開発においては，CPU の 1 コア当りの性能を追求するより，メニーコア化によって並列度を上げることで CPU としての性能を上げる傾向がある。そのため，HPC 環境の演算器には，メニーコア化された CPU や GPU が用いられている。このような背景のもと，HPC 環境における精度保証付き数値計算の研究が進められている。

9.4.1　GPU における区間演算

GPU における区間演算について述べる。GPU[26)]は，おもに画像処理を行うためのアクセラレータとして発展を遂げてきた。GPU は画像処理に特化するため，並列作業を効率良く処理する何千ものコアが搭載されており，その高速性を数値計算やアプリケーションの加速へ汎用的に応用する GPGPU（general-purpose computing on GPU）が盛んに行われている。2017 年現在では，NVIDIA 社の GPU が広く利用されている。CUDA（compute unified device architecture）は，NVIDIA 社が開発している GPGPU 向けの C 言語統合開発環境であり，無料で提供されている。ここでは，NVIDIA 社の GPU と CUDA を用いた区間演算の実装方法について述べる。

多くの GPU は IEEE 754 規格に準拠しており，デフォルトの丸めモードは（偶数方向への）最近点丸めである。ここでは NVIDIA 社が開発している GPU と CUDA を用いた際の丸めモードの変更方法について述べる。**表 9.1**，**表 9.2** に示すように，CUDA には，1 回の浮動小数点演算における丸めの方向を指定

表 **9.1** CUDA における丸めモードを指定した演算命令（binary64 の場合）

演算	通常の演算命令	丸めモードを指定した演算命令
加算	`x + y`	`__dadd_[rn｜rz｜ru｜rd](x,y)`
減算	`x - y`	`__dsub_[rn｜rz｜ru｜rd](x,y)`
乗算	`x * y`	`__dmul_[rn｜rz｜ru｜rd](x,y)`
除算	`x / y`	`__ddiv_[rn｜rz｜ru｜rd](x,y)`
融合積和算	`fma(x,y,z)`	`__dfma_[rn｜rz｜ru｜rd](x,y,z)`
逆数	`1.0 / x`	`__drcp_[rn｜rz｜ru｜rd](x)`
平方根	`sqrt(x)`	`__dsqrt_[rn｜rz｜ru｜rd](x)`

表 **9.2** CUDA における丸めモード

丸めモード	説　明
`rn`	最近点丸め（rounding to nearest, ties to even）
`rz`	切り捨て（rounding towards zero）
`ru`	上向き丸め（rounding upwards）
`rd`	下向き丸め（rounding downwards）

する命令が用意されている[27)]。

例えば，$x, y \in \mathbb{F}$ について，加算 $x+y$ を上向き丸めで計算を行う際には **__dadd_ru**(x,y)，減算 $x-y$ を下向き丸めで計算を行う際には **__dsub_rd**(x,y) のように記述する。

つぎに，区間演算について述べる。$\boldsymbol{a} = [\underline{a}, \overline{a}]$，$\boldsymbol{b} = [\underline{b}, \overline{b}] \in \mathbb{IF}_{\mathrm{infsup}}$ とする。ここで，$\underline{a}$, $\overline{a}$ および $\underline{b}$, $\overline{b}$ はそれぞれ区間の下端，上端のペアである。1.2 節の式 (1.28) と表 9.1，表 9.2 の命令を利用することで，CUDA を用いた加算 $\boldsymbol{a}+\boldsymbol{b} \subset \boldsymbol{c} = [\underline{c}, \overline{c}] \in \mathbb{IF}_{\mathrm{infsup}}$ の機械区間演算は，プログラム 9.1 のように書くことができる（プログラム中では，$\mathtt{al} = \underline{a}$，$\mathtt{ah} = \overline{a}$ のように対応している）。

プログラム 9.1 (CUDA を用いた加算 $\boldsymbol{a}+\boldsymbol{b} \subset \boldsymbol{c}$ の機械区間演算)

```
__global_interval_add(double al, double ah,
                      double bl, double bh,
                      double *cl, double *ch)
{
    *cl = __dadd_rd(al, bl);
    *ch = __dadd_ru(ah, bh);
}
```

また，減算や乗除算も，1.2 節の式 (1.29)〜(1.31) にある方法に従って書くことができる（章末の演習問題とする）。

ベクトル $x \in \mathbb{F}^n$ の総和の包含

$$\underline{s} \leqq \sum_{i=1}^{n} x_i \leqq \overline{s}, \quad \underline{s}, \overline{s} \in \mathbb{F}$$

は，CUDA ではプログラム 9.2 のように書くことができる。

プログラム 9.2 (CUDA を用いたベクトル $x \in \mathbb{F}^n$ の総和の包含)

```
__global_interval_sum(int n, double *x, double *sl, double *sh)
{
    *sl = 0.0; *sh = 0.0;
    for (i = 0; i < n; i++) {
        *sl = __dadd_rd(sl, x[i]);
        *sh = __dadd_ru(sh, x[i]);
    }
}
```

CPU における丸めモードの変更は，レジスタ情報を書き換えることによって実現されている。この書き換えには微小ではあるが時間がかかるため，頻繁に丸めモードの変更を実行すると，オーバーヘッド（演算以外の部分に要する時間）が大きくなる。一方，GPU における丸めモードの変更については，1 回の演算ごとに丸めの方向を指定する必要はあるが，丸めモードの変更が演算に組み込まれており，丸めモードの変更に時間がかからないため，オーバーヘッドがないというメリットがある。

9.4.2 最近点丸めのみを用いた計算例

本項では，最近点丸めのみを用いて精度保証をする手法を紹介する。前項で GPU における計算を紹介したが，cuBLAS[28] など，ソースコードがオープンになっていない数値計算ライブラリも存在する。そのようなライブラリを使用する場合，多くの計算環境においてデフォルトの丸めモードになっている最近点丸めのみを用いた手法が有効である。

スーパーコンピュータなどの超並列計算機環境において，専門外の利用者が性能を引き出すことはたいへん困難である。そのため，専門家がチューニングした数値計算ライブラリを使って性能を引き出すように利用することが望ましい。例えば，数値計算ソフト MATLAB の Parallel Computing Toolbox を用いれば，以下のように，容易に GPU を用いた計算を行うことができる。

```
>> A = rand(1000);     % 区間 (0,1) の乱数行列を作成
>> Ag = gpuArray(A); % 行列 A を GPU 側へ転送
>> B = rand(1000);     % 区間 (0,1) の乱数行列を作成
>> Bg = gpuArray(B); % 行列 B を GPU 側へ転送
>> Cg = Ag*Bg;          % 行列積 AB を GPU 側で実行
>> C = gather(Cg);     % GPU での計算結果を CPU 側へ転送
>> Rg = inv(Ag);        % 行列 A の近似逆行列の計算を GPU で実行
>> R = gather(Rg);     % GPU での計算結果を CPU 側へ転送
```

計算環境（計算機，OS，コンパイラなど）によっては，丸めモードの変更が困難な場合がある。そこで，本項では，連立 1 次方程式を例として，丸めモードの変更を必要としない精度保証付き数値計算法を紹介する。

まず，3.3 節の式 (3.18) を用いた連立 1 次方程式の精度保証付き数値計算において，最近点丸めのみを用いて計算するための定理を示す。

定理 9.12　$A, R \in \mathbb{F}^{n\times n}$，$b, \widehat{x} \in \mathbb{F}^n$，$e = (1, 1, \cdots, 1)^T \in \mathbb{F}^n$ とする。$\widehat{\gamma}_n = \mathtt{fl}\left(\dfrac{n\mathtt{u}}{1 - n\mathtt{u}}\right)$ とする。$(3n+2)\mathtt{u} < 1$ と仮定する。α_1, α_2 を

$$\alpha_1 := \mathtt{fl}(\|RA - I\|_\infty), \quad \alpha_2 := \mathtt{fl}(\||R|(|A|e)\|_\infty)$$

とする。このとき，$\alpha_1 < 1$ ならば，以下の不等式を満たす。

$$\|RA - I\|_\infty \leqq \mathtt{fl}\left(\frac{\alpha_1 + \widehat{\gamma}_{3n+2}(\alpha_2 + 2)}{1 - 2\mathtt{u}}\right) =: \alpha$$

また，$r_m, r_r \in \mathbb{F}^n$，$r_r \geqq \mathbf{0}$ が

$$r_m - r_r \leqq A\widehat{x} - b \leqq r_m + r_r \tag{9.18}$$

を満たすとする。このとき，$t, q \in \mathbb{F}^n$ を

$$t := \mathtt{fl}(\widehat{\gamma}_{n+1} \max(|r_m|, \mathtt{F}_{\mathtt{min}} \cdot e)), \quad q := \mathtt{fl}\left(\frac{|R|(t + r_r) + 2\mathtt{F}_{\mathtt{min}} \cdot e}{1 - (n+3)\mathrm{u}}\right)$$

とすると，以下の不等式が成り立つ。

$$\|R(A\widehat{x} - b)\|_\infty \leqq \mathtt{fl}\left(\frac{\||R \cdot r_m| + q\|_\infty}{1 - 2\mathrm{u}}\right) =: \beta$$

よって，$\alpha < 1$ ならば

$$\|\widehat{x} - A^{-1}b\|_\infty \leqq \mathtt{fl}\left(\frac{(\max(\beta, \mathtt{F}_{\mathtt{min}})/(1-\alpha))}{1 - 3\mathrm{u}}\right)$$

と計算できる。

証明　$\gamma_n = \dfrac{n\mathrm{u}}{1 - n\mathrm{u}}$ を用いた総和や内積の誤差評価[29)]により，この定理が得られる。詳細は文献 30) を参照されたい。 □

また，定理 9.12 をベースとして，定理 2.2，定理 2.4 における ufp による誤差評価を適用した手法[31)]も開発されている。これによって，丸め誤差の過大評価を軽減できる場合がある。

この手法は，最近点丸めにおける事前誤差評価を用いて誤差限界を計算しているため，丸めモードの変更を行う手法と比較して，行列積の回数が節約できる。しかし，事前誤差評価の影響により誤差限界が過大評価されるため，丸めモードの変更を使用した手法よりも精度保証の適用可能範囲が狭いというデメリットがある。そこで，適用可能範囲を改善する手法の一例として，高精度な行列積計算法を紹介する。

9.4.3　高精度な行列積計算法

数値線形代数計算における精度保証付き数値計算の多くは，行列積の計算を必要とする。ここでは，BLAS などの高速な行列積計算をベースとした高精度な行列積計算法[32)]について述べる。

議論を簡単にするために，$x, y \in \mathbb{F}^n$ の内積 $x^T y = \sum_{i=1}^{n} x_i y_i$ について考える。基本的なアイディアは，x_i, y_i の仮数部を，それぞれ上位ビットと下位ビットに

対応するように $x_i = x_i^{(1)} + x_i^{(2)}$，$y_i = y_i^{(1)} + y_i^{(2)}$ と分割して

$$\mathtt{fl}\left(\sum_{i=1}^{n} x_i^{(1)} y_i^{(1)}\right) = \sum_{i=1}^{n} x_i^{(1)} y_i^{(1)}$$

を満たすようにすることである。これを以下のように実現する。

まず，x, y の要素において，それぞれ絶対値の最大値を

$$\mu_x = \max_{1 \leqq i \leqq n} |x_i|, \quad \mu_y = \max_{1 \leqq i \leqq n} |y_i| \tag{9.19}$$

とおく。また，仮数部の桁数は $\log_2 \mathtt{u}^{-1}$，n 個の浮動小数点数を足し合わせたときの最大のキャリービット数（繰り上がりの桁数）は $\lceil \log_2 n \rceil$ である。内積計算では，x, y の各要素 x_i, y_i を分割後に乗算 $x_i^{(1)} y_i^{(1)}$ を足し合わせるため，$x_i^{(1)}$, $y_i^{(1)}$ それぞれの仮数部の先頭からの非ゼロビット数が半分以下になるようにする。

以上のことから，σ_x, σ_y を

$$\sigma_x = 2^{\lceil \log_2 \mu_x \rceil + s}, \quad \sigma_y = 2^{\lceil \log_2 \mu_y \rceil + s}, \quad s = \left\lceil \frac{\log_2 \mathtt{u}^{-1} + \log_2(n+1)}{2} \right\rceil$$

として

$$x_i^{(1)} = \mathtt{fl}((x_i + \sigma_x) - \sigma_x), \quad x_i^{(2)} = \mathtt{fl}\left(x_i - x_i^{(1)}\right) \quad (i = 1, 2, \cdots, n)$$
$$y_i^{(1)} = \mathtt{fl}((y_i + \sigma_y) - \sigma_y), \quad y_i^{(2)} = \mathtt{fl}\left(y_i - y_i^{(1)}\right) \quad (i = 1, 2, \cdots, n)$$

とすると，$x_i^{(1)}$, $y_i^{(1)}$ は，x_i, y_i の仮数部の上位 s〔bit〕に対応する仮数部を持つ（定理 2.14 の `ExtractScalar` に対応する）。ベクトル x, y の各要素を分割したときのイメージは，**図 9.11** のようになる。

このように，分割した要素同士の積 $x_i^{(1)} y_i^{(1)}$ の総和が $\log_2 \mathtt{u}^{-1}$〔bit〕に収まるようにすることによって，浮動小数点演算を用いて $\sum_{i=1}^{n} x_i^{(1)} y_i^{(1)}$ を無誤差（丸め誤差なし）で計算できる（イメージを**図 9.12** に示す）。

つぎに，上記の内積 $x^T y$ についての議論を行列積 $C = AB$（$A \in \mathbb{F}^{m \times n}$，$B \in \mathbb{F}^{n \times p}$，$C \in \mathbb{R}^{m \times p}$）に拡張することを考える。そのためには，式 (9.19) に

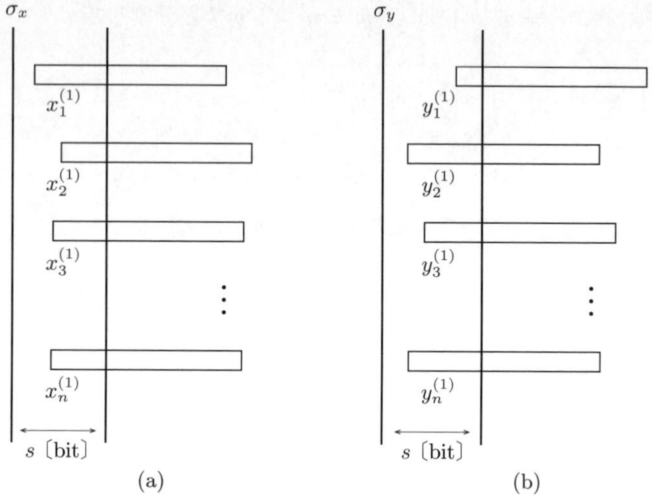

図 **9.11** ベクトル x, y の要素ごとの分割

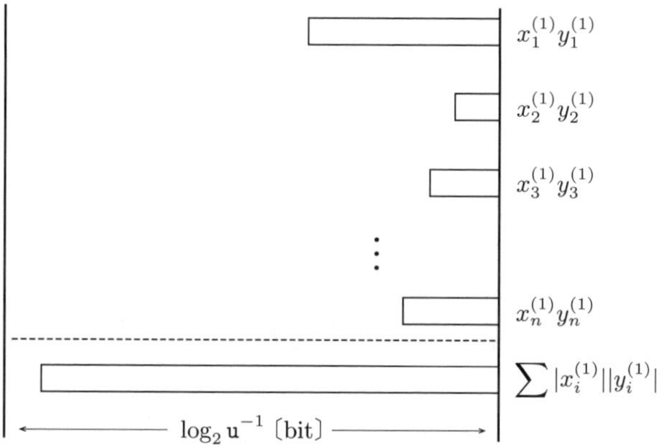

図 **9.12** 分割した要素の足し合わせ

おける μ_x, μ_y に対応するものを，以下のように，それぞれ行列 A, B の各行と各列で求める必要がある。

$$\mu_A(i) = \max_{1 \leqq j \leqq n} |a_{ij}| \quad (i = 1, 2, \cdots, m)$$
$$\mu_B(j) = \max_{1 \leqq i \leqq n} |b_{ij}| \quad (j = 1, 2, \cdots, p)$$

以上の議論をまとめると，A, B を $\mathrm{fl}(A^{(1)}B^{(1)}) = A^{(1)}B^{(1)}$ を満たすように $A = A^{(1)} + A^{(2)}$，$B = B^{(1)} + B^{(2)}$ と分割するアルゴリズムを構築することができる。実装のしやすさを考慮して MATLAB コードのようにアルゴリズムを記述すると，以下のようになる。

アルゴリズム 9.3 $A \in \mathbb{F}^{m\times n}$，$B \in \mathbb{F}^{n\times p}$ を $\mathrm{fl}(A^{(1)}B^{(1)}) = A^{(1)}B^{(1)}$ を満たすように $A = A^{(1)} + A^{(2)}$，$B = B^{(1)} + B^{(2)}$ と分割するアルゴリズム。ただし，アンダーフロー，オーバーフローは起こらないと仮定する。

function $[A^{(1)}, A^{(2)}, B^{(1)}, B^{(2)}] = \mathtt{SplitAB}(A, B)$

$n = \mathrm{size}(A, 2);$

$\mu_A = \max(\mathrm{abs}(A), [\,], 2);$ % $\mu_A \in \mathbb{F}^{m\times 1}$，$\mu_A(i) = \max_{1\leqq j\leqq n} |a_{ij}|$

$\mu_B = \max(\mathrm{abs}(B), [\,], 1);$ % $\mu_B \in \mathbb{F}^{1\times p}$，$\mu_B(j) = \max_{1\leqq i\leqq n} |b_{ij}|$

$s = \mathrm{ceil}\left(\dfrac{-\mathrm{log2}(\mathrm{u}) + \mathrm{log2}(n+1)}{2}\right);$

$t_A = 2.\hat{}(\mathrm{ceil}(\mathrm{log2}(\mu_A)) + s);$ $t_B = 2.\hat{}(\mathrm{ceil}(\mathrm{log2}(\mu_B)) + s);$

$S_A = \mathrm{repmat}(t_A, 1, n);$ % $S_A = t_A \cdot e^T$ for $e = (1, 1, \cdots, 1)^T \in \mathbb{F}^n$

$S_B = \mathrm{repmat}(t_B, n, 1);$ % $S_B = e \cdot t_B$ for $e = (1, 1, \cdots, 1)^T \in \mathbb{F}^n$

$A^{(1)} = \mathtt{fl}((A + S_A) - S_A);$ $A^{(2)} = \mathtt{fl}\Big(A - A^{(1)}\Big);$

$B^{(1)} = \mathtt{fl}((B + S_B) - S_B);$ $B^{(2)} = \mathtt{fl}\Big(B - B^{(1)}\Big);$

end

アルゴリズムの導出など，詳細については文献 32) を参考にしてほしい。上記のアルゴリズムを用いると，行列 $A^{(1)}, B^{(1)}$ の各要素が，対応する行列 A, B の各要素の一部の情報（仮数部の高いほうのビット列に対応）を持つように分割される。このとき，行列積 AB は

$$
\begin{aligned}
AB &= (A^{(1)} + A^{(2)})(B^{(1)} + B^{(2)}) \\
&= A^{(1)}B^{(1)} + A^{(1)}B^{(2)} + A^{(2)}B
\end{aligned}
$$

と三つの行列積の和に変形できる。ここで

$$\mathtt{fl}\left(A^{(1)}B^{(1)}\right) = A^{(1)}B^{(1)}$$

が成り立つため，この部分の浮動小数点演算による行列積は無誤差で実行できる。これによって，単純に行列積 AB を計算した場合よりも丸め誤差が低減されることが期待できる。また，この計算方法では，最適化された BLAS などの数値計算ライブラリを使用できることが重要なポイントである。

このアルゴリズムを用いて $\|RA - I\|_\infty$ を計算すると

$$\begin{aligned}\|RA - I\|_\infty &= \|(R^{(1)}A^{(1)} - I) + R^{(2)}A^{(1)} + R^{(2)}A\|_\infty \\ &= \|(\mathtt{fl}(R^{(1)}A^{(1)}) - I) + R^{(2)}A^{(1)} + R^{(2)}A\|_\infty\end{aligned}$$

と変形できる。ここで，$\mathtt{fl}(R^{(1)}A^{(1)}) - I$，$R^{(2)}A^{(1)}$，$R^{(2)}A$ を浮動小数点演算によって計算した際に生じる丸め誤差については，定理 2.2，2.3，2.4 を用いて誤差限界を計算すればよい。

9.4.4 GPU を用いた数値計算例

本項では，CPU と GPU を用いた連立 1 次方程式の精度保証法の結果について示す。精度保証法を**表 9.3** に示す。

表 9.3　手法の比較

手法	実装法
1	3.3.5 項の式 (3.18) を用いた精度保証法を CPU で実行
2	本節で紹介した定理 9.12 の精度保証法を CPU で実行
3	本節で紹介した定理 9.12 の精度保証法を GPU で実行

実験結果では，行列の次数 n を変更した結果をまとめている。テスト行列は，標準正規分布から取り出される擬似乱数を要素とする行列を用いた。右辺ベクトルは $b = \mathtt{fl}(A \cdot e)$ と作成した。MATLAB では，`A = randn(n)`，`b = A*ones(n,1)` のように作成する。実験環境を**表 9.4** に示す。

表 9.5, **表 9.6** に，それぞれの手法の実験結果を示す。**表 9.7** に計算時間を示す。GPU の計算時間には行列 A，ベクトル b の CPU 側メモリから GPU 側メモリへの転送時間も含む。

表 9.4 実験環境

OS	CentOS 6.9
CPU	Intel Xeon E5-2623 v4, 2.60 GHz, 4 core
GPU	NVIDIA Tesla P100
メモリ	128 GB
ソフトウェア	MATLAB R2017a Parallel Computing Toolbox CUDA 8.0

表 9.5 $\|RA - I\|_\infty$ の上限の比較

n	手法 1	手法 2	手法 3
1000	3.62×10^{-10}	8.38×10^{-8}	8.38×10^{-8}
2000	1.58×10^{-9}	6.34×10^{-7}	6.34×10^{-7}
4000	3.66×10^{-9}	2.51×10^{-6}	2.51×10^{-6}
8000	2.77×10^{-8}	3.18×10^{-5}	3.18×10^{-5}
16000	4.95×10^{-8}	9.18×10^{-5}	9.19×10^{-5}

表 9.6 $\|A^{-1}b - \widehat{x}\|_\infty$ の上限の比較

n	手法 1	手法 2	手法 3
1000	4.18×10^{-10}	5.76×10^{-8}	5.76×10^{-8}
2000	2.27×10^{-9}	4.32×10^{-7}	4.32×10^{-7}
4000	6.35×10^{-9}	1.70×10^{-6}	1.70×10^{-6}
8000	5.72×10^{-8}	2.14×10^{-5}	2.14×10^{-5}
16000	1.16×10^{-7}	6.17×10^{-5}	6.17×10^{-5}

表 9.7 計算時間の比較（秒）

n	手法 1	手法 2	手法 3
1000	0.078	0.063	0.035
2000	0.406	0.273	0.049
4000	1.811	1.446	0.283
8000	11.804	8.674	1.661
16000	84.233	60.279	6.928

表 9.5，表 9.6 より，丸めモードの変更を用いない最近点丸めのみを用いた手法では，過大評価が起こることがわかる。また，表 9.5，表 9.6 より，手法 2 と手法 3 の実行結果に関しては，ほぼ同様であることがわかる。さらに，この実験環境では，GPU の計算速度は CPU の計算速度の 8 倍程度高速であることがわかる。

9.4.5 分散メモリマシンを用いた数値計算例

分散メモリマシンにおいての数値実験結果を示す。実験環境を**表 9.8** に示す。

表 9.8 実 験 環 境

CPU 数/ノード	1
プロセッサ	SPARC64 IXfx, 1.848 GHz, 16 core
ピーク演算性能/ノード	236.5 GFLOPS
メモリ総量/ノード	32 GB
コンパイラ	mpifccpx
コンパイルオプション	-Kopenmp -SCALAPACK -SSL2BLAMP -O0
MPI/OpenMP の実行形態	1 プロセス/ノード
実行時ノード数	24 ノード

つぎに，比較を行う手法を**表 9.9** に示す。

表 9.9 手法ごとの比較

手法	実 装 法
A	定理 9.12 をベースとして，1.1.1 項の ufp 評価を用いて改善した手法[31)]
B	手法 A をベースとして • 3.3.3 項の反復改良法に `Dot2` を用いた近似解の残差反復を適用 • 文献 30) のアルゴリズム `Dot2Err` を用いて本節の定理 9.12 中の式 (9.18) を計算
C	手法 B をベースとして • 9.4.3 項の高精度行列積を用いた $\|RA - I\|_\infty$ の評価

テスト行列には $(0, 1)$ 区間の乱数行列を作成し，右辺ベクトルには作成した乱数行列にすべての要素が 1 の列ベクトルを掛けたものを用いた。**表 9.10** に $\|RA - I\|_\infty$ の上限，**表 9.11** に $\|\widehat{x} - A^{-1}b\|_\infty$ の上限の比較を示す。**表 9.12** は計算時間を表し，INV は近似逆行列，MM は 1 回の行列積の計算時間を表す。

つぎに，行列のサイズを $n = 100000$ で固定し，行列の条件数を変化させて実験を行った結果を示す。テスト行列は，Higham による `randsvd`[29)] を用いて作成した。**表 9.13** に $\|RA - I\|_\infty$ の上限，**表 9.14** に $\|\widehat{x} - A^{-1}b\|_\infty$ の上限の比較を示す。

表 9.10，表 9.13 より，高精度計算を行ったことで過大評価を抑制し精度保証が成功する範囲が拡大したことがわかる。また，表 9.11，表 9.14 より精度保証結果の改善が見られる。

表 9.10 $\|RA - I\|_\infty$ の上限の比較

n	手法 A	手法 B	手法 C
10000	1.6×10^{-5}	1.6×10^{-5}	2.0×10^{-9}
50000	7.6×10^{-4}	7.6×10^{-4}	4.2×10^{-8}
100000	6.6×10^{-3}	6.6×10^{-3}	3.4×10^{-7}

表 9.11 $\|\widehat{x} - A^{-1}b\|_\infty$ の上限の比較

n	手法 A	手法 B	手法 C
10000	2.7×10^{-5}	1.1×10^{-16}	1.1×10^{-16}
50000	9.9×10^{-4}	8.5×10^{-16}	8.5×10^{-16}
100000	8.7×10^{-3}	1.3×10^{-14}	1.3×10^{-14}

表 9.12 計算時間の比較（秒）

n	INV	MM	手法 A	手法 B	手法 C
10000	10.32	1.29	11.55	14.45	18.94
50000	477.22	61.63	540.27	589.19	818.96
100000	1894.43	455.75	2355.04	2496.76	3805.52

表 9.13 $\|RA - I\|_\infty$ の上限の比較

条件数	手法 A	手法 B	手法 C
10^2	4.5×10^{-6}	4.5×10^{-6}	4.6×10^{-9}
10^4	3.0×10^{-4}	3.0×10^{-4}	2.3×10^{-7}
10^6	2.2×10^{-2}	2.2×10^{-2}	1.4×10^{-5}
10^8	–	–	7.5×10^{-4}
10^{10}	–	–	1.7×10^{-2}

–：精度保証失敗

表 9.14 $\|\widehat{x} - A^{-1}b\|_\infty$ の上限の比較

条件数	手法 A	手法 B	手法 C
10^2	4.3×10^{-6}	1.1×10^{-16}	1.1×10^{-16}
10^4	1.9×10^{-4}	1.2×10^{-16}	1.2×10^{-16}
10^6	1.6×10^{-2}	1.0×10^{-15}	1.0×10^{-15}
10^8	–	–	8.5×10^{-14}
10^{10}	–	–	8.1×10^{-12}

–：精度保証失敗

9.5　INTLABの紹介

INTLABは，INTerval LABoratoryの略であり，MATLAB/Octave用の精度保証付き数値計算ツールボックスである。浮動小数点演算によって信頼できる結果を与えるようにデザインされている[33)]。おもなデータタイプは，`intval`型であり，実区間や複素区間，ベクトルや行列を表すことができる。演算については，片方のオペランド（演算の対象となる変数）が`intval`型である場合，区間演算が実行される。

プログラム 9.3

```
format short _
x = intval(47)/11
y = sin(3*x-1)          % sin(3*47/11-1) の包含
z = (4/7)*x             % 必ずしも (4/7)*(47/11) の包含ではない
```

実行結果 9.1

```
intval x =
    4.2727
intval y =
   -0.6803
intval z =
    2.4415
```

9.5.1　区　間　の　入　力

区間の値を作成するために，三つの方法がある。

プログラム 9.4

```
x = intval(17)          % 型変換で作成
y = infsup(2,3)         % 下端・上端型で作成
z = midrad(-7,1.8e-4)   % 中心・半径型で作成
```

実行結果 9.2

```
intval x =
   17.0000
intval y =
[    2.0000,    3.0000]
intval z =
   -7.000_
```

数値を区間に変換する際は，注意が必要である。例えば，0.1 は 2 進数では有限桁で表現できないため，`intval(0.1)` のようにすると，0.1 が浮動小数点数に丸められた後に `intval` 型に変換されることになる。これを防ぐため，数値を文字型で与えることができる。

プログラム 9.5

```
x = intval(0.1); getbits(x)      % 1/10 の包含ではない
y = intval('0.1'); getbits(y)   % 1/10 の包含
```

実行結果 9.3

```
ans =
infimum
 +1.1001100110011001100110011001100110011001100110011010 * 2^-4
supremum
 +1.1001100110011001100110011001100110011001100110011010 * 2^-4
ans =
infimum
 +1.1001100110011001100110011001100110011001100110011001 * 2^-4
supremum
 +1.1001100110011001100110011001100110011001100110011010 * 2^-4
```

9.5.2 区 間 の 出 力

出力についても三つの方法がある。1 番目の方法は，狭い区間を表示することに適している。

プログラム 9.6

```
format _, z                  % 正しい桁を表示
```

```
format infsup, z         % 下端・上端型で表示
format midrad, z         % 中心・半径型で表示
```

実行結果 9.4

```
intval z =
   -7.000_
intval z =
[   -7.0002,   -6.9998]
intval z =
<   -7.0000,   0.0002>
```

プログラム 9.7

```
x = 9/midrad(-7,4e-9);  % -9/7 付近の狭い区間
format long _, x        % 正しい桁の数字のみ表示する
format long infsup, x   % 出力の桁数を増やして正しさを調べる
format short infsup, x  % 出力の桁数を減らしてもつねに数学的に正しい
```

実行結果 9.5

```
intval x =
  -1.28571429______
intval x =
[  -1.28571428644898,  -1.28571428497959]
intval x =
[   -1.2858,   -1.2857]
```

出力結果の意味は以下のとおりである。1 番目の方法については，表示された数字の最後の桁に ± 1 を足したものが結果の正しい包含となる。この例では，$[-1.28571430, -1.28571428]$ であり，これは厳密な包含よりも少し広くなるが，見やすい結果である。さらに，最後に表示されたように，出力はつねに数学的に正しく，小数点以下 4 桁目までで最も狭い区間が出力される。

9.5.3 区 間 演 算

片方のオペランドが intval 型である場合，計算結果は真値の包含となる。

プログラム 9.8

```
format long _
x = intval(1e14);
y = tan(x-17)*sin(x)
```

実行結果 9.6

```
intval y =
   0.39285619180809
```

この結果から

$$\tan(10^{14} - 17) \cdot \sin(10^{14}) \in [0.39285619180808, 0.39285619180810]$$

であることがわかる。

以下のように，複素区間の場合も同様である。

プログラム 9.9

```
x = midrad(3+4i,1e-10);
y = tan(x-17)*sin(x)
```

実行結果 9.7

```
intval y =
  27.0335660_______ +  3.8611413_______i
```

変数が広い区間の場合でも同様である。以下の例を考えてみよう。

プログラム 9.10

```
format short
f = @(x) cos(x.^2) + atan(x-erf(x)-asinh(x.^3))
x = linspace(-5,5,1000);
close all, plot(x,f(x),x,0*x)
Y = f(infsup(-0.5,2))
Z1 = f(infsup(0,0.5))
Z2 = f(infsup(1.5,2))
```

実行結果 9.8

```
f =
    @(x)cos(x.^2)+atan(x-erf(x)-asinh(x.^3))
intval Y =
[   -2.3409,    2.3237]
intval Z1 =
[    0.3959,    1.4637]
intval Z2 =
[   -2.1562,   -1.3592]
```

この結果から，区間 $X = [-0.5, 2]$ において，$f(x)$ は $[-2.3409, 2.3237]$ に包含されることがわかるが，ここからは f が X 内に根を持つかどうかはわからない。しかしながら，Z1 の符号が正，Z2 の符号が負であることから，f は X 内に確かに根を持つことがわかる。実際，f の概形は**図 9.13** のとおりである。

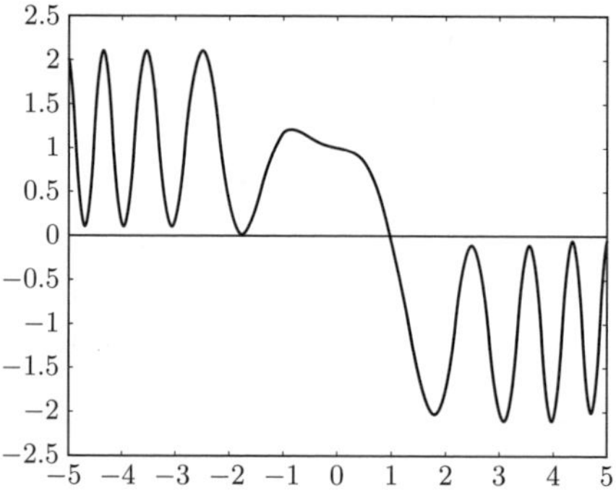

図 9.13　プログラム 9.10 における f の概形

MATLAB は，警告メッセージもなく完全に間違った結果を出力することがあるが，INTLAB ではつねに正しい結果を得ることができる。

プログラム 9.11

```
format long e
x = -0.9999999999999999;
y = gamma(x)
Y = gamma(intval(x))
```

実行結果 9.9

```
y =
    -5.545090608933970e+15
intval Y =
 -9.00719925474099_e+015
```

9.5.4 区間ベクトル・区間行列

これまでの話は，区間ベクトルや区間行列にも適用することができる。例えば，以下のように 3×3 のヒルベルト行列の逆行列を包含することを考えてみよう。

プログラム 9.12

```
format long
n = 3;
H = intval(zeros(n));
for j=1:n
  for i=1:n
    H(i,j) = intval(1)/(i+j-1);
  end
end
Hinv = inv(H)
```

実行結果 9.10

```
intval Hinv =
  1.0e+002 *
   0.09000000000000  -0.3600000000000_   0.3000000000000_
  -0.3600000000000_   1.9200000000000_  -1.8000000000000_
   0.3000000000000_  -1.8000000000000_   1.8000000000000_
```

小さな次数の場合は，上記のように for 文のループを用いてもよいが，一般的にはベクトル化された表記を用いたほうが高速である。

プログラム 9.13

```
n = 3;
x = 1:n;
H = intval(1)./( repmat(x,3,1)+repmat(x',1,3)-1 );
```

INTLAB のコマンド A = hilbert(n) は，$n \times n$ のヒルベルト行列について，すべての要素における分母の最小公倍数でスケーリングされた行列を生成する。このとき，A の要素は整数である。したがって，n が小さい場合は b = A*ones(n,1) の計算で丸め誤差は発生しないため，$Ax = b$ の解はすべて 1 のベクトルとなる。しかし，MATLAB のコマンドを用いて x = A\b とした場合†は，警告メッセージを出さずに間違った結果を与える。ここで，9 番目の要素は符号も違うことに注意しよう。

プログラム 9.14

```
n = 12;
A = hilbert(n); b = A*ones(n,1);
[A\b verifylss(A,b)]
```

実行結果 9.11

```
intval ans =
   0.99999988378926   1.00000_________
   1.00001489385234   1.00000_________
   0.99952767741707   1.00000_________
   1.00647696678287   1.00000_________
   0.95227621094208   1.00000_________
   1.21054717002848   1.0000__________
   0.41139770644628   1.0000__________
   2.06839600157317   1.0000__________
  -0.25546017488890   1.000___________
   1.92127282670168   1.0000__________
   0.61632288427401   1.0000__________
   1.06922803728414   1.00000_________
```

9.5.5 残差の高精度計算

前述の INTLAB ルーチン verifylss では，4 桁程度の正しい結果を持つ包含しか得られていない。これを改善するため，高精度内積ルーチン AccDot（INTLAB に同梱）を用いて残差の高精度な包含を計算する。

† 日本語環境では，バックスラッシュ記号 \ の代わりに円記号 ¥ になる場合がある。

プログラム 9.15

```
xs = A\b;
for i=1:7, xs = xs-A\AccDot(A,xs,-1,b); end
X = xs - verifylss(A,AccDot(A,xs,-1,b,[]));
[xs X]
```

実行結果 9.12

```
intval ans =
   1.000000000000000   1.00000000000000
   1.000000000000000   1.00000000000000
   0.999999999999999   1.00000000000000
   1.000000000000013   1.00000000000000
   0.999999999999905   1.00000000000000
   1.000000000000419   1.00000000000000
   0.999999999998827   1.0000000000000_
   1.000000000002131   1.0000000000000_
   0.999999999997493   1.0000000000000_
   1.000000000001842   1.0000000000000_
   0.999999999999232   1.00000000000000
   1.000000000000139   1.00000000000000
```

出力結果は，左側が近似解 x_s，右側が真の解の包含 X である。for 文による 7 回の残差反復によって，MATLAB による精度の悪い近似解 `A\b` は改善され，x_s は倍精度においてほぼ最良の近似解となっている。最後に，残差ベクトルを右辺とした解の包含を計算している。ここで，`AccDot` の入力引数の最後に `[]` を追加すると，残差 $Ax_s - b$ について，近似ではなく包含を計算することができる。

INTLAB の関数 `verifylss` は，密行列およびスパース行列を係数とする連立 1 次方程式を精度保証付きで解くことができる。入力データは，実数，複素数およびそれらの区間に対応し，複数の右辺ベクトル，過剰決定系，劣決定系の問題にも対応している。また，構造を持つ行列に特化した方法も採用しており，内部包含（inner inclusion）も計算することができる。より詳しくは，MATLAB のコマンドウィンドウで `help verifylss` を試してほしい。

9.5.6 固有値問題

固有値問題に対する精度保証法は非線形方程式に基づくが，ほぼ線形の構造を利用する。例として，1000 次の一般行列といくつかの固有対の包含について考えてみよう。

プログラム 9.16

```
n = 1000;
A = randn(n);
[V,D] = eig(A);
k = randi(n)
lambda = D(k,k)
[L,X] = verifyeig(A,lambda,V(:,k));
L
maxrelerr = max(relerr(X))
```

実行結果 9.13

```
k =
    64
lambda =
-17.007975936194999 +25.410219811261264i
intval L =
 -17.0079759362____ + 25.4102198113____i
maxrelerr =
     2.550583513318318e-09
```

対称行列あるいはエルミート行列については，摂動理論に基づいて，固有値の包含を特にシンプルに計算することができる。エルミート行列 A について，近似固有対 $(\widehat{\lambda}, \widehat{x})$ における正規化された残差の 2 ノルム $\dfrac{\|A\widehat{x} - \widehat{\lambda}\widehat{x}\|_2}{\|\widehat{x}\|_2}$ は，$\widehat{\lambda}$ に最も近い A の固有値への距離の上限となる（定理 3.11）。具体的には，以下のようにする。

プログラム 9.17

```
n = 1000;
A = randherm(n);
[V,D] = eig(A);
k = randi(n);
lambda = D(k,k);
```

```
x = intval(V(:,k));
L = midrad(lambda,mag(norm(A*x-lambda*x,2)/norm(x,2)))
```

実行結果 9.14

```
intval L =
 -65.69825047012___
```

9.5.7 MATLABによる固有値の不正確な近似

通常，MATLABの組込み関数はとても精度の良い計算結果を与えるが，例外もある。例えば，以下のような行列を考えてみよう。

$$A = \begin{pmatrix} 275 & -451 & 708 & -1880 & -287 \\ 137 & -218 & 334 & -924 & -180 \\ 0 & -2 & 6 & -4 & 11 \\ 2 & -6 & 13 & -19 & 13 \\ 29 & -46 & 70 & -195 & -39 \end{pmatrix}$$

以下のスクリプトにより，**図 9.14** のようにMATLABによって計算された近似固有値を複素平面上に描画する（図中の○印）。同様に，A^T の近似固有値も描画する（図中の＋印）。数学的には，A と A^T の固有値は等しくなるが，丸め誤差の影響によって，近似固有値は明らかに異なっている。

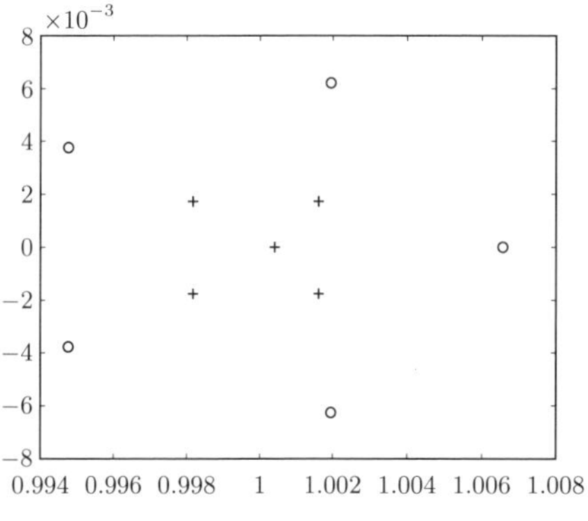

図 9.14 複素平面上の近似固有値（真の固有値は 1 の 5 重根）

プログラム 9.18

```
e = eig(A);
f = eig(A');
close
plot(real(e),imag(e),'bo',real(f),imag(f),'r+')
hold on
```

この行列は，5 重固有値 1 を持つように作成されており，倍精度（10 進約 16 桁）で計算した場合，近似固有値の誤差はおよそ 6×10^{-3} である。エラーメッセージはなにも与えられないことに注意しよう。

精度保証付き数値計算は，適用範囲が良設定問題に限定される。例えば，行列の正則性を保証することはできるが，特異性を保証することはできない。これは，特異な行列の各近傍に正則な行列が存在するからである。

これに対応して，精度保証付き数値計算では，多重固有値の包含を計算することはできない。しかしながら，いくつかの固有値の包含は可能である。上記の例では，五つの固有値すべての包含が計算される。計算された円板内に A の固有値を五つ含むことがわかるが，それが 5 重根なのか，2 重根と 3 重根の組合せなのか，五つの単根なのかは決定できない。

プログラム 9.19

```
[V,D] = eig(A);
[L,X] = verifyeig(A,mean(diag(D)),V);
L
C = L.mid + L.rad*exp(1i*linspace(0,2*pi));
plot(real(C),imag(C),'k')
axis equal
```

実行結果 9.15

```
intval L =
<   1.00002352534474 -  0.00000035683702i,  0.02003731505208>
```

図 9.15 のように，円板が A の五つの固有値すべてを包含することが保証されている。円板の半径は，固有値の感度のオーダとなっていることに留意しよう。

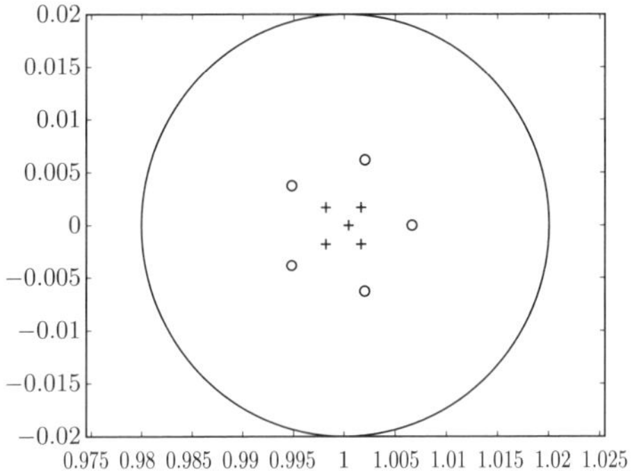

図 9.15　すべての固有値の円板による包含

9.5.8　自動微分：勾配とヘッセ行列

MATLAB の演算子コンセプト（演算子多重定義など）を用いると，INTLAB で非線形関数系の 1 階微分や 2 階微分を簡単に計算することができる。上記の関数 f について，$f'(-1)$ および $f''(-1)$ は以下のように計算する。

プログラム 9.20

```
f = @(x) cos(x.^2) + atan(x-erf(x)-asinh(x.^3))
Y = f(hessianinit(-1))
```

実行結果 9.16

```
f =
    @(x)cos(x.^2)+atan(x-erf(x)-asinh(x.^3))
Hessian value Y.x =
   1.167003515925225
Hessian derivative(s) Y.dx =
   0.674974861399125
Hessian second derivative(s) value Y.hx =
  -5.164284387886934
```

この結果は，$f(-1) \approx 1.167$，$f'(-1) \approx 0.675$，$f''(-1) \approx -5.164$ を意味する。これらの値は近似であり，通常はとても精度が良いが，正しさは保証されていない。これに対して，ある範囲における包含を計算することもできる。

プログラム 9.21

```
Z = f(gradientinit(infsup(0.5,1)))
```

実行結果 9.17

```
intval gradient value Z.x =
[  -0.34550653323787,   1.30987775557570]
intval gradient derivative(s) Z.dx =
[  -4.53855817869225,  -0.19284154256502]
```

この結果から，$X := [0.5, 1]$ において，$f'(x) \in [-4.54, -0.19]$ であり，f は X において極値を持たないことがわかる。

区間ニュートン法では，1 変数関数 f について，初期区間 X を，X と X 内の点 x_s に対する $x_s - \dfrac{f(x_s)}{f'(X)}$ の共通集合によって次々と置き換える。上記の関数 f について以下を得る。

プログラム 9.22

```
X = infsup(0.5,1);
for i=1:5
  xs = mid(X);
  y = f(gradientinit(X));
  X = intersect( X , xs - f(intval(xs))/y.dx )
end
```

実行結果 9.18

```
intval X =
[   0.85802828375009,   1.00000000000000]
intval X =
   1.______________
intval X =
   0.967___________
intval X =
   0.96738055______
intval X =
   0.96738055343884
```

各反復で，f の根の包含を計算しており，2 次収束が見える。ここで，x_s は X 内のどの点でもよいが，$f(x_s)$ の包含を計算するために必要であることに留意しよう。

9.5.9 局所的最適化

INTLAB ルーチン verifynlss は，与えられた多変数関数 f に対して，与えられた近似値付近の根の包含を計算する。前述の例題に適用してみよう。

プログラム 9.23

```
xs = 1;
X = verifynlss(f,xs)
```

実行結果 9.19

```
intval X =
   0.96738055343884
```

同様に，f の極値の包含も計算可能である。ここでは，f' の根を求めており，内部でヘッセ行列を用いている。

プログラム 9.24

```
xs = 2;
Y = verifylocalmin(f,xs)
```

実行結果 9.20

```
intval Y =
   1.78730783172180
```

これらの結果 X,Y は，それぞれ f と f' の根の包含である。このとき，_が表示されていないため，包含は最後の桁まで正しいことがわかる。

9.5.10 関数のすべての根

前項の例は，$x_s = 1$ 付近の f の根を精度保証付きで包含するものであった。より広い目的は，ある区間内のすべての根を精度保証付きで計算することである。それは，以下のように実行する。

プログラム 9.25

```
f
Xlist = verifynlssall(f,infsup(-5,5))
```

実行結果 9.21

```
f =
    @(x)cos(x.^2)+atan(x-erf(x)-asinh(x.^3))
intval Xlist =
   0.96738055343884   4.99876058231816
```

9.5.11 大域的最適化

近年の有名な大域的最適化問題は，Trefethen の SIAM 100-digit challenge の一部であった。以下の関数に対して，正方形領域 $[-10, 10]^2$ における最小値を求める。

プログラム 9.26

```
Trefethen = @(x) exp(sin(50*x(1))) + sin(60*exp(x(2))) + ...
                 sin(70*sin(x(1))) + sin(sin(80*x(2))) - ...
                 sin(10*(x(1)+x(2))) +  (x(1)^2 + x(2)^2)/4;
```

通常の数値計算アルゴリズムでは，真の最小値を計算することは困難である。区間演算の能力として，自動微分とともに関数の値域を精度保証付きで包含することができるが，これによって数学的に厳密に上記のような問題を解くことが可能となる。

プログラム 9.27

```
tic
[mu,X] = verifyglobalmin(funvec(Trefethen),repmat(infsup(-10,10),2,1))
T = toc
```

実行結果 9.22

```
intval mu =
  -3.306868647475__
intval X =
  -0.02440307969437
   0.21061242715535
T =
   1.815337287109929
```

関数 `funvec` は，ベクトルなどの入力変数に対応できるように関数をベクトル化する。普通のノート PC で，2 秒以内で高精度に最小値を精度保証することができる。

9.5.12　その他のデモ

コマンド `demointlab` は，INTLAB の詳細および使い方について多くのデモを表示するので，試してみてほしい。

章　末　問　題

9.2 節

【1】 式 (9.8) による行列式の符号から，なぜ点と有向直線の位置関係が判定できるかを考えよ。

【2】 式 (9.8) に対して，FMA（fused multiply-add）を用いた場合，最低何回の演算で計算ができるか？

【3】 $(a_x, a_y), (b_x, b_y), (c_x, c_y) \in \mathbb{F}^2$ がある。$\mathtt{fl}((a_x - c_x)(b_y - c_y) - (a_y - c_y)(b_x - c_x))$ では真の行列式に対して正反対の符号が得られてしまう例を挙げよ。

【4】 $\mathtt{fl}((a_x - c_x)(b_y - c_y) - (a_y - c_y)(b_x - c_x))$ では正しい符号を求められないが，$\mathtt{fl}((b_x - a_x)(c_y - a_y) - (c_x - a_x)(b_y - a_y))$ では正しい符号を求められる 3 点の例を挙げよ。

【5】 本節でオーバーフローにも対応する浮動小数点フィルタを紹介した。なぜオーバーフローが起きても大丈夫なのかを考察せよ。

9.4 節

【6】 NVIDIA 社の GPU における四則演算の区間演算を，1 章の式 (1.28)〜(1.31) をもとに実装せよ。

【7】 最近点丸めにおける事前誤差評価を用いて，丸めモードを変更しない区間行列積の包含とその実装を考えよ。

【8】 3.3 節の式 (3.18)，9.4 節の定理 9.12 を実装し，実行結果を比較せよ。

【9】 アルゴリズム 9.3 を用いて行列積を行列の足し算に変換する関数を実装せよ。

【10】 高精度な行列積計算において 2 章の高精度な総和の計算を適用した場合について考察せよ。

【11】 アルゴリズム 9.3 を用いた行列積の分割を 1 回だけ用いて 3.3 節の式 (3.18) における正則性の検証に適応せよ。

引用・参考文献

9.1 節

1) 大石 進一：精度保証付き数値計算, コロナ社, 1999.
2) 福島 雅夫：数理計画入門, 朝倉書店, 2011.
3) 福島 雅夫：非線形最適化の基礎, 朝倉書店, 2001.
4) G. B. Dantzig, M. N. Thapa: Linear Programming, Springer-Verlag, 2003.
5) R. Hammer, M. Hocks, U. Kulisch, D. Ratz: Numerical Toolbox for Verified Computing I, Springer-Verlag, 1993.
6) C. Jansson: A self-validating method for solving linear programming problems with interval input data, Computing, Suppl. **6** (1988), 33–46.
7) 堂脇 克久, 柏木 雅英：線形計画問題の最適値を求める精度保証付き単体法について, 電子情報通信学会技術研究報告, NLP97-131 (1998), 57–63.
8) C. Jansson: Rigorous lower and upper bounds in linear programming, SIAM J. Optimization, **14**:3 (2004), 914–935.
9) I. I. Idriss: A verification method for solutions of linear programming problems, In J. Dongarra et al. (eds.), Applied Parallel Computing: State of the Art in Scientific Computing, Lecture Notes in Computer Science, **3732** (2006), 132–141.
10) S. Oishi, K. Tanabe: Numerical inclusion of optimum point for linear programming, JSIAM Letter, **1** (2009), 5–8.
11) K. Tanabe: Centered Newton method for mathematical programming, In M. Iri, K. Yajima (eds.), System Modelling and Optimization, Lecture Notes in Control and Information Sciences, **113** (1988), 197–206.
12) K. Tanabe: Continuous Newton–Raphson method for solving an underdetermined system of nonlinear equations, Nonlinear Analysis: Theory, Methods & Applications, **3** (1979), 495–503.

9.2 節

13) L. Kettner, K. Mehlhorn, S. Pion, S. Schirra, C. Yap: Classroom examples of robustness problems in geometric computations, Computational Geometry, **40**:1 (2008), 61–78.
14) 太田 悠暉, 尾崎 克久：点と有向直線の位置関係に対する浮動小数点フィルタの実数入力への拡張と凸包への応用, 日本応用数理学会論文誌, **24**:4 (2014), 373–395.

9.3 節

15) ドナル・オシア 著, 糸川 洋 訳：ポアンカレ予想を解いた数学者, 日経 BP 社, 2007.

16) R. Benedetti, C. Petronio: Lectures on hyperbolic geometry, Universitext, Springer, 1992.

17) N. Hoffman, K. Ichihara, M. Kashiwagi, H. Masai, S. Oishi, A. Takayasu: *hikmot*, a computer program for verified computations for hyperbolic 3-manifolds, `http://www.oishi.info.waseda.ac.jp/~takayasu/hikmot/`, (2017.10).

18) M. Culler, N. M. Dunfield, M. Goerner, J. R. Weeks: *SnapPy*, a computer program for studying the geometry and topology of 3-manifolds, `http://snappy.computop.org`, (2017.10).

19) B. Burton: The cusped hyperbolic census is complete, Trans. Amer. Math. Soc., to appear (arXiv:1405.2695).

20) P. J. Callahan, M. V. Hildebrand, J. R. Weeks: A census of cusped hyperbolic 3-manifolds, Math. Comp., **68** (1999), 321–332.

21) M. Thistlethwaite: Cusped hyperbolic manifolds with 8 tetrahedra, `http://www.math.utk.edu/~morwen/8tet/`, (2010.10).

22) N. Hoffman, K. Ichihara, M. Kashiwagi, H. Masai, S. Oishi, A. Takayasu: Verified computations for hyperbolic 3-manifolds, Exp. Math., **25**:1 (2016), 66–78.

23) W. B. R. Lickorish: A representation of orientable combinatorial 3-manifolds, Ann. Math. (2), **76** (1962), 531–540.

24) A. H. Wallace: Modifications and cobounding manifolds, Canad. J. Math., **12** (1960), 503–528.

25) K. Ichihara, H. Masai: Exceptional surgeries on alternating knots, Comm. Anal. Geom., **24**:2 (2016), 337–377.

9.4 節

26) NVIDIA corporation, `http://www.nvidia.com/content/global/global.php`, (2016.6).

27) CUDA C Programming Guide, `http://docs.nvidia.com/cuda/cuda-c-programming-guide/`, (2017.10).

28) cuBLAS, `https://developer.nvidia.com/cublas`, (2016.6).

29) N. J. Higham: Accuracy and Stability of Numerical Algorithms, SIAM,

2002.

30) T. Ogita, S. M. Rump, S. Oishi: Verified solution of linear systems without directed rounding, Technical Report 2005-04, Advanced Research Institute for Science and Engineering, Waseda University, 2005.

31) Y. Morikura, K. Ozaki, S. Oishi: Verification methods for linear systems using ufp estimation with rounding-to-nearest, Nonlinear Theory and its Applications, IEICE, **4**:1 (2013), 12–22.

32) K. Ozaki, T. Ogita, S. Oishi, S. M. Rump: Error-free transformations of matrix multiplication by using fast routines of matrix multiplication and its applications, Numerical Algorithms, **59**:1 (2012), 95–11.

9.5 節

33) S. M. Rump: INTLAB — INTerval LABoratory, `http://www.ti3.tu-harburg.de/rump/intlab/`, (2017.10).

索　　　引

—— 編著者・著者略歴 ——

大石　進一（おおいし　しんいち）
1981年　早稲田大学大学院理工学研究科博士後期課程修了，工学博士
1989年　早稲田大学教授
現在に至る

柏木　雅英（かしわぎ　まさひで）
1994年　早稲田大学大学院理工学研究科博士後期課程修了，博士（工学）
2009年　早稲田大学教授
現在に至る

尾崎　克久（おざき　かつひさ）
2007年　早稲田大学大学院理工学研究科博士後期課程修了，博士（工学）
2019年　芝浦工業大学教授
現在に至る

高安　亮紀（たかやす　あきとし）
2012年　早稲田大学大学院基幹理工学研究科博士後期課程修了，博士（理学）
2016年　筑波大学助教
現在に至る

木村　拓馬（きむら　たくま）
2010年　弘前大学大学院理工学研究科博士後期課程修了，博士（理学）
2015年　佐賀大学准教授
現在に至る

正井　秀俊（まさい　ひでとし）
2014年　東京工業大学大学院情報理工学研究科博士後期課程修了，博士（理学）
2018年　東京工業大学助教
現在に至る

Siegfried M. Rump
（ジークフリード ミヒャエル ルンプ）
1980年　Ph.D. (Mathematics)
カールスルーエ大学
1987年　ハンブルク工科大学教授
現在に至る
2002年　早稲田大学訪問教授
現在に至る

荻田　武史（おぎた　たけし）
2003年　早稲田大学大学院理工学研究科博士後期課程修了，博士（情報科学）
2018年　東京女子大学教授
現在に至る

劉　雪峰（りゅう　しゅうふぉん）
2009年　東京大学大学院数理科学研究科博士後期課程修了，博士（数理科学）
2014年　新潟大学准教授
現在に至る

山中　脩也（やまなか　なおや）
2011年　早稲田大学大学院基幹理工学研究科博士後期課程修了，博士（工学）
2016年　明星大学准教授
現在に至る

関根　晃太（せきね　こうた）
2014年　早稲田大学大学院基幹理工学研究科博士後期課程修了，博士（工学）
2017年　東洋大学助教
現在に至る

市原　一裕（いちはら　かずひろ）
2000年　東京工業大学大学院理工学研究科後期博士課程修了，博士（理学）
2013年　日本大学教授
現在に至る

森倉　悠介（もりくら　ゆうすけ）
2014年　早稲田大学大学院基幹理工学研究科博士後期課程修了，博士（工学）
2017年　帝京平成大学助教
現在に至る

精度保証付き数値計算の基礎
Principle of Verified Numerical Computations

2018 年 7 月 26 日　初版第 1 刷発行　★
2021 年 10 月 5 日　初版第 2 刷発行

検印省略

編著者	大 石 進 一
発行者	株式会社 コロナ社
	代表者 牛来真也
印刷所	三美印刷株式会社
製本所	牧製本印刷株式会社

112–0011　東京都文京区千石 4–46–10
発行所　株式会社　コロナ社
CORONA PUBLISHING CO., LTD.
Tokyo Japan
振替 00140–8–14844・電話(03)3941–3131(代)
ホームページ https://www.coronasha.co.jp

ISBN 978–4–339–02887–4　C3041　Printed in Japan　(新宅)